中华文化大博览丛书

别具风采的

衣食生活

周丽霞　编著

中国出版集团　现代出版社

图书在版编目（CIP）数据

别具风采的衣食生活 / 周丽霞编著. -- 北京：现代出版社，2017.8
ISBN 978-7-5143-6480-4

Ⅰ. ①别… Ⅱ. ①周… Ⅲ. ①服装－历史－中国②饮食－文化－中国 Ⅳ. ①TS941-092②TS971.2

中国版本图书馆CIP数据核字(2017)第223443号

别具风采的衣食生活

作　　者：	周丽霞
责任编辑：	李　鹏
出版发行：	现代出版社
通讯地址：	北京市定安门外安华里504号
邮政编码：	100011
电　　话：	010-64267325　64245264（传真）
网　　址：	www.1980xd.com
电子邮箱：	xiandai@vip.sina.com
印　　刷：	天津兴湘印务有限公司
字　　数：	380千字
开　　本：	710mm×1000mm　1/16
印　　张：	30
版　　次：	2018年5月第1版　2018年5月第1次印刷
书　　号：	ISBN 978-7-5143-6480-4
定　　价：	128.00元

版权所有，翻印必究；未经许可，不得转载

序言

习近平总书记在党的十九大报告中指出:"深入挖掘中华优秀传统文化蕴含的思想观念、人文精神、道德规范,结合时代要求继承创新,让中华文化展现出永久魅力和时代风采。"同时习总书记指出:"中国特色社会主义文化,源自于中华民族五千多年文明历史所孕育的中华优秀传统文化,熔铸于党领导人民在革命、建设、改革中创造的革命文化和社会主义先进文化,植根于中国特色社会主义伟大实践。"

我国经过改革开放的历程,推进了民族振兴、国家富强、人民幸福的"中国梦",推进了伟大复兴的历史进程。文化是立国之根,实现"中国梦"也是我国文化实现伟大复兴的过程,并最终体现在文化的发展繁荣。博大精深的中国优秀传统文化是我们在世界文化激荡中站稳脚跟的根基。中华文化源远流长,积淀着中华民族最深层的精神追求,代表着中华民族独特的精神标识,为中华民族生生不息、发展壮大提供了丰厚滋养。我们要认识中华文化的独特创造、价值理念、鲜明特色,增强文化自信和价值自信。

如今,我们正处在改革开放攻坚和经济发展的转型时期,面对世界各国形形色色的文化现象,面对各种眼花缭乱的现代传媒,我们要坚持文化自信,古为今用、洋为中用、推陈出新,有鉴别地加以对待,有扬弃地予以继承,传承和升华中华优秀传统文化,发展中国特色社会主义文化,增强国家文化软实力。

浩浩历史长河,熊熊文明薪火,中华文化源远流长,滚滚黄河、滔滔长江,是最直接的源头,这两大文化浪涛经过千百年冲刷洗礼和不断交流、融合以及沉淀,最终形成了求同存异、兼收并蓄的辉煌灿烂的中华文明,也是世界上唯一绵延不绝的古老文化,并始终充满生机与活力。

中华文化曾是东方文化摇篮,也是推动世界文明不断前行的动力之一。早在五百年前,中华文化的四大发明催生了欧洲文艺复兴运动和地理大发

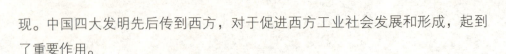

现。中国四大发明先后传到西方,对于促进西方工业社会发展和形成,起到了重要作用。

中华文化的力量,已经深深熔铸到我们的生命力、创造力和凝聚力中,是我们民族的基因。中华民族的精神,业已深深植根于绵延数千年的优秀文化传统之中,是我们的精神家园。

总之,中国文化博大精深,是中华各族人民五千年来创造、传承下来的物质文明和精神文明的总和,其内容包罗万象,浩若星汉,具有很强的文化纵深,蕴含着丰富的宝藏。我们要实现中华文化的伟大复兴,首先要站在传统文化前沿,薪火相传,一脉相承,弘扬和发展五千年来优秀的、光明的、先进的、科学的、文明的和自豪的文化现象,融合古今中外一切文化精华,构建具有中国特色的现代民族文化,向世界和未来展示中华民族的文化力量、文化价值、文化形态与文化风采。

为此,在有关专家指导下,我们收集整理了大量古今资料和最新研究成果,特别编撰了本套大型书系。主要包括巧夺天工的古建杰作、承载历史的文化遗迹、人杰地灵的物华天宝、千年奇观的名胜古迹、天地精华的自然美景、淳朴浓郁的民风习俗、独具特色的语言文字、异彩纷呈的文学艺术、欢乐祥和的歌舞娱乐、生动感人的戏剧表演、辉煌灿烂的科技教育、修身养性的传统保健、至善至美的伦理道德、意蕴深邃的古老哲学、文明悠久的历史形态、群星闪耀的杰出人物等,充分显示了中华民族厚重的文化底蕴和强大的民族凝聚力,具有极强的系统性、广博性和规模性。

本套书系的特点是全景展现,纵横捭阖,内容采取讲故事的方式进行叙述,语言通俗,明白晓畅,图文并茂,形象直观,古风古韵,格调高雅,具有很强的可读性、欣赏性、知识性和延伸性,能够让广大读者全面触摸和感受中国文化的丰富内涵,增强中华儿女民族自尊心和文化自豪感,并能很好地继承和弘扬中国文化,创造具有中国特色的先进民族文化。

衣冠楚楚 —— 服装艺术与文化内涵

初始形制 —— 上衣下裳

黄帝开创上衣下裳　　　　　004
夏商周服装赋予礼制内容　　010
春秋战国丰富多样的款式　　020
春秋战国时的面料及制作　　026

融合发展 —— 服装成制

秦代各阶层人士的服装　　　032
汉代服装制度确立与形成　　039
魏晋宽衣博带的服装样式　　048
南北朝服装款式大融合　　　055
隋代官定服装形制的发展　　061
唐代服装空前丰富多彩　　　065

变革创新 —— 服装风格

两宋时期的各式服装　　　　074
元代蒙古族的服装风格　　　084

创造高峰 —— 艺术之美

明代皇帝和贵妇的冠服　　　092
明代文武百官的各式冠服　　100
明代服装基本款式样式　　　106
明代的巾帽和舄履制式　　　113
清代皇帝和皇后的服装　　　119
清代文武百官的服装制度　　125
清代丰富的男装和女装　　　131
清代做工精良的甲胄特色　　138

以食为天 —— 饮食历史与筷子文化

食在中国 —— 饮食历史

上古时期饮食文化的萌芽　　146
文明标志的商周时期饮食　　153
风味多样的春秋战国时期　　164
饮食极为丰富的秦汉时期　　173
魏晋时期的美食家与食俗　　186
兼收并蓄的唐代饮食风俗　　197
雅俗共赏的宋代饮食文化　　209
注重文雅养生的明代饮食　　219
集历代之大成的清代饮食　　226

东方文明 —— 筷子文化

源于远古煮羹而食的筷子　　242

筷子的材质与形态发展　　251
　　蕴含丰富中国文化的筷子　　262

中国酒道 —— 酒历史酒文化的特色

悠悠酒香 —— 酒的源流
　　神农氏与黄帝发现酒源　　276
　　仪狄与杜康发明酿酒术　　281
　　夏商酒文化开始萌芽　　290

酒之蕴涵 —— 酒道兴起
　　周代形成的酒道礼仪　　296
　　春秋战国时的酒与英雄　　302
　　秦汉时期酒文化的成熟　　308
　　魏晋时期的名士饮酒风　　316

借酒感怀 —— 诗酒流芳
　　唐代酿酒技术的大发展　　324
　　唐代繁荣的诗酒文化　　336
　　异彩纷呈的宋代造酒术　　341
　　元代葡萄酒文化的鼎盛　　347

酒道嬗变 —— 酒的风俗
　　丰富多彩的明代酿酒　　358
　　清代各类酒的发扬光大　　368
　　重视酒养生的明清时代　　378

茶道风雅 —— 茶历史茶文化的特色

誉为国饮 —— 茶的历史
　　神农尝百草而发现茶　　388
　　先秦两汉茶文化的萌芽　　392
　　三国两晋的饮茶之风　　397
　　趋于成熟的唐代茶文化　　406
　　空前繁荣的宋代茶文化　　415
　　返璞归真的元代饮茶风　　424
　　达于极盛的明清茶文化　　431

中华珍茗 —— 名茶荟萃
　　西湖龙井出产绝世佳茗　　440
　　洞庭山育出珍品碧螺春　　447
　　金镶玉质的君山银针茶　　456
　　春姑仙女传下信阳毛尖　　461

别具风采的
衣食生活

衣冠楚楚

服装艺术与文化内涵

初始形制

上衣下裳

我国的服装历史上可追溯至黄帝时期，后来考古发现的实物也证明其历史的久远。夏商时的服装制度已初见端倪，至周代渐趋完善，并被纳入"礼治"的范围，当时的服装依据穿着者的身份、地位而有所不同。

在春秋时期，出现一种名为"深衣"的新型连体服装。深衣的出现，改变了过去单一的服装样式，因此深受人们的喜爱。

在战国时期，胡服的引进打破了服装的旧样式。胡服的短衣、长裤和革靴设计，利于骑射，便于活动，因此广为流行，"胡服骑射"成为佳话。

黄帝开创上衣下裳

传说在那远古部落林立的时期，在陕北的黄土高原上，有两个非常强大的部落联盟。这两个部落联盟的首领，一个叫神农氏，被后世称为"炎帝"；一个叫轩辕氏，被后世称为"黄帝"。

黄炎结盟图

■ 涿鹿之战壁画

在他们向东迁移扩张的时候，炎帝族遇到了居于今豫东、苏北一带的另一个部落联盟的首领蚩尤，双方发生了战斗。由于蚩尤族力量非常强大，炎帝便求助于黄帝。于是，黄帝调集人马，与蚩尤于涿鹿决战，最后打败了蚩尤，从此天下获得了太平。

在那个时候，人们为了防御寒冷、遮蔽风雨及烈日的暴晒，也为了蔽挡虫兽的袭击，就用树叶树皮、丛生的草葛、猎获的兽皮等遮裹身躯。

黄帝看到人们所穿的"衣服"，在行走奔跑时常会将私处暴露无遗，便别出心裁，教人们把裹身的兽皮、麻葛分成上下两部分，上身为"衣"，缝制袖筒，呈前开式，下身为"裳"，前后各围一片用于遮蔽之用，两端开叉，便于行走。

黄帝制作"衣服"最初是为了遮护性器官，强调

部落联盟 是原始社会后期形成的部落联合组织。据史书《史记·五帝本纪》记载，黄帝在同蚩尤作战时，曾训练熊、罴、貔、貅、䝙、虎六种野兽参加战斗，实际上这是用六种野兽命名的六个氏族，他们组成了一个部落联盟。部落联盟为后来国家的出现准备了条件。

了它的遮羞功能，这是华夏文明的巨大进步。这种上衣下裳的形制，这种实用与审美的有机结合，结束了过去只为取暖的单一状态，成为我国上古时期服装形制的发端。

随着服装形制的初步形成，黄帝又命元妃嫘祖教人们养蚕。那时人们还不知道蚕的用处，所以养蚕的人不多。嫘祖就先从种桑、喂蚕开始，然后再教大家缫丝、织帛等过程和方法。这样人们织出的帛比麻布光滑细润，再染上颜色，做成衣裳，光彩夺目，人人爱慕。

随着养蚕织帛的人越来越多，服装的质料也逐渐完成了以纺织品替代兽皮、树叶等的过渡，开始了生活的文明进步。

在黄帝时期，人们对神秘莫测的自然现象还无法做出合理的解释，因而出现了对自然崇拜的现象。受

乾坤 八卦中的两爻，代表天地，衍生为阴阳、男女、国家等人生观世界观。是我国古代哲人对世界的一种理解。《易·系辞上》认为，乾卦通过变化来显示智慧；坤卦通过简单来显示能力。把握变化和简单，就把握了天地万物之道。古人便是以此来研究天地、万物、社会、生命和健康的。

■ 黄帝画像

■ 嫘祖 传为西陵氏之女，西陵氏位于后来的河南西平。她是传说中北方部落首领黄帝轩辕氏的元妃。嫘祖首创种桑养蚕之法和抽丝编绢之术。在司马迁的《史记》中提到黄帝娶西陵氏之女嫘祖为妻，说她发明了养蚕，称为"嫘祖始蚕"。

这一因素的影响，当时服装色彩及纹饰大多参照大自然中的一些现象而绘制，比如彩虹、日月等。

我国古代哲学书籍《易·系辞下》中记载说，黄帝"垂衣裳而天下治，盖取诸乾坤"。这里"乾"指天，"坤"则指地。天际在未明时色玄，即黑色。大地的表面色黄，古人以上衣、下裳象征天和地。衣用玄色，裳用黄色，并施以取象自然界日月山川及鸟兽虫草之纹的服装，在当时已经流行开了。

除了黄帝创制上衣下裳之制的传说外，后来的考古发现也为我国服装的起源和发展提供了实物旁证。

北京周口店山顶洞人遗址中出土的骨针实物，以及其他地区骨锥、骨针的陆续发现证明，在距今约1.8万年前，我国古代先民已初步掌握了缝缀的技能。他们用锐利的石器、骨角将兽皮分割，按身体基形，再用磨制的骨锥、骨针进行简单的拼合缝纫，制作出各种较为适体的衣装。

随着我国原始缝纫技术的出现，先民们的穿着水

石器 指以岩石为原料制作的工具，它是人类最初的主要生产工具，盛行于人类历史的初期阶段。从人类出现直到青铜器出现前，共经历了二三百万年，属于原始社会时期。根据不同的发展阶段，又可分为旧石器时代和新石器时代。

■ 原始人制作衣服画面

仰韶文化 黄河中游地区重要的新石器时代文化。因1921年在河南省三门峡市渑池县仰韶乡被发现，故被命名为"仰韶文化"。仰韶文化以河南为中心，东起山东，西至甘肃、青海，北到内蒙古河套地区及其长城一线，南抵江汉。后来在我国发现了上千处仰韶文化的遗址。

平进入了一个新的发展阶段，同时增强了对自然的适应能力和斗争能力，扩大了其活动区域，也相应地促进了生产的发展。

在原始社会后期，我国先民逐步从狩猎进入渔猎、畜牧和农业阶段。他们在长期利用野生植物纤维、兽毛编织物的基础上，发明了纺织的原始工具，比如陶和石制纺轮。并利用麻、葛及畜毛纤维织布，取矿物、植物颜料染色，制作简单的服装。

在我国仰韶文化时期的河南三门峡庙底沟、西安半坡遗址中，发掘出土的陶器底部，都曾发现麻布痕迹。其布纹组织每平方厘米已有经纬10根左右。这些实物为探究当时的纺织和衣着水平，提供了依据。

原始纺织的出现，从根本上改变了我国先民的衣着状况，为服装形式逐渐完善奠定了基础。

养蚕、缫丝、织绸，是我国先民对服装发展所做出的世界性贡献。我国先民利用蚕丝纺织衣料，距今已有近5000年的历史，育蚕取丝的历史则更早。

在浙江吴兴钱山漾遗址中，出土了一批距今4700年前的丝带、丝帛等织物，是迄今所见到的年代最早的丝织品实物。丝织物柔软、轻盈，并富有光泽，它的出现改善了服装的性能，极大地丰富了我国先民的衣料构成，也增添了服装的美感效果。

随着上衣下裳的形成，与此相应的首服及足装也逐渐出现了。首服就是帽子，它源于防寒避暑的需要。在当时，人们用枝叶编环遮头，后来又利用兽皮、织物缝合成圆形帽子。原始足装的形成，最初用以御寒及减轻行走时的阻碍，当时以兽皮裹足为主。首服和足装同样对后世产生了深远影响。

黄帝开创上衣下裳的形制，推进了华夏文明的历史进程。后经考古发现证明，原始衣式从整片的披围到依体简单缝缀成形，经历了一个由简至繁的逐步发展过程，同时也是人类文明的发展过程。

阅读链接

相传，古时炎帝的形象是：身着红色襦，臂膊上戴有形似臂箍的东西，小腿上着绑腿，头戴鸟羽帽，手执农具，俨然是一幅农人的画像。因为炎帝和黄帝为兄弟，只是分别治理不同的地域而已。家族的第一原则就是合族，所以，黄帝在涿鹿打败蚩尤后，炎帝的小宗就归到了黄帝的大宗。

黄帝和炎帝两大部落联盟合在一起，共同形成了华夏族，因而他们被视为是华夏民族共同的祖先，被称为"人文始祖"，是华夏道统的象征，因此，我们中国人都自称是"炎黄子孙"。

夏商周服装赋予礼制内容

别具风采的衣食生活

夏禹穿冕服画像

黄帝时期上衣下裳的形制发展到夏商周时期，在继承前代的基础上各有变革和发展。由于这一时期政治伦理思想的产生及日益丰富，服装也被赋予了强烈的阶级意识，体现了"礼"的重要内容。

我国古代奴隶社会把国王称作"天子"，以国王的冕服为中心的章服制度逐步形成、发展和完备起来。据我国儒家经典著作《论语》记载："子曰，禹，吾无间然矣……恶衣服而致美乎黻冕。"大致的意思是说，夏禹平时生活节俭，但在祭祀时，则穿华美的黻冕

■ 北周武帝穿冕服雕像

礼服，以表示对神的崇敬。

国王有至高无上的权力。在殷墟甲骨文中，有王、臣、牧、奴、夷、王令等文字，表示阶级等级制度已经形成。据我国最早的史书《尚书·商书·太甲》记载："伊尹以冕服，奉嗣王归于亳。"意思是说，曾辅佐商汤王建立商朝的贤相伊尹戴着礼帽，穿着礼服，迎接嗣王太甲回到亳都。这说明当时奴隶主贵族要穿戴冕服举行重大的仪式。

以上两例史料说明，夏、商两代已有冕服：夏代的冕冠纯黑而赤，前小后大；商代的冕冠黑而微白，前大后小；周代则黑而赤，前小后大。这是后来的东汉文学家蔡邕在《独断》中的记载。

国王在举行各种祭祀时，要根据典礼的轻重，分别穿6种不同格式的冕服，总称"六冕"。所谓冕

伊尹 名伊，一说名挚，夏末商初人。曾辅佐商汤王建立商朝，被后人尊之为我国历史上的贤相，奉祀为"商元圣"，是历史上第一个以负鼎俎调五味而佐天子治理国家的杰出庖人。他创立的"五味调和说"与"火候论"，至今仍是我国饮食烹饪的不变之规。被誉为"帝王之师""中华厨祖"。

■ 周康王戴冕冠像

服，就是由冕冠和礼服配成的服装。这6种不同样式的冕服是大裘冕、衮冕、鷩冕、毳冕、希冕和玄冕。

大裘冕是国王祭祀上天的礼服，衮冕是国王的吉服，鷩冕是国王祭祀先公与飨射的礼服，毳冕是国王祭祀四望山川的礼服，希冕是国王祭祀社稷先王的礼服，玄冕是国王祭祀群小即林泽四方万物的礼服。大裘冕与中单、大裘、玄衣、纁裳配套，后五者与中单、玄衣、纁裳配套。

此外，六冕还与大带、革带、韨、佩绶、舄履等相配，并因穿着者身份地位的高低，在花纹等方面加以区别。

商周时期冕冠的形式，大体上是在一个圆筒式的帽卷上面，覆盖1块冕板，称为延或綖，冕板的尺寸有说宽8寸、长16寸的，也有说宽7寸、长12寸或宽6寸、长8寸的，以前一种说法较多。

冕板装在帽卷上，后面比前面应高出1寸，使之呈现向前倾斜之势，即有前俯之状，具有国王应关怀百姓的含义，冕的名称即由此而来。

冕板以木为体，上涂黑色象征天，下涂浅红色象征地。冕板前圆后方，也是天地的象征。前后各悬12旒，每旒贯12块五彩玉，按朱、白、苍、黄、玄的顺

玉笄 玉质的簪子。亦指玉饰的簪子。笄是古人用来簪发和连冠用的饰物，后世称为"簪"。玉笄是绾发用的细长尖头形玉器，有些上端有各色造型和纹饰。玉笄的用处是插入发髻，使其不会散开。男子的玉笄则兼有绾发、固冠双重作用。

序排列，每块玉相间距离各1寸，每旒长12寸。

冕冠的帽卷以木做骨架，后来改用竹丝，并且夏天用玉草，冬天用皮革，外裱黑纱，里衬红绢，左右两侧各开一个孔，用来穿插玉笄，使冕冠能与发髻相结合。

帽卷底部有帽圈，叫作"武"。从玉笄两端垂黈纩于两耳旁边，也有称它为"瑱"或"充耳"的说法，总之是表示国王不能轻信谗言。黈纩是由黄色丝绵做成的球状装饰。

至于冕冠的旒数，则按典礼轻重和穿着者的身份而定。按典礼轻重来分，天子祭祀天帝的大裘冕和天子吉服的衮冕用12旒；天子享先公服鷩冕用9旒，每旒贯玉9颗；天子祭祀四望山川服毳冕用7旒，每旒贯玉7颗；天子祭社稷五祀服希冕用5旒，每旒贯玉5颗；天子祭群小服玄冕用3旒，每旒贯玉3颗。

按穿着者的身份地位分，只有天子的衮冕用12旒，每旒贯玉12颗。公、侯、伯、子、男、卿、大夫、三公则各有不同：公之服仅低于天子的衮冕，用9旒，每旒贯玉9颗；侯和伯只能服毳冕，用7旒，每旒贯玉7颗；子和男只能服毳冕，

大夫 古代官名。西周以后先秦诸侯国中，在国君之下有卿、大夫、士三级。大夫世袭，有封地。后世遂以大夫为一般官职之称。秦汉以后，中央要职有御史大夫，各顾问者有谏大夫、中大夫、光禄大夫等。至唐宋尚有御史大夫及谏议大夫之官，至明清时废止。

■ 周文王穿冕服画像

用5旒，每旒贯玉5颗；卿、大夫服玄冕，按官位高低玄冕又有6旒、4旒、2旒的区别，三公以下只用前旒，没有后旒。

地位高的人可以穿低于规定的礼服，而地位低的人不允许越位穿高于规定的礼服，否则就要受到惩罚。

这些冕冠的形制，世代传承，历代皇帝不过是在承袭古制的前提下，加一些更改罢了。

周代国王的礼服除上述6种冕服之外，还有4种弁服，即用于视朝时的皮弁、兵事的韦弁、田猎的冠弁和士助君祭的爵弁。

皮弁形如复杯，系白鹿皮所做的尖顶瓜皮帽，天子以五彩玉12块饰其缝中，白衣素裳。天子在一般政事活动时所戴。韦弁赤色，配赤衣赤裳，晋代韦弁如皮弁，为尖顶式。冠弁就是委貌冠，也称皮冠，配缁布衣素裳。爵弁为无旒，无前低之势的冕冠，较冕冠次一等，配玄衣纁裳，不加章采。

周代王后的礼服与国王的礼服相衬，也和国王冕服那样分成6种规格，即儒家经典《周礼·天官》中记载的"祎衣、揄狄、阙狄、鞠衣、襢衣、褖衣"。

其中前3种为祭服，祎衣是玄色加彩绘的衣服，揄狄青色，阙狄赤色。鞠衣桑黄色，襢衣白色，褖衣黑色。揄狄和阙狄是用彩绢刻成雉鸡之形，加以彩绘，缝于衣上做装饰。这6种衣服都用素纱内衣为配。

同时，王后的礼服不仅采用上衣与下裳不分的袍式，表示妇女感情专一，而且各自的头饰也是不同的，据《周礼·天

周代各类人物着装打扮

官》中记载："副、编、次、追、衡、笄，"其中以"副"最为贵重，其他次之。

除了上述的冕服以外，商周时期还有一般性服装，它们是弁服、玄端、深衣、袍、裘和军戎服。

弁服是仅次于冕服的一种服饰。是天子视朝、接受诸侯朝见时穿用的服饰。

周代服装

弁服的形制与冕服相似，最大的不同是不加章。其上锐小，下广大，如人的两手相合状。弁与冠自天子至士都得戴之，到周代，冕与弁遂分其尊卑，即冕尊而弁次之。

玄端为国家的法服，从天子到士大夫皆可穿，天子平时穿戴的闲居之服。诸侯祭宗庙也穿玄端，大夫、士人早上入庙，叩见父母时也穿这种衣服。

玄端衣袂和衣长都是22寸，正幅正裁，玄色，无纹饰，以其端正，故名为"玄端"。诸侯的玄端与玄冠素裳相配，上士亦配素裳，中士配黄裳，下士配前玄后黄的杂裳，并用黑带佩系。

深衣是上衣与下裳连成一体的长衣服，但后来的儒家学者为了继承传统观念，按规矩在裁剪时仍把上衣与下裳分开来裁，然后又缝接成长衣，以表示尊重祖宗的法度。

深衣一般用白布制作，下裳用6幅，每幅又交解为二，共裁成12幅，以应每年有12个月的含义。这12幅有的是斜角对裁的，裁片一头宽一头窄，窄的一头叫作"有杀"。在裳的右后衽上，用斜裁的裁片

庶人 泛指无官爵的平民、百姓。周代贵族居住在国中及国郊，称为国人。国人中的上层为卿、大夫、士，下层为庶人。大部分庶人居于城郊，耕种贵族分给的土地，享有贵族给予的一定权利。从夏、商、周三代的庶人，到后来都成了平民。

缝接，接出一个斜三角形，穿的时候围绕于后腰上，称为"续衽钩边"。

这种款式就像湖南长沙马王堆1号汉墓出土的那种"曲裾"袍的样子，但具体的裁法，书上的说法也不一致。据《深衣篇》记载，深衣是君王、诸侯、文臣、武将、士大夫都能穿的，诸侯在参加除夕祭祀时就不穿朝服而穿深衣。

按照儒家理论，深衣的袖圆似规，领方似矩，背后垂直如绳，下摆平衡似权，符合规、矩、绳、权、衡五种原理，所以深衣是比朝服次一等的服装。庶人用它当作"吉服"来穿。深衣盛行于春秋战国时期。

袍也是上衣和下裳连成一体的长衣服，但有夹层，夹层里装有御寒的旧棉絮。如果夹层所装的是新棉絮，则称之为"茧"。若装的是劣质的絮头或细碎枲麻充数的，称之为"缊"。

在周代，袍是作为一种生活便装，而不作为礼

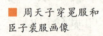
■ 周天子穿冕服和臣子裘服画像

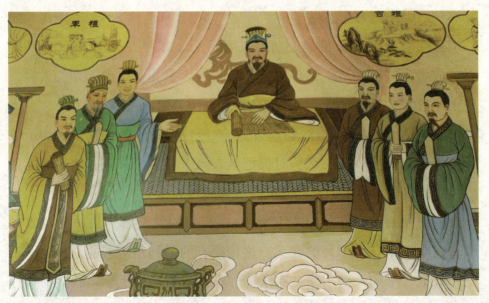

服的。古代士兵也穿袍。《诗经·秦风·无衣》："岂曰无衣，与子同袍。"意思是说，谁说你没有军装？我与你都穿那套罩衣。这是描写秦国军队在供应困难的冬天，兵士们的生活情形。

另外，袍中有一种短衣叫作襦，是比袍短一些的棉衣。若是质料粗陋的襦衣，则称"褐"。褐是劳动人民的服装。《诗经·豳风》："无衣无褐，何以卒岁。"意思是说，粗麻衣服都没一件，怎能熬过腊月天？

裘是最早用来御寒的衣服，就是兽皮，使用兽皮做衣已有上万年的历史。原始的兽皮未经硝化处理，皮质发硬而且有异味，直到商周时才掌握了熟皮的方法，使其柔软、无异味、轻盈以及保暖，并且改进了各种兽皮的缝制方法，开始受宠于达官贵人。例如天子的大裘采用黑羔皮来做，大人贵族则穿锦衣狐裘。

狐裘中首先以白狐裘最为珍贵，其次为黄狐裘、青狐裘、虎裘、貉裘，再次为狼皮、狗皮、老羊皮等。狐裘除本身柔软温暖之外，还有"狐死守丘"的说法，说狐死后头朝洞穴一方，有不忘其本的象征意义。

天子、诸侯的裘用全裘不加袖饰，下卿、大夫则以豹皮饰作袖端。此类裘衣制作时皮毛向外，天子、

■ 周代服装

硝化 用硝酸或硝酸盐处理，与硝酸或硝酸盐结合；尤指将有机化合物转化成硝基化合物或硝酸酯，如用硝酸和硫酸的混合物处理。动物的皮毛通过硝化处理，会变得柔软、光亮，成为制作服装的上等材料。商周时就已经掌握了生皮硝化的熟皮方法，反映了古代化工技术的进步。

诸侯、卿大夫在裘外披罩衣，天子白狐裘的罩衣用锦，诸侯、卿大夫上朝时要穿朝服。士以下无罩衣。

军戎服是商周时期的军队装备。目前考古发现的有商代铜盔、周代青铜盔和青铜胸甲。周代有"司甲"的官员掌管甲衣的生产，由"函人"监管制造。

军戎服分为犀甲、兕甲、合甲3种。犀甲用犀革制造，将犀革分割成长方块横排，以带绦穿连分别串接成与胸、背、肩部宽度相适应的甲片单元，每一单元称为"一属"。然后将甲片单元一属接一属地排叠，以带绦穿连成甲衣，犀甲用七属即够甲衣的长度。

■ 周代铠甲

兕甲是用兕革制的铠甲。兕是一种与犀牛类似的动物。兕甲比犀甲坚固，切块较犀甲大，用六属，也就是六节甲片即够甲衣的长度。

合甲是连皮带肉的厚革，特别坚固，割切更困难，故切块又比兕甲更大，用五属，也就是五节甲片即够甲衣的长度。《考工记》说犀甲寿100年，兕甲寿200年，合甲寿300年。

军戎服中的盔帽最先以皮革缝制，青铜冶炼技术兴起以后，出现了铜盔和由铜片串接或铜环扣接的铜铠甲。此外，铜盔顶端留有插羽毛的孔管，古时用插鹖鸟的羽毛来象征勇猛。因鹖鸟凶猛好斗，至死不怯。

兕 是一种与犀牛类似的动物。这二者虽然相似，但并非完全相同。兕的外形像一般的牛，通身是青黑色，长着一只角。如同形容名山大川时必言仙鹤白鹭一般，古书里如果形容地势险恶，就有很多"其上多犀兕虎熊"的词句。

周代青铜盔

军戎服中用铜片串接的叫"片甲",用铜环扣锁的叫"锁甲"。甲衣也可加漆,用黑漆或红漆以及其他颜色。在甲里再垫一层丝绵的称为"练甲",穿甲的战士称"甲士"。甲衣外面还可再披裹各种颜色的外衣,称为"裹甲"。

由各种鲜明的颜色制作的衣甲和旗帜,组成威严的军阵。色彩不但可以提振军威、激励斗志,而且也便于识别兵种及官兵的身份,有利于军事指挥。

阅读链接

夏商周三代的服装材料如丝绸、麻布、裘皮等都不能长期保存,因此考古发现的直接材料是极稀有的。但考古发现的其他实物,可作为了解古代服装的款式及纹样的间接材料。

对山西夏县西阴村新石器时代晚期遗址的发掘和研究,可知夏代已用丝绸、麻布做衣料,并用朱砂染色。商代已经用麻布、绢、缣,考古实物中还有商代纹绮残痕,是现存世界上最古老的织花丝绸文物标本。西周的高级服装材料,已用织锦和刺绣,后来考古发现了古代多种质地的纺织物,即使叠加在一起,仍然层次分明。

春秋战国丰富多样的款式

春秋战国时期的服装，一方面是深衣的推广和北方游牧民族的"胡服"被引入中原，体现出各民族服装的融合；另一方面，不同地域的服装各具特色。

春秋战国时期的深衣，将过去上下不相连的衣裳连属在一起。它的下摆不开衩口，而是将衣襟接长，向后拥掩，即所谓"续衽钩边"。

深衣在战国时相当流行，是士大夫阶层居家的便服，又是庶人百姓的礼服，男女通用。周王室及赵、中山、秦、齐等国的遗物中，均曾发现穿深衣的人物形象。楚墓出土木

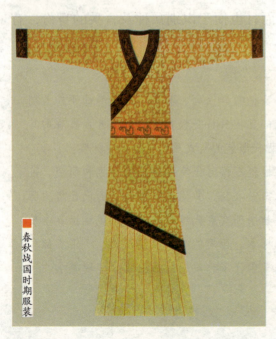

■ 春秋战国时期服装

俑的深衣，细部结构表现得更为明确。

从出土文物来看，春秋战国时衣裳连属的服装较多，用处也广，有些可以看作深衣的变式。

江陵马山1号楚墓曾出土短袖的"衣"，据《说文》的解释，这是一种短衣。根据其托钟金人的服装看，应即短袖之衣。可见短袖衣是楚服的一个特征。

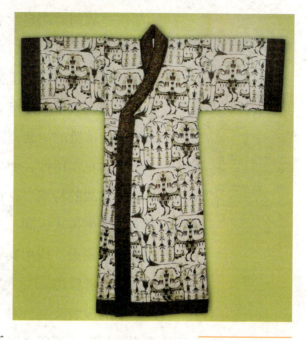

■ 马山楚墓出土的服装

此外，湖南长沙仰天湖楚墓出土有彩绘木俑，着交领斜襟长衣和直襟齐足长衣，其剪裁缝纫技巧的考究，凡关系到人体活动的部位多斜向开料，既便于活动，又能显示体态的优美。这是深衣在春秋战国末期的一种变化形式，曾是妇女的时装，对男装也有相当影响。

河南信阳楚墓出土有木俑，袖口宽大下垂及膝，显得庄重，属于特定礼服类。而河南洛阳金村韩墓出土有两只舞女玉佩，穿曲裾衣，扬起一袖，腰身极细，垂发齐肩略上卷，大致是后来《史记》所说燕赵少女"揳鸣琴，蹑利屣，游媚公卿间"的典型装束。

胡服主要指衣裤式的服装，尤以着长裤为特点，是我国北方草原民族的服装。为骑马方便，他们多穿较窄的上衣、长裤和靴。

士大夫 古时指官吏或较有声望、地位的知识分子。后来，通过考试选拔官吏的人事体制为我国所独有，形成了一个特殊的士大夫阶层，就是专门为做官而读书考试的知识分子阶层。士大夫这一称谓出现于战国，是知识分子与官僚相结合的产物，是两者的胶着体。

赵武灵王（约前340—前295），战国中后期赵国君主，嬴姓，赵氏，名雍。赵武灵王在位时，推行了"胡服骑射"政策，赵国因而得以强盛，灭中山国，败林胡、楼烦二族，辟云中、雁门、代三郡，并修筑了"赵长城"。

胡服是战国时期赵武灵王首先用来装备赵国军队的。赵国与林胡、楼烦、东胡、义渠、空同、中山等地区游牧民族接壤，为了抗击异族的侵扰，赵武灵王毅然推行服式改革，即废弃宽博衣式，改穿紧身窄袖短衣及长裤革靴的胡装，以便于士兵作战。

胡服具有实用性、便捷性的特点，并且有利于山地及骑射作战的特点。这种胡服引入中原后，最初用于军中，后来传入民间，成为一种普遍的装束。此后历代皆以为戎服，或用其冠，或用其履，或用其衣服及带，或三者皆用。

赵国的服装改制，对于固疆域、强军旅起了巨大的作用。同时，胡服也是第一次较大规模地进入中原地区，并成为当地的一种主要服装。

由于春秋战国时期各诸侯国各自为政，各自有不同的文化习俗，因而导致不同地域国家的服装各具特色。

中原地区，地处黄河中游，为周和三晋所有，服装虽有繁简不同，然而西周以来质朴的曲裾交领式服装始终居于主流。这种衣式，通为上衣下裳连属，衣长齐膝，曲领右衽。

■ 胡服骑射武士像

齐鲁地区地处黄河中下游，当地女性好绾偏左高髻。长裙收腰曳地，窄长袖，异于中原三晋地区女式"深衣"，色彩分为红、黄、黑、褐条纹。

山东长岛的战国齐国贵族墓所出土的女性陶俑发式则有高髻、双丫髻、后垂发3种；上衣为窄长袖，交领右衽，多为淡青色，亦有黄色、红色；下衣为长裙，似与上衣连属，多饰红、黑直条纹，沿直条加施白点，亦有束红、白腰带者。

■ 战国时期服装

同一墓葬出土的铜鉴上的人像服装，狩猎者为上衣短裤，挑担者为齐膝长袍，乐舞者、御者、烹人等均长衣曳地，亦有身后拖"燕尾"的，此类出土文物真实地反映了当时人们的穿着特点。

北方地区如中山国和燕国，服装类似三晋地区。从战国中晚期中山国国王墓出土的银首人形铜灯可见，人首双目嵌黑宝石，粗眉，唇上留齐整短髯，似男性形象。头发后梳，拢于脑后为大髻；衣着宽大袖口的交领，右衽"深衣"，曲裾缠身多层，呈"燕尾"曳地，腰带用带钩和环配系，衣上花纹间填朱、黑色漆，既有齐衣晋带的特征，又具有北方格调。

陪葬坑内所出的4个小玉人，女性发型梳理成牛

三晋 原是中国的战国时期的赵国、魏国、韩国三国的合称，赵氏、魏氏、韩氏原为晋国六卿，公元前403年，周天子承认三家为诸侯，史称"三家分晋"，因此，在《史记》等书中，将赵、魏、韩三国合称为三晋，其地约在当今之山西省、河南省中部北部、河北省南部中部。

角形双髻，颇似侯马晋国人形陶范上的月牙形冠饰；儿童则头顶结一圆形髻；衣式或矩领右衽，或上衣下裙齐足，下露内裙一部，有腰带，裙上均有大小相间方格纹。

西北秦地由于地域寒冷，服装厚重而实用，但逊华丽韵味。当然权贵例外，雍城秦公大墓即出土玉鞋底一副。

在陕西铜川枣庙6座春秋晚期秦墓中，出土的8件泥塑彩俑，衣式均为紧袖右衽束腰长袍，有黑色而领边及衣襟饰红点和黑红色两种，衣长或齐膝，或垂至足面；鞋分黑色圆头履和方头履两种。

秦咸阳宫发现炭化丝绸衣服一包，有单衣、夹衣、绵衣，分锦、绮、绢几种，大多为平纹织物。秦人服装着重实用。

秦人服装又因地理环境及生活习惯，通常有三重，依次为汗衣、袍茧、长襦，右衽交领，衣领上雍颈，以应气候寒冽之变。其长襦也仅短至膝上，束腰带，利于行动便捷。

吴越地处东南隅，位于长江下游，服装拙而有式，守成而内具机变。长期以来，当地人一直保持着因地制宜的服装款式。

> **雍城** 位于现在的陕西省凤翔县境内，是我国东周时期的秦国国都，自公元前677年至前383年定都此地，建都长达294年，有19位秦国国君在这里执政，为秦国定都时间最久的都城。现有秦雍城遗址，为我国十大考古发现之一。

■ 秦人服装

楚国位于江汉地区,势力跨过长江中下游部分地区,楚服素有轻丽之誉。各地楚墓相继发现的皮手套、皮鞋、麻鞋与大量彩绘木、陶、玉俑,包括"遣策"所记种种服装款式。

如与《楚辞》中对服式的描绘相参照,无不可领会到楚人衣服的轻盈细巧,冠式巾帽的奇丽,款式的纷繁华艳。

楚墓出土的褐色绢帽

江淮之间小国林立,受南北大国的掣肘,其服装款式亦深受影响。如姬姓曾国,为南部楚国的附庸,服装鲜有中原风格而有浓厚的楚服特色。又如地处淮水南的黄国,则与北部大国的服装风格接近。

总之,春秋战国时期的衣服款式空前丰富多样,深衣和胡服的形制交互影响,并且互有所取之处,这也正是我国古代服装宝库的精彩所在。

阅读链接

赵武灵王在推行胡服骑射政策之初,曾经受到保守派的反对,其中就包括他的叔叔公子成。赵武灵王耐心地说服了宗室贵族集团的首领公子成,向他表明了自己改革的决心和对以胡服骑射为标志的全面改革的整体构想。公子成被说服了,赵国的宗室贵族的意见也就统一了。

于是,赵武灵王正式颁布法令,赵国全境实行胡服骑射,结果使军队的战斗力得到增强。赵武灵王主动打破华夏、戎狄传统观念的勇气,在当时的中原各国中是十分罕见的。

春秋战国时的面料及制作

春秋战国时期所使用的服装面料乃至加工方式，对我国古代服装业的发展具有奠基意义。

春秋战国时期，由于各诸侯国纷纷变法争雄，提倡耕织，城市手工业作坊与官营作坊并存，农村男耕女织，已初步形成封建经济的模式。

在当时，齐、鲁地区先进的织绣技艺，通过匠人、刺绣缝纫工、织丝绸工等，逐渐向其他地区流传。

齐国女工的纺织技术极为著名，生产出来的丝织物行销非常广泛，正所谓"冠带衣履天下"。当时各诸侯国常用丝

春秋战国服装

■ 大菱形纹面料

织物做赏品，多到一次达5000匹。

根据史籍记载和出土文物，当时的服装面料十分丰富。在今湖南、湖北、河南各省出土的楚墓文物表明，其服装及织绣技艺水平极为高超。丝织物主要为王公大臣所用，百姓多用麻织物。

麻织物比丝织物更为普遍，是当时劳动人民的主要衣料，也是当时的主要商品。周朝时期官吏的帽子多用大麻纤维织成。

1982年，考古工作者在湖北江陵马山1号楚墓出土的战国中期衣物35件和一批纺织品，保存极为完好，出土时色彩如新，这是王公贵族所用丝织物的直接资料。其中包括：绢为平纹的素织物、绨为平纹的素织物、方孔纱组织织物、素罗为绞纱的组织织物，以及彩条纹加以深红、黑、土黄3种经丝相间，还有二色锦和三色锦，均系经丝起花的经锦。

经锦 又称"经丝彩色显花"。西周时期中国已出现丝织提花技术，战国时期经锦技艺有很大发展，但纹样造型仍较刻板。到了西汉造型方面力求摆脱经纬线走向纵横欹斜的限制，开始采用自由曲线来表现较为写实的纹样形象。

媒染 利用载体使对纤维没有亲和力的染料色素附着于纤维的方法,这种载体称为媒染剂。古代常用的媒染剂,主要有铁盐和铝盐两大类。常用的有明矾、绿矾、含铁黑土和草木灰等,亦有用黄丹、胆矾做媒染剂的。我国古代常用的媒染剂有茜草染红和矿物染黑等。

绢织物的经纬不加捻,有的织后经过煮炼,有的经过捶砑处理,光泽较好,细绢做面料用,粗绢做里子用。

绨织物的经纬是双股合成,其织物比较厚,一般不作为服装面料,而只作为鞋面之用。

彩条纹绮织物的深红、土黄色经丝在彩条区内又分粗细两种,一隔一相间排列。细经平织,粗经在起花时按三上一下的织法织出浮长线,相邻的两根粗经浮长点相同。其余不起花部分平织,纬丝棕色。这种彩条纹绮经刺绣加工后做衣服镶边料之用。

锦均系经丝起花的经锦。组织为经两重组织,经密一般高于纬密。经丝一般比纬丝粗。有些锦的经丝加弱捻,个别加强捻。三色锦质地比二色锦厚实。做衣服面料、衣物镶边料及衾面之用。

春秋战国时期,男耕女织成为社会经济的基础,农业生产力的迅速提高包含桑麻植物的普及与大规模的种植。有了充足的原材料,染织工艺在这时进入一个迅猛发展的阶段。

春秋时期,蓝草的种植更加普遍,染蓝作坊也大批出现,后来的实践发现,用酒糟发酵,可以随时将沉淀的蓝泥还原出染色。这一重大发现,促进了蓼蓝的广泛种植,染蓝

■ 凤鸟龟几何纹锦

的作坊也开始遍及战国时期各国。战国时期，已开始广泛采用含有单宁酸的植物染料，用媒染的方法染色。

战国时期各诸侯国的染织品已具有自己的特色。早在奴隶社会，就将华夏大地划分为九州：兖州，位于现在的河北东南与山东西部；青州，即现在山东半岛大部；徐州，位于现在的江苏、安徽北部与山东南部；扬州，即现在的江苏、安徽南部与浙江、江西、福建大部；荆州，即现在的湖南、湖北与河南、广东、广西、贵州的一部分；豫州，即现在的河南黄河以南与湖北、陕西的一部分；冀州，即现在的河南、河北，黄河以北与山西大部及辽宁、内蒙古的一部分；梁州，即现在的四川大部与湖北、陕西、甘肃的一部分；雍州，即现在的陕西北部与新疆、西藏、青海、甘肃、内蒙古的一部分。

■ 塔形几何纹锦

以上各州每年都要将该地有特色的染织品或半成品列为贡赋交纳周王室。《尚书·禹贡》记载：青州贡有野蚕丝和麻织品，徐州贡有细黑红色丝织品，豫州贡有纻麻布和细丝织品，等等。

战国时原属青、徐二州的齐鲁地区成为染织业的中心。临淄的罗、纨、绮、缟，陈留的彩锦，都是名品，尤以齐鲁地区最为著名，有所谓"千里桑麻"及

贡赋 是土贡与军赋的合称。我国历代王朝规定臣民和藩属向君主进献的珍贵土特产品称作"贡"；赋原为军赋，即臣民向君主缴纳的军车、军马等军用物品。随着朝代变迁，赋的概念逐从军赋扩大到来自农田，甚至关市、山林川泽的所有课征物，贡赋逐渐演变成税收的别称，实为我国古代的税收方式。

战国绛色舞人纹锦

"齐纨鲁缟"的称誉。

战国时期,农民手工业与各诸侯国官营的染织大手工业作坊都有很大的发展。各地出现了一批万户以上的城邑,成为商业与交通的中心,不少新兴地主成了经营染织手工业的富商巨贾。

生产的发展,也促进了织机的改革。战国时,一种春秋时期发明的脚踏斜织机很快取代了传统的踞织机。斜织机的经面与水平机座成60度的倾角,由于改用脚踏提综,手可以更快地穿纬,使速度和质量得到很大的提高。

据记载,战国时期各诸侯国互相馈赠的丝织品数量,比春秋时期高出百倍,这从一个侧面反映了当时染织业的发展速度和规模。

阅读链接

蚕,原是野生在自然环境桑树上的昆虫,以吃桑叶为主,所以也叫桑蚕。在桑蚕还没有被饲养之前,我们的祖先很早就懂得利用野生的蚕茧抽丝了。

我国养蚕织丝的历史可以追溯到3000年到5000年前,商代丝绸生产已经初具规模,具有较高的工艺水平,有了复杂的织机和织造手艺。因此,春秋战国时期肯定有丝绸的衣服,但主要是天子、诸侯和富有的王公大臣。普通百姓只能穿麻布衣服,因为当时棉花还没有传入我国。

融合发展

服装成制

秦汉时期,深衣得到了新的发展。特别在汉代,随着服装服饰制度的建立,服装的官阶等级区别更加严格。而魏晋和南北朝时期,人民迁徙杂处,政治、经济、文化风习相互渗透,形成大融合局面,服装也因而融合发展,推动了中华服装文化的发展。

隋唐时期,我国服装的发展呈现出一派空前灿烂的景象。尤其是唐装,由争奇斗艳的宫廷妇女服装发展到民间,被纷纷仿效,又善于融合其他民族及天竺、伊斯兰等外来文化,唐贞观至开元年间就十分流行胡服新装。

秦代各阶层人士的服装

秦始皇穿秦朝服装画像

公元前221年秦始皇统一天下后，为巩固统一，相继颁行了包括衣冠服饰等级的各种典章制度，明确规定了服装的样式和色调，以及各阶层人士应该穿着的表明其身份的服装。

秦始皇常戴通天冠，废周代六冕之制，只着"玄衣纁裳"，百官戴法冠和武冠，穿袍服，佩绶。

秦代国祚甚短，只有15年，除了秦始皇按阴阳五行思想规定的服色外，一般服色仍是沿袭战国的习惯。秦国本处西陲，向来不似中原繁文缛节，服装样式较为简单，而且开始将古代常服的袍作为正式穿着。在军事上，也效法赵武灵王的胡服，即扬弃周制的上衣下裳之服，改为上襦下裤便于骑射的形式。

由于纺织技术改进的关系，使得战国以后的服装，由上衣下裳的形式，演变为连身的长衣，这种衣着在秦代非常普遍。它的样式通常是把左边的衣襟加长，向右绕到背后，再绕回前面来，腰间以带子系住，并且往往用相间的颜色缝制，增加装饰的美感。

秦始皇规定的礼服是上衣下裳同为黑色祭服，并规定衣色以黑为最上。周人的图腾是火，秦人相信秦克周，应当以水克火，秦的水灭掉了周的火就是水德，颜色崇尚黑色。这样，在秦代，黑色为尊贵的颜色，衣饰也以黑色为时尚颜色。

秦始皇的衣冠服制规定，三品以上的官员着绿袍，一般庶人着白袍。官员头戴冠，身穿宽袍大袖，腰配书刀，手执笏板，耳簪白笔。

书刀即在简牍上刻字或削改的刀。笏板又称手板、玉板或朝板，是当时文武大臣朝见君王时，双手执笏以记录君命或旨意，亦可以将要对君王上奏的话记在笏板上，以防止遗忘。白笔是官吏随身所带记事用的笔。

博士、儒生是秦代十分重要的阶层，他们的服装

■ 秦始皇穿秦朝服装蜡像

礼服 是指在某些重大场合参与者所穿着的庄重而且正式的服装。秦代废除了原有的6种冕服，仅留下一种黑色的玄冕供祭祀时使用。因为秦人根据五行学说认定自己符合水德，古代阴阳家把金、木、水、火、土五行看成五德。水与黑色配合，所以秦代从帝王到平民都穿着黑色服装。

> **博士** 是我国古代的学官名。始于战国时期。秦始皇时有博士70人，六艺、诸子、诗赋、术数、方士、伎、占梦皆立博士。汉承秦制，诸子百家都有博士。汉武帝时"罢黜百家，独尊儒术"，罢传记博士，重置《易》《礼》《书》《诗》《春秋》五经博士。

表现出独特的一面，既拘泥于传统，又有所变革。他们穿着的衣服和当时流行的服装款式有所不同，但是质地却是一样的。

博士、儒生们衣着很朴素，通常是冬天穿缊袍，夏天穿褐衣，即便是居于朝中的官员，衣着也是一般，基本都够不上华丽。

农民的服装主要是由粗麻、葛等制作的褐衣、缊袍、襦等构成。

奴隶和刑徒最明显的标志是红色，是史书上所说的"赭衣徒"。这些人都不得戴冠饰，只允许戴粗麻制成的红色毡巾。

秦时也有裤子出现，源自北方的游牧民族骑马打猎时的穿着，样式跟现代的灯笼裤相似，汉族人在种田、捕鱼时也穿着这种裤子。

■ 秦朝农民蜡像

■ 秦朝人物服装蜡像

秦代服装主要受前朝影响，仍以袍为典型服装样式，分为曲裾和直裾两种，袖也有长短两种样式。秦代男女日常生活中的服装形制差别不大，都是大襟窄袖，不同之处是男子的腰间系有革带，带端装有带钩；而妇女腰间只以丝带系扎。

秦代多以袍服为贵，袍服的样式以大袖收口为多，一般都有花边。百姓、劳动者或束发髻，或戴小帽，身穿交领长衫，窄袖。

秦始皇喜欢宫中的嫔妃穿着漂亮，因而妃嫔服色以迎合他个人喜好为主。但由于受五行思想的支配，妃嫔夏天穿"浅黄藂罗衫"，披"浅黄银泥云披"，而配以芙蓉冠、五色花罗裙、五色罗小扇和泥金鞋加以衬托。

不同于其他朝代的是，秦代服装的亮点是军服。秦代军服很有特点，从秦始皇陵出土的文物中，可以

五行 我国古代的一种物质观。多用于哲学、中医学和占卜方面。五行指金、木、水、火、土，五行学说认为大自然由五种要素所构成，随着这五种要素的盛衰，使得大自然发生变化，不但影响到人的命运，同时也使宇宙万物循环往复，是一种古老的、朴素的宇宙论。

彻侯 我国古代的一种官名，爵位名，20等爵的最高级。秦统一后所沿用，汉初因袭之，多授予有功的异姓大臣，受爵者还能以县立国。后避汉武帝刘彻讳，改称通侯或列侯。新莽时废。后用以泛指侯伯高官。

了解秦代的铠甲战服，其实用性和审美性并行不悖。

秦代军官分高、中、低三级。将军一职就是秦昭王时开始设立的，秦代爵位有20个等级，第九等为五大夫，可为将帅，再升七级为大良造，再升三级可封侯，关内侯为十九爵，二十爵为彻侯，即最高爵位。

出土的秦代将军俑，身穿双重长襦、外披彩色铠甲，下着长裤，足蹬方口齐头翘尖履，头戴顶部列双鹖的深紫色鹖冠，橘色冠带系于领下，打八字结，腰间佩剑。

中级军官俑的服装有两种：一种是身穿长襦，外披彩色花边的前胸甲，腿上裹着护腿，足穿方口齐头翘尖履，头戴双版长冠，腰际佩剑；第二种是身穿高领右衽褶服，外披带彩色花边的齐边甲，腿缚护腿，足穿方口齐头翘尖履，头戴双版长冠。

■ 秦朝人物服装蜡像

■ 穿铠甲的秦兵

　　下级军吏俑，其身穿长襦，外披铠甲，头戴长冠，腿扎行縢或护腿，足穿浅履，一手按剑，一手持长兵器。

　　另也有少数下级军吏俑不穿铠甲，属于轻装。轻装步兵俑，身穿长襦，腰束革带，下着短裤，腿扎行縢即裹腿，足蹬浅履，头顶右侧绾圆形发髻，手持弓弩、戈、矛等兵器。

　　重装步兵俑服装有3种：第一种是身穿长襦，外披铠甲，下穿短裤，腿扎行縢，足穿浅履或短靴，头顶右侧绾圆形发髻；第二种服装与第一种略同，但头戴赤钵头，腿缚护腿，足穿浅履；第三种是在脑后绾板状扁形发髻，不戴赤钵头。战车上甲士的服装与重装步兵俑的第二种服装相同。

　　骑兵战士身穿胡服，外披齐腰短甲，下着围裳长裤，足穿高口平头履，头戴圆形小帽，叫作弁，一手提弓弩，一手牵拉马缰。

　　战车上驭手的服装有两种：一种是身穿长襦，外披双肩无臂甲的铠甲，腿缚护腿，足蹬浅履，头戴长冠；第二种服装是甲衣的特别制

穿铠甲的秦始皇兵马俑

作，脖子上有方形颈甲，双臂臂甲长至腕部，与手上的护手甲相连，对身体防护极严。

秦兵俑中最为常见的铠甲样式即普通战士的装束。秦代普通战士的铠甲，胸部的甲片都是上片压下片，腹部的甲片，都是下片压上片，以便于活动。从胸腹正中的中线来看，所有甲片都由中间向两侧叠压，肩部甲片的组合与腹部相同。

在肩部、腹部和颈下周围的甲片都用连甲带连接，所有甲片上都有甲钉，其数或二或三或四不等，最多不超过6枚。甲衣的长度前后相等，下摆一般多为圆形。

秦始皇陵兵马俑坑中大批陶俑的出土，为秦代武士的服装提供了例证。秦军装束在西汉时仍广泛流行，裤也逐渐向全社会普及。

阅读链接

白笔是战国秦汉时官吏随身所带记事用的笔，也是当时的官员的一种冠饰。战国秦汉官吏奏事，必须用毛笔将所奏之事写在笏上，写完之后，即将笔杆插入发际。

这种面君带笔记事的形式，在秦代时已经成为一种制度，凡文官上朝，皆得插笔于帽侧，笔尖不蘸墨汁，称"簪白笔"。后来，"簪白笔"成了一种装饰。比如明代官员朝服冠梁顶部一般插有一支弯曲的竹木笔杆，上端有丝绒做成的笔毫，名"立笔"，作用与白笔相仿，乃秦汉簪笔遗制。

汉代服装制度确立与形成

西汉王朝建立之后，随着社会经济的迅速发展和科技文化的长足进步，汉代的服装也较前丰富考究，形成了公卿百官和富商巨贾竞尚奢华、"衣必文绣"、贵妇服装"穷极美艳"的状况。

公元59年，"博雅好古"的东汉汉明帝刘庄适应进一步完善封建典章制度的需要，在他的主持下，糅合秦制与夏、商、周三代古制，重新制定了祭祀服制与朝服制度，冠冕、衣裳、佩

汉代皇帝服装

公乘 秦汉时期20等爵的第八级。以得乘公家之车，故称公乘。秦与汉初，从第七级的公大夫起，即为高爵，汉高祖规定：七大夫以上均有食邑。汉文帝后，第九级五大夫以上始为高爵，五大夫的待遇不过免役，公乘以下仍需服役，到东汉时汉明帝规定：赐民爵不得超过公乘。

绶、鞋履等各有严格的等级差别，从此汉代服装制度确立下来。事实上，我国古代完整的服装制度是在汉明帝时确立的。

冠冕是汉代区分等级的主要标志。主要有冕冠、长冠、委貌冠、武冠、法冠、进贤冠等几种形制。

按照规定，天子与公侯、卿大夫参加祭祀大典时，必须戴冕冠，穿冕服，并以冕旒多少与质地优劣以及服色与章纹的不同区分等级尊卑。

长冠，又名齐冠，是一种用竹皮制作的礼冠，后用黑色丝织物缝制，冠顶扁而细长。相传汉高祖刘邦首先仿照楚冠创制，故又称"刘氏冠"。后定为公乘以上官员的祭服，又称斋冠，湖南长沙马王堆汉墓出土的衣木俑所戴即为此冠。

■ 戴通天冠的古代帝王

委貌冠，亦称玄冠、元冠，它的形制有些像倒置的杯子，以玄色帛绢为冠衣，与玄端素裳相配，为参加祭祀的官员所戴。

武冠，又名为"鹖冠"。鹖，俗名"野鸡"，性好争斗，至死不屈，用作冠名，以表示英武，为各级武官朝会时所戴礼冠。又因它的形状像簸箕，且造型较高大，也称为"武弁大冠"。皇帝侍从与宦官，也戴插着貂尾、饰有蝉纹金珰的武冠。

■ 穿汉代服装的古人蜡像

法冠，又称"獬豸"。獬豸是传说中的神羊，能分辨是非曲直。它头顶生有一个犄角，见人争斗，就用犄角抵触理屈者，故为执法者所戴。又因为它通常用铁做冠柱，隐喻戴冠者坚定不移、威武不屈，也称"铁冠"。

进贤冠为文吏儒士所戴。冠体用铁丝、细纱制成。冠上缀梁，梁柱前倾后直，以梁数多少区分等级贵贱，如公侯三梁，中二千石以下至博士二梁，博士以下一梁。

除了上述这些冠式外，还有通天冠、远游冠、建华冠、樊哙冠、术士冠、却非冠、却敌冠等冠式。这些冠的形式，只能从汉代美术遗作中去探寻。

秦代的巾帕只限于军士使用，至西汉末年，据说因王莽本人秃头，怕人耻笑，特制巾帻包头，后来戴巾帻就成了风气。还有的说刘勋额发粗硬，难以服帖，不愿让人看见，被说成不够聪明，平日常用巾帻

中二千石 汉代官吏秩禄等级，中是满的意思，中二千石即实得二千石，月俸一百八十斛，一岁凡得二千一百六十斛。凡太常、光禄勋、卫尉、太仆、廷尉、大鸿胪宗正、大司农、少府、执金吾等到中央机构的主管长官，皆为中二千石。地方官中的"三辅"秩皆中二千石。

包头。结果上行下效,以巾帻包头便流行开来。

巾帻主要有介帻和平上帻两种形式。顶端隆起,形状像尖角屋顶的,叫"介帻";顶端平平的,称"平上帻"。身份低微的官吏不能戴冠,只能用帻。达官显宦家居时,也可以摘掉冠帽,头戴巾帻。

东汉末年,王公大臣头裹幅巾更是习以为常。比如中军校尉袁绍这样的高级将领,也不惜弃朝冠而裹头巾以求轻便;蜀汉丞相诸葛亮这样的元老重臣,也甘愿舍弃华冠而头戴纶巾,手摇羽扇,指挥三军,以求潇洒悠闲,使司马懿不得不叹服。

汉代的衣裳制度也各有等序。汉时男子的常服为袍。这是一种源于先秦深衣的服装。原本仅仅作为士大夫所着礼服的内衬或家居之服。士大夫外出或宴见宾客时,必须外加上衣下裳。

到了东汉,袍才开始作为官员朝会和礼见时穿着的礼服。

汉袍多为大袖,袖口有明显的收敛。袖身宽大的部分叫"袂",袖口紧小的部分叫"祛"。衣领和袖口都饰有花边。领子以袒领为主。一般裁成鸡心

> **中军校尉** 东汉灵帝时,在京都洛阳设立西园八校尉,即上军校尉、中军校尉、下军校尉、典军校尉、左校尉、助军左校尉、右校尉、助军右校尉。当时曹操担任典军校尉,袁绍任中军校尉。小黄门蹇硕则任上军校尉,统率其余校尉。

■ 身着袍服的汉光武帝及随从

式，穿时露出里面衣服。此外，还有大襟斜领，衣襟开得较低，领袖用花边装饰，袍服下面常打一排密裥，有时还裁成弯月式样。

另外，袍还有填棉絮的冬装。具体又分为纩袍与茧袍等。纩袍是用新丝绵之细而长者絮成，茧袍是用旧丝绵或新丝绵之粗而短者絮成。

御史或其他文官穿着袍服上朝时，右耳边上常簪插着一支白笔，名"簪白笔"，这是沿用秦制，不过汉时更注重其装饰性罢了。

官员平时穿着禅衣。禅衣是一种单层的薄长袍，没有衬里，用布帛或薄丝绸制作。这时期的袍服大体可以分为两种类型：一是曲裾，一是直裾。

曲裾就是战国时的深衣，多见于汉初。其样式不仅男子可穿，也是女装中最常见的式样。这种服装通身紧窄，下长拖地，衣服的下摆多呈喇叭状，行不露足。衣袖有宽有窄，袖口多加镶边。衣领通常为交领，领口很低，以便露出里面衣服。有时露出的衣领多达三重，故又称"三重衣"。

直裾，又称"襜褕"，为东汉时一般男子所穿。它衣襟相交至左胸后，垂直而下，直至下摆。它是禅衣的变式，不是正式礼服，隆重场合不宜穿着。据史载，武安侯田蚡就曾因为赶时髦，着直裾入宫，被汉

■ 穿禅衣的汉代官员蜡像

御史 史，是我国古代一种官名。先秦时期，天子、诸侯、大夫、邑宰皆置，是负责记录的史官、秘书官。国君置御史，自秦代开始，御史专门为监察性质的官职，一直延续到清代。汉御史因职务不同有侍御史、治书侍御史。

武帝视为"不敬"而招致免爵。

汉时男子的短衣类服装主要有内衣和外衣两种。内衣的代表服装是衫和䙱。衫，又称单襦，就是单内衣，它没有袖端。䙱，是夹内衣，外形与衫相同，又称"短夹衫"。此外，还有帕腹、抱腹、心衣等只有前片的内衣。

帕腹是横裹在腹部的一块布帛；抱腹是在帕腹上缀有带子，紧抱腹部，即后世俗称的兜肚；心衣是在抱腹上另加"钩肩"和"裆"。

内衣还有前后两片皆备者，既当胸又当背，名为"两当"，意为遮拦。平民男子也有穿满裆的三角短裤"犊鼻裈"的。它据说因为形状像牛犊的鼻子而得名。《史记》中就记载有汉代大辞赋家司马相如偕同卓文君私奔，在成都街头开设酒铺，"自著犊鼻裈，与保庸杂作，涤器于市中"的记载。

外衣的典型服装是襦和袭。襦是一种有棉絮的短上衣。因其长仅及膝，所以必须与有裆裤配穿。当时的显贵多用纨即细而白的平纹薄绢做裤，故有"纨绔"之称。后来，这个词逐渐演变成了浪荡公子的代名词。袭，又称"褶"，是一种没有棉絮的短上衣。

汉代妇女的礼服，仍以深衣为主。只是这时的深衣已与战国时期流行的款式有所不同。其显著的特点是，衣襟绕转层数加多，衣服的下摆增大。穿着这种衣服，腰身大多裹

汉代平民服饰

得很紧，且用一条绸带系扎腰间或臀上。

还有一种服装叫"袿衣"，样式大体与深衣相似，是贵妇的常服。由于它在衣服底部衣襟绕转形成两个上宽下窄、呈刀圭形的两尖角，故而得名。

此外，汉代妇女也穿襦裙。这种裙子大多是用四幅素绢拼合而成，上窄下宽，呈梯形，不用任何纹饰，不加边缘，因此得名"无缘裙"。它另在裙腰两端缝上绢条，以便系结。

这种襦裙长期为我国妇女服装中最主要的形式。东汉以后穿着的人虽然一度减少，但是魏晋开始重新流行以后历久不衰，一直沿袭到清代。

汉代的戎服，随着纺织业的发展，制作日益精良，甲胄也有所改良。西汉时期，铁制铠甲开始普及，并逐渐成为军队的主要装备，这种铁甲当时称为"玄甲"。

西汉戎服在整体上有很多方面与秦代相似，军队中不分尊卑都穿禅衣，下穿裤。禅衣为深衣制。汉代戎服的颜色为赤、绛等颜色，都属于红色范畴。汉代军人的冠饰基本上是平巾帻外罩武冠。

汉代铠甲的形制大体可分为两类：一类是扎甲，

■ 穿着襦裙的汉代乐女

卓文君 汉代才女，司马相如之妻。卓文君与汉代著名文人司马相如的一段爱情佳话被人津津乐道。她也有不少佳作流传后世，以"愿得一心人，白首不相离"一句最为著名。卓文君对爱情的大胆追求举动，为后代知识女性树立了自由恋爱的榜样。

建安七子 是建安年间七位文学家的合称，包括孔融、陈琳、王粲、徐幹、阮瑀、应场、刘桢。这七人大体上代表了建安时期除曹氏父子之外的优秀作者，所以"七子"之说得到后世的普遍承认。他们对于诗、赋、散文的发展，都曾做出过贡献。

就是采用长方形片甲，将胸背两片甲在肩部用麻绳或皮带系连，或另加披膊，这是骑士和普通士兵的装束。另一类是用鳞状的小型甲片编成，腰带以下和披膊等部位，仍用扎甲形式，以便于活动，多见于武将的装束。

汉代也实行佩绶制度，达官显宦佩挂组绶。组，是一种用丝带编成的装饰品，可以用来束腰。绶是用来系玉佩或印纽的绦带，有红、绿、紫、青、黑、黄等色，是汉代官员权力的象征，由朝廷发放。

汉代官员外出，按照规定，必须将官印装在腰间用皮革或彩锦做成的囊内，将印绶露在外面，向下垂搭。于是人们就可以根据官员所佩绶的尺寸、颜色及织工的精细程度来判定他们身份的高低了。

汉代的履主要有三种：一种是用皮革制成的，也

古代青丝履

叫"鞜"。一种是上有裱饰花纹的织鞋,即"锦履"。"建安七子"之一的刘桢在《鲁都赋》中就曾做过这样的形容:"纤纤丝履,灿烂鲜新,表以文组,缀以朱虮。"可见其华美高贵。一种是麻鞋,也叫"不借"。

除单鞋外,还有复底鞋,就是舄和屐。屐是用木头制成的,下面装有两个齿,形状与今天日本的木屐相似。也有用帛做面的称作"帛屐"。屐比舄稳当轻便,多用于走长路时穿。妇女出嫁时,常常穿绘有彩画并系有五彩丝带的屐。

总之,汉代的冠冕、衣裳、佩绶、鞋履等服装形制的形成,足以体现华夏民族的着装特色,表明我国古代服装发展的进步。

汉代铠甲

阅读链接

西汉初年,汉明帝刘庄制定了较为完备的汉代服制,其中的冠冕中有一种冠叫作"樊哙冠"。关于樊哙冠的由来,相传有这样一段趣事:

刘邦攻破咸阳,驻军灞上。项羽设宴鸿门,图谋杀害刘邦,消除对手。在鸿门宴席间,"项庄拔剑舞,其意常在沛公",情势十分危急。就在这时,汉将樊哙急忙撕下衣襟,裹起铁盾,顶在头上,权充冠帽,仗剑破门而入,与项庄对舞,最后救刘邦脱离险境。从此,仿樊哙所戴的临时冠帽被制成冠式,便得了"樊哙冠"的美名。

魏晋宽衣博带的服装样式

穿着宽大服饰的王羲之

魏晋时期，由于战乱接连不断，王朝更迭频繁，经济遭到破坏，社会生活的各个方面受到严重影响，人们的礼法观念变得淡薄，衣冠服装也发生了显著的变化。

魏晋时期的服装保留了汉代的基本形式，但是在风格特征上却有了长足的发展和创新。

由于魏晋时期老庄、佛道思想成为时尚，"魏晋风度"也表现在当时的宗教服装文化中，文人们都向往那种清静

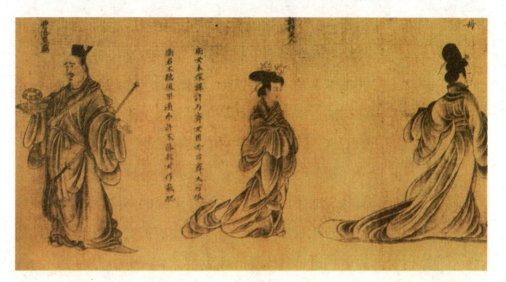

■《列女图》中的人物穿着打扮

无为,放荡不羁,超然物外,具有玄虚恬静的人生境界,是一种追求自由自在不受传统束缚的意识体现,对服装的时尚起到了意外的导向作用。

在这一时期,宽衣博带成为上至王公贵族下至平民百姓的流行服装。另外在颜色的使用上,宫中朝服用红色,常服用紫色,平民百姓为白色,同时,在质地上两者仍有很大区别。

魏晋时期宽衣博带这一整体风格,在男子体现为穿衣袒胸露臂,力求轻松、自然、随意的感觉;在女子体现为其服装长裙曳地,大袖翩翩,饰带层层叠叠,表现出优雅和飘逸的风格。

这一时期的男子一般都穿轻松随意的衫子,衫子为交领直襟式,长衣大袖,袖口不收缩而宽敞,有单、夹两种,另有对襟式衫,可开胸而穿,不系衣带。大袖衫因穿着方便,又能体现男人的洒脱和娴雅之风,所以大受欢迎,以致从文士到平民都相习成风。

大袖衫的体制还影响到妇女的服装。魏晋时期的

> **老庄** 是老子和庄子的并称,进而代指道家学说。道家主张"清静无为""顺应天道""逍遥物外"等思想。老子著有《道德经》,庄子著有《庄子》;其核心思想"人法地,地法天,天法道,道法自然"。庄子继承发展并且阐释老子的思想,故而与老子并称,一并成为道家学说的代表人物。

竹林七贤 魏晋时期的7位名士，他们是嵇康、阮籍、山涛、向秀、刘伶、王戎和阮咸，常在当时的山阳县竹林之下喝酒、纵歌，肆意酣畅，世谓"竹林七贤"。他们的作品基本上继承了建安文学的精神，采用比兴、象征、神话等手法，隐晦曲折地表达自己的思想感情。

妇女服装，也都以宽博为主。妇女所穿的大袖翩翩的大袖衫在当时具有普遍性，其特点是：对襟、束腰，衣袖宽大，两腋上收线呈弧形，下垂过臀，形成大袖，袖口缀有色条边。下裳着条纹间色裙。当时妇女的下裳，除穿间色裙外，还有其他裙裳。

魏晋时期的大袖衫是汉袍的一种发展和定型，趋简易、适体性可说是大袖衫形成的本质原因。大袖衫将袍的礼服性质消减，便服性质扩增，是服装和日常生活紧密结合成熟的标志。

其实，魏晋时期的宽衣博带所体现出来的"魏晋风度"，在当时许多名士的身上和诗画作品中都有所反映。

魏晋风度来自魏晋名士，没有魏晋名士，也就没有魏晋风度。魏晋的名士们，或放浪形骸，或沉湎丹药，或侃侃而谈，视礼教功名如粪土。他们向往的是一种自由生命，追求"神""韵""气""风"的风

■《女史箴图》中的人物穿着

■ 《洛神赋》中官员及天女服饰穿着

格,其核心是提升自我的价值、自我的人格以及自我的觉醒。

比如,"竹林七贤"之一的沛国人刘伶,相貌丑陋,神情憔悴,行为懒散,放荡飘忽,把身体视作泥土草木一般,不加修饰。

再如,被称为"书圣"的王羲之,被东晋著名书法家郗鉴选为女婿,但他却袒腹露脐地躺在床上,对前来选婿的人无动于衷。而郗鉴却认为他既豁达又文雅,才貌双全,当场下了聘礼,择为快婿。这就是"东床快婿"的由来。

这些名士的容貌仪态和着装行为,其实是依托服装表达的叛逆心理,与豁达飘逸、不食人间烟火的浪漫潇洒形象达到了形式上的统一。这种着装行为与服装形象,共同构成魏晋文化的审美风格,即以衣裳博大为美,以衣冠不修边幅为美。

魏晋妇女大袖翩翩,当风飘逸,似仙女下凡。曹植正是有感于其优雅摇曳之美,所以他笔下的"洛神"凭借了服装的魔力,更显得出类拔萃、光彩夺

洛神 神话传说中的人物。伏羲氏女宓妃,又称雒嫔,溺于洛水,遂为神。在我国传统文化里,洛阳不仅是按照上天旨意建造的天造王都,也是一个神仙居住的地方。民间有洛神的传说。三国时期的曹植写有著名的《洛神赋》,虚构自己在洛水边与洛神相遇的情节。

> **十八描** 我国画技法名。古代人物衣服褶纹的各种描法。明代邹德中《绘事指蒙》载有"描法古今一十八等"。亦见于明代汪砢玉《珊瑚网》,其中钉头鼠尾作钉头鼠尾描,撅头丁作撅头描,其余同。清王瀛将其付诸图画,并注明每种描法的要点。

目。其"奇服旷世""凌波微步,罗袜生尘",绝非一般俗艳女色可比,不用回眸已生百媚,这就是我国古代服装之精美绝伦的生动刻画。

东晋大画家顾恺之的《女史箴图》《洛神赋图》及《列女传仁智图卷》等,描绘了很多不同历史时期的人物形象,其衣服的处理颇具飘逸感。后人对他的画作推崇备至,评价其画作如"春蚕吐丝,春云浮空,行云流水,皆出自然",在国画传统技法"十八描"中被归为"高古游丝描",仅从绘画术语便可以想见顾恺之在其画作中表现人物着装的手法是何等的超凡脱俗。

顾恺之的传世之作《列女传仁智图卷》中所描绘的女性杂裾垂髾服,深衣下摆裁成的多层尖角状杂裾,以及腰带间显露的宛如旗帜上的垂髾一样的轻盈装饰,实在充满着浪漫气息。这也是魏晋风度的应有之义。

人们通常将下摆裁制成数个三角形,上宽下尖,层层相叠,因形似旗而名之曰"髾",走起路来,随风飘起,如燕子轻舞,煞是迷人,因而具有"华带飞髾"的魏晋风度。

我国古代画家笔墨为我们留下了当年的衣服飘逸之感,顾恺之描绘的杂裾垂髾服,确是难能可贵的。

与宽衣博带的服装风格相对照,魏晋

魏晋时期穿铠甲武士

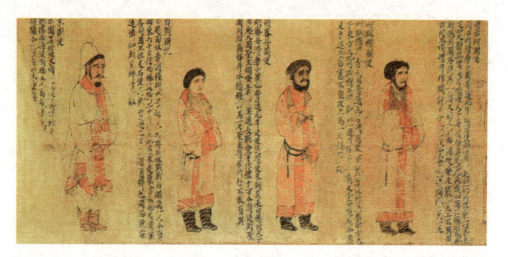

■《职贡图》上的西域使者服装穿着

时期的军戎服则有自己的特色。

魏晋的铠甲最普遍的形式是两裆铠，长至膝上，腰部以上是胸背甲，有的用小甲片编缀而成，有的用整块大甲片，甲身分前后两片，肩部及两侧用带系束。胸前和背后有圆护。因大多以铜铁等金属制成，并且打磨得极光，颇似镜子。

在战场上穿上这种铠甲，由于太阳的照射，会发出耀眼的光芒，所以称之为"明光铠"。这种铠甲的样式很多，而且繁简不一，有的装有护肩、护膝，复杂的还有重护肩。身甲大多长至臀部，腰间主要用皮带系束。

当时，外来文化对魏晋时期的服装也产生了一定的影响。公元6世纪波斯图案花纹通过"丝绸之路"传入我国，对当时的纺织、服装以及其他装饰物，都产生了不小的影响。这一点在魏晋墓群的墓砖彩画上也有所反映。

考古工作者在"丝绸之路"故道甘肃嘉峪关东北的戈壁滩上，发现一处魏晋时期的墓群，其中有6座

丝绸之路 古代交通路线。是指起始于我国古代的政治、经济、文化中心——古都长安和洛阳，连接亚洲、非洲和欧洲的古代陆上商业贸易路线。它跨越陇山山脉，穿过河西走廊，通过玉门关和阳关，抵达新疆，沿绿洲和帕米尔高原通过中亚、西亚和北非，最终抵达非洲和欧洲。

画像砖上的魏晋女子穿着

墓室的墓砖上绘有彩画，共有600余幅。

砖画的内容几乎都是现实生活的各种场景，包括采桑、耕田、狩猎、畜牧、屯垦、庖厨、宴饮等。其中描绘劳动者形象的，就有200多幅，如农民的袍服、猎户的毡帽、信使的巾帻、牧民的绑腿、妇女的围裳等都被刻画得惟妙惟肖。

此外，北方文化进入中原后被吸收而汉化，也是这一时期服装融合的突出表现。

总之，魏晋时期处于国际交流规模空前扩大的大文化背景下，形成了影响深远的服装特色，为隋唐以后的服装繁荣奠定了物质基础和人文基础。

阅读链接

魏晋时期名士阮籍的家族是个大家族，其中自然贫富相杂。在一条大道的北面，住的全是阮姓中的富人，而道南是贫民区，住的全是穷人。阮籍的侄子阮咸也属于穷人这一类的，住在道南。每到七月七日晴天的时候，道北的各家各户就把家中的衣服拿出来晒，这其实是一种变相的比富大赛。

面对"北阮"那边的声势，阮咸拿了根竹竿，把自己的粗布破裤头拿了一件挑起来，晒在路边。人们看了，纷纷惊怪。阮咸所为，反映了魏晋名士藐视富贵、自得其乐的心态。

南北朝服装款式大融合

南北朝时期的服装，出现了各民族间相互吸收、逐渐融合的趋势。一方面少数民族热心提倡穿着汉族服装；另一方面，由于民族间相互影响，生活习俗日渐融合的趋势，从而出现了深衣形制在民间渐渐消失，胡服在中原地区广为流行的局面。

穿首服的竹林七贤

南北朝时期，在民族融合下，出现了一个追求新奇时髦、款式层出不穷、奇装异服盛行的局面。

用一块帛巾包头，是这一时期主要的首服。这从南朝大墓砖刻壁画《七贤与荣启期》及《北齐校书图》《高逸图》等名画中的人物形象上可以清楚地看到。这些隐逸之士，每人头上裹的都是帛巾。

冠帽的形制颇具特色，虽然还有汉代巾帻的影子，但已有较大的变化，如将帻后加高，中呈平型，体积逐渐缩小至头顶之上，称"平上帻"，或"小冠"。在小冠上加以笼巾，则成为"笼冠"，因为它是用黑漆细纱制成的，又称"漆纱笼冠"。后世的乌纱帽就是由它演变而成的。这种冠帽男女通用，是当时的主要冠帽样式。

此外，还有卷檐似荷叶的卷荷帽，附有下裙的风帽，有高顶形如屋脊的高屋帽，尖顶、无檐、前有缝隙的帢以及突骑帽、合欢帽等形制。

帢是魏武帝曹操亲自设计并率先戴用的。由于当

> **壁画** 即人们直接画在墙面上的画。作为建筑物的附属部分，它的装饰和美化功能使它成为环境艺术的一个重要方面。壁画为人类历史上最早的绘画形式之一。石器时代是我国壁画的萌芽时期，伴随着石器制作方法的改进，使这种原始的工艺美术有了发展。

■ 《高逸图》中穿首服的人物

时战祸频仍，资材匮乏，他以缣帛替代鹿皮，制成皮弁的样式，定名为"颜帢"。经由他的提倡，这种首服不仅在魏晋时期流行，南北朝时也在继续戴用。

这个时期，人们改变了古人服袍外罩衣裳的习惯，去掉衣裳直接以袍衫作为外服。服装朝着宽松、舒适的方向发展。

男子的主要服装为衫，且分单、夹两种式样，与秦汉时的袍服不同。它不受衣袪的约束，袖口宽大，多用纱、縠绢、布等制成，为上自王公贵族、下至平民百姓所普遍穿着。

这种大袖宽衫之所以会风行南北朝，既是受"魏晋风度"的影响，也和当时的个性觉醒有关。人们喜欢乘高舆、披鹤氅裘，或袒胸露怀、散发赤足，以表示不受世俗礼教的羁束。

北方少数民族男子的服装，主要是裤褶和裲裆。裤褶是由战国时流行的一种胡服改革加工而成。汉魏之际主要用于军队。到南北朝时期，虽然还作为戎装，但已成为民间普遍穿着的便服。

裤褶由褶衣和缚裤两部分组成。褶衣紧而窄小，长仅至膝盖。它有多种样式，仅衣袖就有宽、窄、长、短之别。至于衣襟形式，大多采用对襟。有的还把衣服的下摆裁成两个斜线，两襟相掩，在中间形成一个小小的燕尾，很是别致。它有的用布缣绣彩，有的用锦缎裁成，有的用兽皮缝制。

裤褶的束腰，多用皮带，达官显宦还镂以金银作为装饰。裤褶是用锦缎红带截为三尺一段，在膝盖处将宽松的裤管扎住，以便活动。北朝以后还出现过褶裪缚裤的形式。

裲裆是一种只有胸背两片的服装，用布帛缝制而成。两片在肩部用皮线连缀起来，腰间再用皮带扎束。这种服装既可着于内，又可着于外，有棉有夹，后世沿袭很久。"褙子""马甲"都由它演变而来。

汉族妇女的服装，魏晋时期沿袭秦汉旧俗，有衫、裤、襦、裙等形制，至南北朝逐渐发生了变化。

南北朝初期，妇女所着衣衫多为对襟，衣袖宽大，并在袖口缀有一块颜色不同的贴袖。所着长裙，式样很多，色彩丰富，有间色裙、绛纱复裙、丹碧纱纹双裙等。腰间有帛带系扎。有的还在腰间缠一条围裳，用来束腰。

此外，在一些妇女中间，还有穿一种名叫杂裾垂髾女服的。这是深衣的一种变式。它的特点是在其上饰有"襳髾"。襳是指从围裳伸出来的飘带，髾是指在衣服的下摆部位而固定的一种装饰物。

北方少数民族妇女，除穿着衫、裙外，也有穿裤褶和裲裆的，只是妇女与男子有所区别。裲裆最初多穿在里面，后来才罩在衫袄之上。穿裤褶的妇女，头上多戴有笼冠。有的同时还身着裲裆，与当时的男子一样装束。

这一时期的鞋履，与秦汉时大抵相同，但质料更加考究，制作更为精良，形制也特别丰富。

鞋履的一个特点是，或在鞋面绣上彩色花纹，或是将金箔剪成花样，粘贴或缝缀在鞋帮上面。另一特点是履头形式多样。或制成圆头，或制成方头，或制成歧头，或制成笏头，可谓"日新月异"，花样翻新。还有就是采用了厚底，出现了用木块或以多层布片、皮革缝纳而成的高底鞋"重台履"等。当时，对履的颜色也有规定：士卒、百工用绿、青、白色；奴婢侍从用红、青色。

南北朝时还出现了登

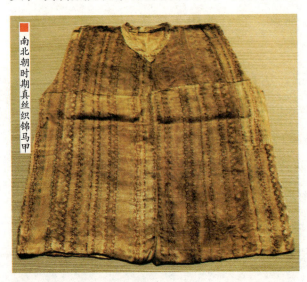

南北朝时期真丝织锦马甲

■ 南北朝时少数民族服饰

城攻战的特制铁屐和便于登山的活齿木屐。后者就是传为南朝著名诗人谢灵运所创制的"谢公屐"。

据《宋书·谢灵运传》载，出身于大贵族家庭的谢灵运，由于政治上不得志，终日寄情于山水之间。他常穿着木屐登山，发现上山时去掉木屐的前齿，下山时去掉木屐的后齿，非常便捷。后来的唐代诗人李白在《梦游天姥吟留别》中写道："脚著谢公屐，身登青云梯。半壁见海日，空中闻天鸡。"诗中所提到的就是这种活齿木屐。

由于战争连年不断，争夺政权的斗争此起彼伏，人们对武器装备更加重视。加上炼铁技术的提高，钢开始用于武器。因此，这一时期的甲胄也有很大改进。

铠甲的形制主要有三种：

一是筒袖铠。这是常用的铠甲，在东汉铠甲的基础上发展而来。它是用小块的鱼鳞纹甲片或者龟背纹甲片穿缀成圆筒形的甲身，前后连接，并在肩部配有护肩的筒袖，因此得名筒袖铠。穿筒袖铠的人，一般

笼冠 汉代的武弁大冠，是古代形如覆杯、前高后锐，以白鹿皮所做的弁和帻的复合体。但汉代武弁大冠不用鹿皮制作，而用很细的细纱制作，做好后再涂以漆，内衬赤帻。南北朝时期戴笼冠的人物，在顾恺之的《女史箴图》及北朝各石窟供养人像中都可见到。

头上都戴有一种头盔叫兜鍪,具有护耳的作用,兜鍪上饰有长缨。

二是柄裆铠。这是南北朝时期通行的戎装。它的形制与当时流行的裲裆相近。前后两大片,上用皮襻连缀,腰部另用皮带束紧。所用材料,大多为坚硬的金属和皮革。特别讲究的也用金丝。它的甲片有长条形与鱼鳞形两种,以鱼鳞形较为常见。穿这种甲的,一般里面都衬有厚实的柄裆衫,头戴兜鍪,身着裤褶。

三是明光铠。这是一种在胸背之处装有金属圆护的铠甲,在魏晋时期已经应用。

南北朝时铠甲的样式很多,繁简不一。有的仅是在裲裆的基础上前后各加两块圆护,有的则配有护肩、护膝,复杂的还配有数重护肩。身甲大都长至臀部,腰间系有革带。

总之,南北朝是我国古代服装发展的重要阶段。在民族融合的大背景下,服装在具体形式和使用方面都发生了一些变化,从而丰富了我国古代服装文化。

阅读链接

谢灵运喜欢登山,哪怕千岩万险,没有一个地方不游到的。为了便于登山,他还发明了一种木屐。他登山时常穿上这种木制的活齿钉鞋,上山取掉前掌的齿钉,下山取掉后掌的齿钉,上山下山分外省力稳当。据传说当时的人们争相效仿,这就是著名的"谢公屐"。

谢灵运为登山特地发明这种木屐,说明他热爱山水。也正是这种热爱,才使他与大自然结成朋友,写出真山真水真性灵的好诗篇,成为我国古代山水诗的开山鼻祖。

隋代官定服装形制的发展

隋炀帝冕冠像

隋文帝杨坚厉行节俭，衣着简朴，不注重服装等级尊卑，经过20来年的休养生息，经济有了很大的恢复。到隋炀帝时，为了宣扬皇帝的威严，恢复了秦汉章服制度。

冕服上的十二章纹图样是从周朝开始确立的，以后历代都承袭了这一制度。南北朝时曾按周制将冕服十二章纹中的日、月、星辰三章放到旗帜上，改成九章。隋炀帝时，将日、月两章分列在两肩，星辰列在背后，又将日、月、星辰三章放回到冕服上，恢复了之前的十二章纹图样。

从隋炀帝开始，这种"肩挑日月，背负星辰"的官服样式，成为了历代皇帝冕服的既定款式。

与冕服相配的，就是冕冠。隋文帝在位时平时只戴乌纱帽，隋炀帝则根据不同场合，戴用通天冠、远游冠、武冠、皮弁等。

冕冠前后都有象征尊卑的冕旒，其数量越多，表示地位越高，反之亦然。古时用玉琪，隋炀帝改用珠。冕旒用青珠，皇帝12旒12串，亲王9旒9串，侯8旒8串，伯7旒7串，三品7旒3串，四品6旒3串，五品5旒3串，六品以下无珠串。

通天冠也是根据珠子的多少来表示地位的高下。隋炀帝戴的通天冠，上有金博山等装饰。他戴的皮弁也是用12颗珠子装饰。太子和一品官9珠，下至五品官每品各减1珠，六品以下无珠。

隋代文官身穿直裾陶俑

文武官的朝服着红纱单衣，白纱中单，白袜乌靴。所戴进贤冠，以官梁分级位的高低，三品以上3梁，五品以上2梁，五品以下为1梁。谒者大夫戴高山冠，御史大夫、司隶等戴獬豸冠，以其形类似獬豸而得名。

隋炀帝所定皇后服制有袆衣、朝衣、青服、朱服。大业年间，宫人中还流行穿半臂，即短袖衣套在长袖衣的外面，下着长裙，又名"仙裙"，这是一种大下摆的长裙。

隋代男子的官服，一般是头戴乌纱幞头，身穿圆领窄袖袍衫，衣长在膝下踝上，齐膝处设一道界线，称为"横襕"，略存深衣旧迹，腰系红鞓带，足蹬乌皮六合靴。从皇帝到官吏，样式几乎相同，差别只在于材料、颜色和皮带头的装饰。

其中的幞头又称"幞""软巾"，以巾裹头，成为代替冠帽约束长发的头巾。幞头有四带，二带系头上，曲折附顶，所以也称"四脚""折上巾"。

隋代无官职的地主阶级隐士、野老，则喜穿高领宽缘的直裰，以表示承袭儒者宽袍大袖的深衣古制。直裰是家居式常服，一般为斜领大袖、四周镶边的大袍。另外，僧衣道服也有"直裰"袍衫。

隋执笏官官像

隋代普通百姓大都穿开衩到腰际的齐膝短衫和裤，不许用鲜明色彩。差役仆夫多戴尖椎帽，穿麻练鞋，做事行路还须把衣角撩起扎在腰间。脚上只限穿编结的线鞋或草鞋。

隋代民间妇女穿青裙，外出戴一种叫"幂罗"的面罩，把面部罩住。这类打扮，都吸收融合了南北朝时期胡服的艺术特色在内，对后来的唐代女服也有很大影响。

出土的隋代文物也反映了隋代妇女装束。洛阳出土的隋俑多小袖高腰长裙，裙系到胸部以上。发式上平而较阔，如戴帽子，或作三饼平云重叠，额部鬓发剃齐，承北周以来"开额"旧制。

隋俑中的贵妇所披小袖外衣多翻领式。侍从婢女及乐伎则穿小袖衫、高腰长裙，腰带下垂，肩披帔帛，头梳双髻。

　　西安玉祥门外有一座李静训墓，墓主为9岁女孩，随葬群俑围立青石棺旁，女俑穿大袖衣，长袍、垂带，发作三叠平云，上部略宽。武卫俑戴胄，着明光铠、大口裤，一手扶步盾。文吏穿裤褶服，外披小袖齐膝衣。

　　除了隋俑外，敦煌壁画所见也大体如此。敦煌莫高窟390窟隋妇女进香图，贵妇着大袖衣，外披帔风或小袖衣，这种衣式早见于敦煌北魏以来佛教故事画中男子衣着，但那是内衣小袖而外衣大袖。衣袖大小正与隋代贵妇服装相反。

　　隋代居住在西北地区的少数民族多穿小袖袍、小口裤，但各个民族不尽相同。如高昌国人着长身小袖袍，缦裆裤；于阗国人着长身小袖袍、小口裤；匈奴妇女则着长襦及足，没有下裳；等等。反映了隋代边疆地区的民族服装特色。

阅读链接

　　李静训墓位于今西安市玉祥门外西大街南约50米处。李静训家世显赫，她的祖父李崇是一代名将，曾随隋文帝杨坚一起打天下，后来官至上柱国。据墓志记载，李静训自幼深受外祖母周皇太后的溺爱，一直在宫中抚养，后来殁于宫中，年方9岁。皇太后杨丽华十分悲痛，厚礼葬之。

　　李静训墓的随葬品甚多，有数量繁多的陶俑、项链、手镯、金银器皿等，宛如微缩的繁华世间。其中的陶俑反映了隋代妇女装束的情况，是重要的史料。

唐代服装空前丰富多彩

由隋入唐，我国古代服装发展到全盛时期，唐装的雍容华贵、富丽堂皇，充分体现了唐代空前繁荣的局面。

冠服制度是封建社会权力等级的象征。唐高祖李渊于624年颁布新律令，即著名的《武德律》，其中包括服装的律令，计有天子之服、皇后之服、皇太子之服、太子妃之服、群臣之服和命妇之服。

天子服装包括大裘冕、衮冕、鷩冕等14种；皇太子服装包括衮冕、远游冠、公服等6种；群臣服装有衮冕、法冠、公服等22种；皇后服装有袆衣、鞠衣、钿钗

唐太宗及仕女服饰穿着

■ 唐官员身着官服引导三位宾客图

别具风采的衣食生活

禕衣3种；皇太子妃服装有褕翟、钿钗礼衣2种；命妇服装有翟衣、钿钗礼衣、礼衣等6种。这些服装的配套方式和服用对象及服用场合，都有详细说明。

唐代官服发展了古代深衣制的传统形式，于领座、袖口、衣裾边缘加贴边，衣服前后身都是直裁的，在前后襟下缘各用一整幅布横接成横襕，腰部用革带紧束。官服的衣袖分直袖式和宽袖式两种，直袖窄紧，夹直如沟，这种款式便于活动，宽袖大裾的款式则可表现潇洒华贵的风度。

唐代冠服制度在《武德律》推行之后，也在不断修改完善，它上承周汉传统，从服装配套、服装质料、纹饰色彩等方面形成了完整的系列，对后世冠服也产生了深远的影响。

唐三彩 是一种盛行于唐代的陶器，以黄、褐、绿为基本釉色，后来人们习惯地把这类陶器称为"唐三彩"。唐三彩的诞生已有一千三四百年的历史了，它吸取了我国国画、雕塑等工艺美术的特点，采用堆贴、刻画等形式的装饰图案，线条粗犷有力。

唐代服装的发展是多方面的，平民百姓的服装自然也在其中。这些服装，共同构成了唐装的繁荣景象。

唐代一般男子的服装以袍衫为主，其结构形式在秦汉和魏晋时期袍服的基础上，又糅合了胡服风格，其款式特点为圆领、窄袖，领、袖、裾等部位不设缘边装饰，袍长至膝或及足，腰束革带。

袍衫在唐代穿着普遍，帝王常服及百官品色服均为袍式。一般士庶亦可穿着袍衫，但其颜色有限制，多穿白色的袍衫。

胡服在中原地区流行，自战国时期赵武灵王始至唐代达到极盛。盛行胡服的原因同唐代社会文化的开放性和包容性有关，从出土的唐代士俑、唐三彩及壁画中，到处可见身着胡服的人物形象。

唐代男子普遍穿着的服装除袍衫、胡装外，还有半臂装。半臂装是一种半袖上衣，其形式为合领、对襟、半袖、衣长至膝，通常于春秋时节穿。

唐代男子的首服，以幞头巾帽应用得最为广泛，为这一时期典型首服。幞头是一种经过裁制的四脚巾帛，前两角缀两根大带，后两脚

唐代仕女

缀两根小带，戴时将前面两脚包过前额绕至脑后结系在大带下垂着，另外两角由后朝前，自下而上收系于脑顶发髻上。

唐代军戎服也丰富多彩。唐代在战场上驰骋的都是人披马甲不具装的轻骑，步兵铠甲占步兵人数的一半以上。据《唐六典》记载，唐甲有明光甲、光西甲、细鳞甲、山文甲、乌锤甲、白布甲、皂绢甲、布背甲、锁子甲等13种。其中的锁子甲异常坚固，射不可入。此种铠甲分成大中小三种型号，按体型高矮分给战士使用。

唐代的女子服装，可谓我国古代服装中最为精彩的篇章，其冠服之丰美华丽，妆饰之奇异纷繁，都令人目不暇接。大唐200余年的女子服装形象，可主要分为襦裙服、女着男装、女着胡服3种穿着形式。

襦裙服是指唐代女子上穿短襦或衫，下着长裙，佩披帛，加半臂的传统装束。

襦裙装在外来服装的影响下，取其神而保留了自我的原形，于是襦裙装成为唐代乃至整个我国服装史中最为精彩而又动人的一种配套装束了。

襦很短，一般只长到腰，是唐代女服的特点。与此相近的衫，却长至胯或更长。唐女

《唐六典》 全称《大唐六典》，是唐代一部行政性质的法典。是我国现有的最早的一部行政法典。张说、张九龄等人编纂，成书于738年，所载官制源流自唐初至开元止。"六典"之名出自周礼，原指治典、教典、礼典、政典、刑典、事典，后世设六部即本于此。

■ 服饰艳丽的唐代公主

唐代仕女身穿襦裙打马球蜡像

的襦、衫等上衣是各个阶层的常服，非常普遍，而且喜欢红、浅红或淡赭、浅绿等色。

襦的领口常有变化，襦衫领型有圆领、方领、直领和鸡心领等。盛唐时期有袒领，即领口开得很低，早期只在宫廷嫔妃、歌舞伎者间流行，后来连豪门贵妇也予以垂青。

唐代妇女下裳为裙。这是当时女子非常重视的下裳形式。制裙面料多为丝织品，但用料有多少之别，通常以多幅为佳。裙腰上提高度，有些可以掩胸，有些仅着抹胸，外披纱罗衫，致使上身肌肤隐隐显露。这是我国古代女装中最大胆的一种，足以想见当时妇女思想开放的程度。

唐代裙色多彩，可以尽如人所好，多为深红、杏黄、绛紫、月青、青绿。其中尤以石榴色流行时间最长。石榴裙最大的特点，是裙束较高，上披短小襦衣，两者宽窄长短形成鲜明对比。

这种上衣下裙的唐装，是对前代服装的继承、发展和完善。从整体效果看，上衣短小而裙长曳地，使体态显得苗条和修长。

外族服装文化对于唐代宫廷产生的影响还反映在思想观念上的变

唐代女子盛装

化。当时影响中原的外来服装,绝大多数都是马上民族的服装。那些粗犷的身架、英武的男性装束,以及矫健的马匹,对于唐代女性着装意识产生一种渗透式的影响,同时创造出一种适合女着男装的氛围。

唐代女子跳出围墙和男人并肩外出,到大自然中去观赏风景、骑马游春,于是就有许多女扮男装的场面。经常能见到头戴幂篱,身着男装袍裤的俊俏女子与男人同行,并一时形成风尚。不论是出行图景还是打马球的场面,新式着装已经成为当时的创举,这充分说明唐代女性在思想观念上的变化。

唐代还流行女子穿胡服。胡服令唐代妇女耳目一新,以至于胡服热狂风般地席卷中原诸城,其中尤以长安及洛阳等地为盛,其饰品也最具异邦色彩。

盛唐以后,胡服的影响逐渐减弱,女服的样式日趋宽大。到了中晚唐时期,这种特点更加明显,一般妇女服装,袖宽往往4尺以上。

唐代女装除了襦裙服、女着男装和着胡服外，在妇女中间，还出现了袒胸露臂的形象。在永泰公主墓东壁壁画上，有一个梳高髻、半露胸、肩披红帛，上着黄色窄袖短衫，下着绿色曳地长裙，腰垂红色腰带的唐代妇女形象，就是这种形象的代表。

唐代女子半露胸，并不是什么人都可以效仿的，只有有身份的人才能穿开胸衫，永泰公主可以半露胸，歌女可以半露胸取悦于人，而平民百姓家的女子是不允许半露胸的。这种半露胸的裙装有点类似于现代西方的晚礼服，只是不准露出肩膀和后背。

唐代女服的裙子颜色绚丽，红、紫、黄、绿争奇斗艳，尤以红裙为佼佼者。街上流行红裙子，不是现代人的专利，早在盛唐时期，就已经遍地榴花染舞裙了。

隋唐时期染织艺术的发展，在隋唐时期彩塑和出土文物中的服饰图案上有鲜明的体现，它们真实地反映了当时制作技术革新带来的大唐盛世雍容华贵的装饰风格。如在新疆吐鲁番阿斯塔那唐代墓葬出土了一件精美的红地花鸟纹锦，具有典型盛世唐锦的富丽华美特征：花团锦簇，禽鸟飞翔，祥云缭绕，情趣盎然。其生动的形象、活泼的布局、热烈的色彩，呈现出一派富贵吉祥的祥和气氛，代表了唐代斜纹经锦的高度水平。

唐代的服饰图案，改变了以往那种天赋神授的创作理念，用真实的花、草、鱼、虫进行写生，但传统的龙、凤图案并没有被排斥，这也是由皇权神授的影响而决定的。这时服饰图案的设计趋向于回归自然，将青山绿水、鸟兽鱼虫展现于装饰图案上，同时表现了自由、丰满、肥壮和华贵的艺术风格。当时流行的图案纹样有联珠团窠纹、宝相花纹、瑞锦纹、鸟衔花草纹、几何纹等。这些纹样主要表现于唐锦、金银器、陶瓷以及建筑装饰等。

团窠联珠纹样成为唐丝绸纹样的主流，它表现在丝绸上有华贵、饱满的形式感。现出土可见的此类纹样有联珠"贵"字纹锦、联珠熊头纹锦、联珠鹿纹锦、联珠骑士狩猎锦等。

丰富多彩、风格独特、奇异多姿的唐装充实了我国古代服装文化，使之成为我国服装史上的一朵奇葩，令世人瞩目。

阅读链接

唐玄宗李隆基酷爱胡舞胡乐，杨贵妃、安禄山均为胡舞能手，唐代诗人白居易在《长恨歌》中说的"霓裳羽衣舞"，即是胡舞的一种。另有浑脱舞、枯枝舞、胡旋舞等，这些胡舞胡乐，对汉族音乐、舞蹈、服装等艺术门类都有较大的影响，而唐代女子着胡服就是典型的例子。

关于唐代女子着胡服的形象或见于石刻线画等古迹。较典型者，即为上戴浑脱帽，身着窄袖紧身翻领长袍，下着长裤，足蹬高腰靴。唐女着胡服，成为那个时代的一大亮点。

变革创新

服装风格

宋朝经济繁荣，人们的美学观念也相应发生变化，服饰开始崇尚俭朴，重视沿袭传统，朴素和理性成为宋朝服饰的主要特征。

元统一中国后，地域空前辽阔，服饰技术得到进一步交流和提高。元朝制定了天子和百官的服装，这种服装叫"质孙服"，上衣连下裳，上紧下短，并在腰间加襞积，肩背挂大珠。这种服装既承袭了汉族服装制度，又兼顾了蒙古民族特点，是民族大融合的产物。

两宋时期的各式服装

宋代皇帝朝服

宋代崇尚礼制，冠服制度最为繁缛，因而与传统的融合做得更好。北宋初年，朝廷参照前代衣服样式，规定了从皇帝到庶人的服式，其中包括祭服、朝服、公服、时服、戎服等。

祭服有大裘冕、衮冕、鷩冕、毳冕、玄冕，其形制大体承袭唐代并参酌汉以后的沿革而定。

朝服也叫具服，一般在朝会时使用。上身用朱衣，下身系朱裳，即穿绯色罗袍裙，衬以白花罗中单，束以大带，再以革带系绯罗蔽膝，方心曲领，挂以玉剑、玉佩，着白绫袜黑色皮履。

朝服以官职的大小而有所不同，六品以下就没有中单、佩剑及锦绶。中单即禅衣，衬在里面，在上衣的领内露出。

宋朝百官朝见皇帝或处理一般公务，都是穿公服，唯在祭祀典礼及隆重朝会时穿着祭服或朝服。公服基本承袭唐代的款式，曲领大袖，下裾加一道横襕，腰间束以革带，头戴幞头，脚穿靴或革履。

■ 宋代公服

公服的幞头，一般都用硬翅，展其两角，只有便服才戴软脚幞头。公服所佩的革带，是区别官职的重要标志之一。

幞头是宋代常服的首服，戴用非常广泛，宋代的幞头内衬木骨，或以藤草编成巾子为里，外罩漆纱，做成可以随意脱戴的幞头帽子，不像唐初那种以巾帕系裹的软脚幞头，后来索性废去藤草，专衬木骨，平整而美观。

公服用色区别等级。如九品官以上用青色；七品官以上用绿色；五品官以上用朱色；三品官以上用紫

幞头 亦名"折上巾"，又名"软裹"。一种包头的软巾，因幞头所用纱罗通常为青黑色，故也称"乌纱"。后代俗称为"乌纱帽"。相传始于北周武帝。幞头系在脑后的两根带子，称为"幞头脚"，开始称为"垂脚"或"软脚"。后来两根垂在脑后的带子加长，打结后可作装饰，称为"长脚罗幞头"。

宋代武将服饰和官服

色。到宋元丰年间用色稍有更改：四品以上用紫色；六品以上用绯色；九品以上用绿色。按当时的规定，服用紫色和绯色衣者，都要配挂金银装饰的鱼袋，高低职位以此物加以明显的区别。

时服则在每年应季或皇五圣节，按前代制度赏赐文武群臣及将校的袍、袄、衫、袍肚、勒帛、裤等，用各种锦等做面料。宋代的服装面料，讲究的以丝织品为主，品种有织锦、花绫、缂丝等。其中有一种用天下乐晕锦做的时服最为高贵。

宋代的戎服，大体继承晚唐五代的戎装形式，略有变化，防卫巡逻或作战，常着战袄、战袍。宋代无名氏的《宣和遗事》曾有这样的描述："急点手下巡兵二百余人，腿系着粗布行缠，身穿着鸦青衲袄，轻弓短箭，手持闷棍，腰挂环刀。"袍和袄只是长短有别，均为紧身窄袖的便捷装束。

官兵作战时通常要穿铠甲。北宋初年的铠甲，据《宋史·兵志》记载，有金装甲、连锁甲、锁子甲、黑漆顺水山子铁甲、明光细网甲等多种铁甲。还有一种以皮革做甲片，上附薄铜或铁片制成的较轻便的软甲。皮制的战衣叫"皮笠子"或"皮甲"。

宋代有一种特别的铠甲，这就是纸甲。1040年，政府诏令江南、淮南州军造纸甲3万副。它是用一种特柔韧的纸加工而成的，叠3寸厚，在方寸之间布有4颗钉，雨水淋湿后更为坚固，铳箭难以穿透。

《武经总要》是我国一部记述有关军事组织、制度、战略战术和武器制造等情况的重要军事著作，其中详细记载了北宋时期的铠甲样式及其制度。如头戴兜鍪，身穿甲衣，两袖缀有披膊，下配有护腿。

宋代对妇女的礼服也有规定。比如宋代皇后礼服，平时很少穿着，只有在受皇帝册封或祭祀典礼时穿用。穿着这种服装，头上要戴凤冠，内穿青纱中单，腰饰深青蔽膝。另挂白玉双佩及玉绶环等饰物，下穿青袜青鞋。

再如宋代贵妇礼服，包括大袖衫、长裙、披帛，是晚唐五代遗留下来的服饰，在北宋年间依然流行，多为贵族妇女所穿。这种礼服普通妇女不能穿着。穿着这种服装，必须配以华丽精致的首饰，其中包括发饰、面饰、颈饰和胸饰等。

宋代百姓服装，也有定制。从记载来看，当时北宋首都汴京，店堂林立，铺席遍布，到处设有酒楼、茶坊、商店和集市。各行各业的商户还彼此结成"商行"，仅与服装有关的行业，就有衣行、帽行、鞋行、穿珠行、接绦行、领抹行、钗朵行、纽扣行及修冠子、染梳儿、洗衣服等几十种之多，反映了当时商业的兴隆。

宋代男子除在朝的官服以外，平日的常服也是很有特色的，常服

> **《武经总要》**
> 是我国北宋官修的一部军事著作。作者为宋仁宗时的文臣曾公亮和丁度。两人奉皇帝之命用了5年的时间编成。该书是中国第一部规模宏大的官修综合性军事著作，对于研究宋朝以前的军事思想非常重要。其中大篇幅介绍了武器的制造，对科学技术史的研究也很重要。

■ 身穿冠服的仁宗皇后及两位侍女

宋代男子蜡像

也叫"私服"。宋官与平民百姓的燕居服形式上没有太大区别，只是在用色上有较为明显的规定和限制。

宋时常服有袍、襦、袄、短褐、裳、直裰、鹤氅等几种。袍有宽袖广身和窄袖窄身两种类型，有官职的穿锦袍，无官职的穿白布袍。襦和袄为平民日常穿用的必备之服。短褐是一种既短又粗的布衣，为贫者服。裳是沿袭上衣下裳古制，男子的长上衣配黄裳，居家时不束带，待客时束带。直裰是一种比较宽大的长衣。鹤氅宽长曳地，是一种用鹤毛与其他鸟毛合捻成绒织成的裘衣，十分贵重。

此外，宋代男式衣着，还有布衫和罗衫。内用的叫"汗衫"，有交领和颔领形式。质料很考究，多用绸缎、纱、罗。颜色有白、青、皂、杏黄、茶褐等。贵族裤子的质地也十分讲究，多以纱、罗、绢、绸、绮、绫，并有平素纹、大提花、小提花等图案装饰，裤色以驼黄、棕、褐为主色。

宋代文人平时喜爱戴造型高而方正的巾帽，身穿宽博的衣衫，以为高雅。宋人称为"高装巾子"，并且常以著名的文人名字命名，如

"东坡巾""程子巾""山谷巾"等。也有以含义命名的,如"逍遥巾""高士巾"等。

《米芾画史》曾说到文士先用紫罗做无顶的头巾,叫作"额子",后来中了举人的,用紫纱罗做长顶头巾,以区别于庶人。庶人则由花顶头巾、幅巾发展到逍遥巾。

宋代普通妇女所穿服装有袄、襦、衫、半臂、裙子、裤等服装样式。宋代妇女以裙装穿着为主,但也有长裤。其裤子的形式特别,除了贴身长裤外,还外加多层套裤。

宋代妇女的穿着与汉代妇女相似,都是瘦长、窄袖、交领,下穿各式长裙,颜色淡雅;通常在衣服的外边再穿长袖对襟褙子,褙子的领口及前襟绘绣花边,时称"领抹"。

妇女的襦和袄是基本相似的衣着,形式比较短小,下身配裙子。颜色常以红、紫为主,黄次之。贵者用锦、罗或加刺绣。普通妇女则规定不得用白色、褐色毛缎和淡褐色匹帛制作衣服。

宋代300多年间,女服有些变化。崇宁年间,妇女上衣时兴短而窄;至宣和、靖康年间,女服上衣趋向逼窄贴身,前后左右襞开四缝,以带扣约束,当时称"密四门"。有一种小衣,也是逼窄贴身,左右前后四缝,用纽带扣,称为"便当"。这种

> **举人** 本谓被荐举之人。汉代取士,无考试之法,朝廷令郡国臣相荐举贤才,因以"举人"称所举之人。唐宋时有进士科,凡应科目经有司贡举者,通谓之举人。至明清时期,则称乡试中试的人为"举人",亦称为"大会状""大春元"。中了举人叫"发解""发达",简称"发"。习惯上举人俗称为"老爷",雅称则为"孝廉"。

■ 宋代妇女的穿着

形制，到绍兴年间稍有收敛，但到了景定年间又恢复原样。时装样式，多始于内宫，逐渐上行下效，波及远方。

宋代的僧道服也是宋代服装的重要组成部分。早在汉代道教便创立，同时，佛教也传入我国。到了唐宋时期，佛、道二教并驾齐驱。道士的服装主要有道冠、道巾、黄道袍等。

道冠，通常用金属或木材制成，其色尚黄，故称黄冠。后人常以黄冠代指道士。

■ 宋代穿着襦裙的女子

道巾有8种：混元巾、九梁巾、纯阳巾、太极巾、荷叶巾、靠山巾、唐巾和一字巾。

黄道袍是道士的常服。黄道袍也叫大小衫，大多交领斜襟。他们多穿草鞋。宋代道士保持着古代上衣下裳和簪冠的形制。

据佛教章法规定，佛教僧侣的衣服限于三衣和五衣。三衣，就是佛教比丘穿的3种衣服，包括僧伽梨，是用9条至25条布缝成的大衣；郁多罗僧，是用7条布缝成的上衣；安陀会，是用5条布缝成的内衣。这些衣服布条纵横交错，呈田字形。

五衣，指三衣之外加上僧祇支即"覆肩衣"、厥修罗即"裙子"。前者，覆左肩，掩两腋，左开右合，长裁过腰，是一块长形衣片，从左肩穿至腰下；

法衣 道教与佛教的法事专用服装。佛教制度允许出家僧人为养活自身可以持有如法合度的衣服，其中重复衣、上衣、下衣、裙、副裙、掩腋衣、副掩腋衣等13种服装是生活所必需的。不同的衣服应在不同的时间和不同的场合穿用。凡僧尼所穿的被认为不违背戒律、佛法的衣服，皆可称为"法衣"。

后者，把长方形布缝其两边，呈筒形，腰系纽带。

此外还有袈裟，也是佛教法衣，由许多长方形小块布拼缀而成。僧人为了表示苦行，常常拾取别人丢弃的陈旧碎布片，洗净后加以拼缀，称之为"百衲衣"。它不许用青、黄、赤、白、黑"五正色"及绯、红、紫、绿、碧"五间色"，只许用青色、黑色和木兰色即"赤色""不均色"。

据《释氏要览》卷上载，百衲衣来源有5种，包括施主衣、无施主衣、死人衣、粪扫衣即人们丢弃的破衣碎片。法衣是道教法师举行仪式、戒期、斋坛时穿的衣着，有霞衣、净衣等。僧道也穿直裰，以素布制成，对襟大袖，衣缘四周镶有黑边。

在宋代，北方先因契丹族势力强大，后因女真族兴起，胡服流行范围不断扩大。北宋时期，朝廷曾对少数民族服装的传入严加禁止。但事实上，胡服在中原不仅没有灭绝，反而有所蔓延。

在当时，有些妇女的发式效仿女真族，做束发垂头式样，称为"女真妆"。开始于宫中，继而遍及四方。临安舞女则戴茸茸狸帽和

宋代仕女头饰

窄窄胡衫。南宋时期南方已受到了北方民族服装及生活习俗的影响。

北宋初年，皇家仪仗队都穿绣锦做的服装。为此，成都转运司设立了成都锦院，专门生产上贡的"八答晕锦""官诰锦""臣僚袄子锦"以及"广西锦"。

北宋皇室规定，对文武百官按其职位高低，每年分送"臣僚袄子锦"，其花纹各有定制，分为翠毛、宜男、云雁、瑞草、狮子、练鹊、宝照等。

南宋时，成都锦院还生产各种细锦和各种锦被，花色更加繁复美丽。这些丝织锦在后来通过商贸等方式逐渐流传到全国，成为知名的传统品种，被称为"蜀锦"。蜀锦的花纹有组合型几何纹的八搭晕、六搭晕、盘毯等。这种组合型纹样多出现在南宋时颇具时代特色的织锦上，这种织锦被称为"宋锦"。

宋锦的图案风格、组织结构和织造工艺等已和蜀锦有所区别。它以纬面斜纹显示主体花纹，经面斜纹为地纹或少量陪衬花，其锦面匀整、质地柔软、纹样古朴，大都供装裱之用。

宋锦产于南宋时期的苏州。苏州宋锦、蜀锦和后来明代南京的云锦，并称为我国三大名锦。

宋锦是宋代官服的主要面料，宋锦上的几何填花有葵花、簇四金雕、大窠马打毯、雪花毯路、双窠云雁等；器物题材的有天下乐；人物题材的有宜男百花等；穿枝花鸟题材的有真红穿花凤、真红大百花孔雀、青绿瑞草云鹤等；动物题材的有狮子、云雁、天马、金鱼、鸂鶒、翔鸾等；花卉题材的有如意牡丹、芙蓉、重莲、真红樱桃、真红水林檎等。

宋代是手工刺绣发展的高峰期，特别是在开创纯审美的绣画方面，后来没有人能够超越。宋代设立了文绣院，绣工约300人，专为皇帝王妃、达官贵人刺绣服饰和绣画，所以宋绣亦被誉为"宫廷绣"或

"官绣"。皇帝的龙袍,官员的朝服、乌纱帽、朝靴皆为宋绣精品。

徽宗年间又设绣画专科,使绣画分类为山水、楼阁、人物、花鸟,因而名绣工辈出,使绣画发展达到了最高境界,并由实用性进而发展为艺术欣赏,同时并将书画带入了刺绣之中,形成了独特的观赏性绣作。

自宋代起,南方丝织产量全面超过北方,完成了自唐代起由北逐渐南移的过程。据《宋会要辑稿》记载,北宋中期全国年上供丝绸总计355万匹,东南和四川共计257万多匹,占全国2/3,其中,仅江浙一隅就达125万多匹,占全国1/3以上,丝绵则超过2/3,北方各地仅占1/4。

宋室南渡后,北方官商及手工业者大量南渡,进一步推进了南方丝织业的发展。1141年,东南诸路每年仅夏税及和买绢就增加到300万匹左右。

这些数字不仅反映出随着当时经济中心的南移,丝织业重心已从黄河流域正式转移到长江中下游,还说明江浙地区已完全取代了北方山东、河南等丝织业中心的地位,并奠定了明清以后江苏和浙江两地丝绸兴盛不可动摇的格局。

阅读链接

北宋著名画家张择端的《清明上河图》,生动地描绘了北宋首都汴京的情景,其中有各行各业的人物,如官宦、绅士、商贩、农民、医生、胥吏、篙师、缆夫、车夫、船夫、僧人及道士等。他们穿着各种不同样式的服装:有梳髻的、戴幞头的、裹巾子的、顶席帽的、穿襕袍的、披褙子的、着短衫的等,反映了这个时期平民百姓服装的基本特征。

行业不同,衣着有别。我们从《清明上河图》中人物的服装特征大体可以知道他们从事何种职业。

元代蒙古族的服装风格

元代是由蒙古族建立的我国历史上第一个由少数民族建立的大一统帝国。定都大都，即现在的北京市。1271年，元世祖忽必烈取《易经》"大哉乾元"之意改国号为"大元"。

元代国土空前辽阔，各地的地理环境、气候条件、生活习俗、宗教信仰差异很大，各民族的服装都有自己的特点。同时，由于各地经济、文化的不断交流，服装也相互影响。

蒙古族原是我国北部一个游牧部落，是典型的游牧民族，其衣着样式自古与游牧经济生活相适应，而且富有特色。

蒙古民族服饰

蒙古族早期服装不像后来流行的高领口，而是右衽交领，由左边到腋下有开衩，右边有三扣，左边有一扣，少数为方领，腰间密密打作细褶，以帛带束腰，腰围紧束突出。衣服很大，长到拖地。妇女穿敞口而宽阔的披肩，青年妇女则穿男式衣服。

蒙古族最初以家畜及野兽毛皮制作衣服，随着手工业的发展，以及纺织品的传入，富裕者用来自汉地、波斯、俄罗斯、保加利亚、匈牙利等地输入的绸缎、绵绸、毛料以及各种珍贵兽裘制作华丽的衣服。贫困者则用羊、山羊及狗皮或粗布、棉花、粗毛及毡杂做衣服。

■ 蒙古长袍

蒙古族长袍之用途和优点颇多，乘马时紧束腰带，能保持腰肋的稳定垂直。已婚妇女还穿一种非常宽松的长袍，在前面开口至底部。

元仁宗在位期间，进行了服装的改革，他命令蒙古贵族着汉装，并以身作则，加速了民族融合的步伐。至元英宗时期，又参照古制，制定了天子和百官的上衣连下裳上紧下短，并在腰间加褶裥，肩背挂大珠的"质孙服"制。这是承袭汉族又兼有蒙古民族特点的服制。

"质孙"也叫济逊、只孙、只逊、直孙、济苏、积苏、咎顺等，汉人称"质孙服"为"一色衣"。

"质孙服"与"质孙宴"关系密切。"质孙宴"

上都 位于今内蒙古锡林郭勒南部，多伦西北闪电河畔。是金朝皇帝避暑的地方。1251年，元世祖忽必烈把他的藩府南移至金莲川地区。他在负责统治汉地之后，进一步扩大了与汉人士大夫的接触，受到更多汉文化的影响。

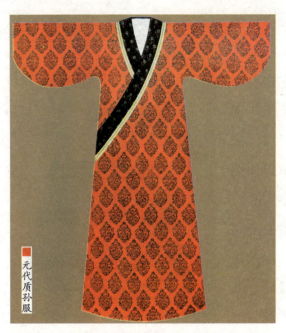

元代质孙服

本为元代开国皇帝忽必烈每年巡幸上都时举办的招待宗亲、大臣们所专设的宴席。宴会的目的，在于凝聚君臣之间的感情，也利于决定国家的大事。

"质孙宴"集蒙古族传统饮食、歌舞、游戏、竞技于一体，场面隆重，消费奢华。宴会连开三天，用羊2000只，用马3匹等。赴宴者须穿清一色而华贵的"质孙服"，每天换一次全场衣帽颜色一致的服装，且以衣服的华丽相炫耀。

"质孙服"是元代达官贵人地位和身份的象征。皇帝所赐的"质孙服"，多以显示对臣僚的宠爱，受赐者往往以此为荣。

按照参加质孙宴的人的地位不同，"质孙服"的结构可分为两类：一类是帝王、大臣、贵族等上层社会的人士所穿的没有细褶的腰线袍以及直身放摆结构的直身袍；另一类是在质孙宴上服务于这些上层人物的乐工、卫士等所穿的辫线袍。

"质孙服"用以上下级的区别体现在质地粗细的不同上。以其质分级层次，有15个等级，每级所用的原料和选色完全统一，衣服和帽子一致，整体效果十分出色。比如衣服若是金锦剪绒，其帽也必然是金锦暖帽；若衣服用白色粉皮，其帽必定是白金答子暖帽。

元朝天子的"质孙服"共有15个等级，与冬装类同。百官的冬服有9个等级，夏季有14个等级，同样也是以质地和色泽区分。

元代常服中还有"比肩"和"比甲"。"比肩"或称"搭护"，元代蒙人称之为"襻子答忽",是一种皮衣,交领,有表有里,较马褂长一些,类似半袖衫的服装,常穿在袍服外面。"比甲"则是便于骑射的衣裳,无领无袖,前短后长,以襻相连的便服。

元代贵族袭汉族制度,在服装上广织龙纹。据史料记载,皇帝祭祀用衮服、蔽膝、玉簪、革带、绶环等饰有各种龙纹,仅衮一件就有8条龙,领袖衣边的小龙还不计。

龙的图案是中原文化的产物,是中国人的图腾,它代表着华夏民族的精神。晚唐五代以后,北方少数民族相继建立政权,都无一例外地沿用了这一图案。到了元代更加突出,除服装大量使用龙的图案之外,在其他宫廷生活器具、建筑中也广泛使用。

元代男子的公服多遵从汉族习俗,"制以罗,大袖,盘领,右衽"。其职位级别在服装的颜色及纹样上表示。公服之冠皆用幞头,制以漆纱,展其双脚。平日闲居之服,多穿窄袖袍。地位低下的侍从仆役,常在常服之外罩一件短袖衫子,称为"襦裙半臂",妇女也有这种习俗。

元代女服分贵族和平民两种样式。因为贵族多为蒙古人,以皮衣皮帽为民族服装,貂鼠和羊皮制衣较为广泛,样式多为宽大的袍式、袖口窄小、袖身宽肥,由于衣长曳地,贵夫人外出行乐时,必须有女奴扶持。这种袍式在肩部做有一云肩,十

元代贵族男子服饰

云肩 也叫"披肩",是从隋朝发展而成的一种衣饰,常用四方四合云纹装饰,并多以彩锦绣制而成。在汉民族服饰文化中,云肩是一种独特的服饰款式,装饰图案内涵丰富,符号的艺术语言、数字的寓意、文化底蕴哲理深邃;又是汉民族吸纳外来服饰文化,融会贯通,升华为自己的民族服饰结晶。

分华美。

作为礼服的袍,面料质地十分考究,采用大红色织金、锦、蒙绒和很长的毡类织物。当时最流行的服装色彩以红、黄、绿、褐、玫红、紫、金等为主。

蒙古族贵族妇女戴姑姑冠,"姑姑"又称为顾姑、故姑、固姑、罟罟、罟姑等。在元代,只有蒙古贵族的已婚妇女才能佩戴姑姑冠。

姑姑冠以木条做框架,用桦树皮围合缝制而成,下为圆筒形,上为"Y"字形。外包饰红色或者褐色印花棉。这就是蒙元时期蒙古族妇女流行的冠饰。

这一独特冠服的起源,是源自蒙古族的一种特殊的抢婚风俗。后来,姑姑冠就成了区分已婚妇女与未婚少女的标识。这样,戴上姑姑冠的女性,远远就能看到,很是惹人注目,就可以避免被"不知就里"的人"抢婚"或者"求婚"了。

元代平民妇女穿汉族的襦裙,裸露半臂也颇为通行,汉装的样子常在宫中的舞蹈伴奏人身上出现,唐代的窄袖衫和帽式也有保留。此外受高丽国的影响,都城的贵族后妃们也有模仿高丽女装的习俗。

■ 元代官帽顶

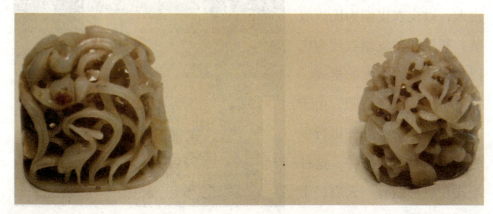

■ 元代官员穿着冠服议事时的场面

元代汉族平民百姓多用巾裹头，无一定格式。蒙古族男子，平时戴一种用藤篾做的瓦楞帽，有方、圆两种样式。

散乐是宋代以后广泛流传的一种正规雅乐之外的"俳优歌舞杂奏"，演出形式丰富多样，有戏曲、歌舞、杂技等，一般有乐队伴奏。当时演员的服装，基本也是元代的圆领或交领、宽袖或窄袖袍服。幞头也有硬脚幞头及软脚幞头。

元代戎服中也有"质孙服"，但样式稍异，为紧身窄袖的袍服，有交领和方领、长和短两种，长的至膝下，短的仅及膝。

元代戎服中还有一种辫线袄，与"质孙服"基本相同，只是下摆宽大、褶有密裥，另在腰部缝以辫线制成的宽阔围腰，有的还钉有纽扣，俗称"辫线袄

抢婚 原始社会的一种婚俗。即由男子通过掠夺其他氏族部落妇女的方式来缔结婚姻。亦名"掠夺婚"。掠夺婚盛行于以男性为中心的古代游牧社会。此时因女子被认为是男子的附属品或战利品，所以成为部落与部落、民族与民族发生斗争时的掠夺对象。

子"，或称"腰线袄子"。这种服装多见于军队将校和宫廷侍卫、武士中。

辫线袄产生于金代，至于大规模使用则在元代，最初作为身份低微的侍从和仪卫的服装，后来穿辫线袄已不限于仪卫，尤其是在元代后期，一般"番邦"侍臣官吏，大多穿辫线袄。这种服装一直沿袭到明代，不仅没有随着大规模的服制变易而被淘汰，反而成了上层官吏的装束，连皇帝、大臣都经常穿着。

元代铠甲有柳叶甲、铁罗圈甲等。其中的铁罗圈甲内层用牛皮制成，外层为铁网甲，甲片相连如鱼鳞，箭不能穿透，制作极为精巧。另外还有皮甲、布面甲等。

阅读链接

元代蒙古已婚贵族妇女头上的姑姑冠最忌讳别人触碰。因为当时人们认为如果触碰了姑姑冠，就会给戴冠者带来厄运。

对于这种姑姑冠，曾经向蒙古人宣传基督教义的法国国王路易九世的使者鲁不鲁乞在《东游记》中称之为"孛哈"。鲁不鲁乞的《东游记》，天主教托钵修会之一的方济各会重要人物普兰诺·卡尔平尼的《蒙古史》，以及我国的《长春真人西游记》《草木子》等书中，对姑姑冠的形制均有具体描述，对了解元代衣冠服装亦有较大的参考价值。

创造高峰

艺术之美

明代服装样式上采周汉,下取唐宋,集历代华夏服饰之大成,崇古而不泥古,特别是在明代后期,更长于创新流变,成为"汉官威仪"的集中体现者。是华夏近代服装艺术的典范,文化内涵也更加丰富。

清代服装制度多承明代,并参照中原礼制的传统,其冠服体系周详严整,尤其在纹饰上延续了中华传统的衣冠文化。但满族治国者又依恋固有的游牧文化,屡屡强调无改衣冠以保骑射民族之淳朴习性的必要性,所以清代的冠服在汉化的同时,仍在形式上保留了本民族的某些特征。

明代皇帝和贵妇的冠服

据《明实录》记载，1368年农历正月，明太祖朱元璋服衮冕在国都南郊祭祀天地，定国号为大明，建元洪武。当时的翰林学士陶安等认为，古代天子有五冕，祭天地、宗庙、社稷及诸神时各用相应的冕服，因此奏请皇上按古礼制作。

明太祖则认为冕礼太繁，便规定祭天地、宗庙服衮冕、社稷等祀服通天冠、绛纱袍，其余则不用。同年11月，明太祖便下诏，令礼官

明代亲王冕冠

与儒臣正式议定冠服之制。

后来，皇帝的冠服之制又经过了数次修改。明代皇帝冠服主要包括衮冕、通天冠、燕弁服、皮弁服、武弁服、常服和便服。在这个过程中，包括贵妇冠服也有了新的定制。

衮冕即衮衣和冕，其形制基本承袭古制，与此配套的衮服，由玄衣、黄裳、白罗大带、黄蔽膝、素纱中单、赤舄等配成。是皇帝在祭天地、宗庙等重大庆典活动时穿戴用的正式服装。

■ 明代皮弁冠

通天冠也称"高山冠"，于1368年定制，与绛纱袍、皂色领、襈、裾的白纱中单、绛纱蔽膝、白色假带、方心曲领、白袜、赤舄配套。为皇帝郊庙、省牲、皇太子冠婚，也就是古代结婚时用酒祭神的礼时所穿。

燕弁服于1528年定制，冠框如皮弁用黑纱装裱。是皇帝平日在宫中居住时所穿。燕弁冠服是明世宗和内阁辅臣张璁参考古人所服"玄端"而特别创制的一款服饰，用作皇帝的燕居服。

皮弁服于1529年定制，与绛纱衣、蔽膝、革带、大带、白袜黑舄配套。为皇帝在朔望视朝、降诏、降香、进表、四夷朝贡，外官朝觐、策士、传胪、祭太岁山川时用。

武弁服于1529年定制，赤色，上部尖锐，弁身作十二缝，缀五彩玉珠，落落如星状。韎衣、韎裳、韎韐都用赤色，形制与其他礼服相同。佩、绶、革带与

玄端 古代的一种黑色礼服。缁布衣。祭祀时，天子、诸侯、士大夫皆服之。玄端为先秦时通用的朝服及士族礼服，是华夏礼服衣裳制度即衣分两截、上衣下裳的体现。后上下连制的服装深衣流行后玄端逐渐废止，后来明代恢复古玄端制而造"燕弁服"。

■ 明代皇帝常服

其他礼服所用相同，佩、绶及䩞韐，都悬挂于革带。舄与裳色相同。玉圭与冕服所用镇圭形制相同，但尺寸略小，玉圭上刻篆文"讨罪安民"4字，不用大带。

明代皇帝常服使用范围最广，如常朝视事、日讲、省牲、谒陵、献俘、大阅等场合均穿常服。皇帝常服用乌纱折角向上巾，盘领窄袖袍，束带间用金、玉、琥珀、透犀。皇太子、亲王、世子、郡王的常服形制与皇帝相同，但袍用红色。

便服是日常生活中所穿的休闲服饰。明代皇帝的便服就款式、形制而言，和一般士庶男子并没有太大区别。比较常见的便服样式有曳撒、贴里、道袍、直身、氅衣、披风等。

曳撒也写作"一散"。曳撒的形制较为独特，它的前身部分为上下分裁，腰部以上为直领、大襟、右衽，腰部以下形似马面裙，正中为光面，两侧做褶，左右接双摆。后身部分则通裁，不断开。明代前期皇帝日常多穿曳撒。

贴里既可外穿，也可穿在外衣内当作衬衣，如穿常服时，通常在圆领、搭护之下穿着贴里。贴里的形制与曳撒相近，都是上下分作两截，但曳撒只是前襟分裁，后身不断，而贴里则前后襟均断开，腰部以上为直领、大襟、右衽，腰部以下做褶，形似百褶裙，

马面裙 又名"马面褶裙"，裙类名称，前后共有4个裙门，两两重合，侧面打褶，中间裙门重合而成的光面，俗称"马面"。马面裙始于明朝，延续至民国。明代马面裙较简洁，两侧的褶大而疏，为活褶。有的没有任何装饰，有的装饰底襕。但不重视马面的装饰，多与裙襕一体。

大褶之上通常还有细密的小褶，无马面。衣身两侧不开裾，亦无摆。

道袍又称"褶子""海青"等，是明代中后期男子最常见的便服款式之一，也可作为衬袍使用。道袍通常的形制为直领、大襟、右衽，小襟用系带一对、大襟用系带两对作为固定，大袖，收口，衣身左右开裾，前襟两侧各接出一幅内摆，打褶后缝于后襟里侧。内摆的作用主要是遮蔽开裾的部位，使得穿在里面的衣、裤不会在行动时露出来，保持了着装的端整、严肃。同时，摆上做褶又形成了一定的扩展空间，不会因为内摆连接前后襟而使活动受限。

直身也称"直领"。直身形似道袍，直领、大襟、右衽，衣襟用系带固定，大袖，收口，衣身两侧开裾，大小襟及后襟两侧各接一片摆在外，有些会在双摆内再各加两片衬摆。双摆的结构是区分道袍和直身的标志。

百褶裙 也称"百裥裙""密裥裙"或"碎折裙"。百褶裙是指裙身由许多细密、垂直的皱褶构成的裙子。明代时，该裙常用青色面料做成，褶多至20余幅，腹下有五彩桃花。这种裙子在中国已有1700多年的历史，《西京杂记》中多有记载。

■ 明朝皇帝穿常服与臣议事的场景

册封 古代皇帝以勋封爵号授给异姓王、宗族、后妃等，都经过一种仪式，在受封者面前，宣读授给封爵位号的册文，连同印玺一齐授给被封人，称为"册封"。册封制度的历史十分悠久，早在殷商时期就已经产生。

氅衣又称"鹤氅"，是比较传统的便服款式，明代多作为春、秋或冬季的外套，穿于道袍之上，可用来遮风御寒。

氅衣的形制为直领，对襟，大袖，衣襟用长带一对系结，两侧一般不开裾。衣身的用色及纹样没有过多要求，但浅色较多见，领、袖、衣襟均施以深色缘边。与道袍、直身两袖收口的做法不同，氅衣的袖口是敞开的。冬季的氅衣常用羊绒、貂皮等厚实保暖的材料制作。

披风也是明代后期男子比较流行的便服，其功能、材质与氅衣相同，外形也很相似。披风的形制为直领，对襟，领的长度约为1尺，大袖，敞口，衣身两侧开裾，衣襟可缀系带系结，也可以用花形玉纽扣纽系。披风的领、袖、衣襟均不施深色缘边。

明代皇帝便服没有制度的规定，除细节装饰外，也不强调明显的上下等级之别，多以舒适、实用为主，并随着时代风尚而变化。像庶民男子的小帽，即六合一统帽，因其简单轻便，皇帝日常也戴这种帽子。

明代皇后是最高级别的贵妇。明代皇后的礼服分朝、祭之服，皇后在接受册封、朝会典礼等重大礼仪场合穿着礼服。1368年，朝廷参考前代制度拟定皇后冠服，以祎衣、九龙九凤冠等作为皇后礼

■ 精美的披风

服。1391年对冠服制度进行了修改，定皇后礼服为九龙四凤冠、翟衣，以及中单、蔽膝、大带、副带等，此后一直沿用。

九龙九凤冠即皇后礼服冠，明初参考宋代皇后龙凤花钗冠而设计，所用饰件虽不如宋代凤冠之繁多，但整体仍十分华丽。

明孝靖太后凤冠

翟衣深青色，材质纻丝、纱、罗随用。衣为直领，大襟，右衽，大袖敞口，领、袖、衣襟等处施以红色缘边，饰金织或彩织云龙纹样。衣身织有翟纹，翟纹之间装饰有小轮花，为圆形花朵，外有白色连珠纹一圈。每行纹样均为翟纹与小轮花交错排列。翟衣身长至足，不用裳。

中单用玉色纱或线罗制作，领、袖、衣襟等处施红色缘边，领缘织有黻纹。

蔽膝深青色，材质亦纻丝、纱，大带内外两面均为双色拼成，一半青一半红，垂带末端一截则为纯红。带身饰织金云龙纹样。

大带垂带部分与围腰部分连成一体，垂带的末端裁为尖角状，上下两边均施以缘边，上边用朱色缘，下边用绿色缘。另外，围腰部分在开口处缀纽扣一对，不饰假结、假耳。

副带以青绮制成，其所系部位与功能无明确记载，有可能是束在大带之下，用来系挂玉佩。

皇后全套礼服的穿着与皇帝冕服弁服一样比较烦琐，整体形象是：头戴皂罗额子及凤冠；脸施珠翠面花，耳挂珠排环；内着黻领中单，外穿翟衣；腰部束副带、大带、革带；前身正中系蔽膝，后身系大绶；两侧悬挂玉佩及小绶；足穿袜、舄；手持玉谷圭。

此外，明代皇后的常服，包括双凤翊龙冠、龙凤珠翠冠、大衫、霞帔、褙子、鞠衣等。其功能仅次于礼服，用在各类礼仪场合中。如皇后册立之后，具礼服行谢恩礼毕，回宫更换燕居冠服，接受亲眷、六尚女官以及各监局内使的庆贺礼。

皇后的常服，戴龙凤珠翠冠，穿红色大袖衣，衣上加霞帔，红罗长裙，红褙子，首服特髻上加龙凤饰，衣绣有织金龙凤纹，加绣饰。

凤冠是一种以金属丝网为胎，上缀点翠凤凰，并挂有珠宝流苏的礼冠。早在秦汉时期，就已成为太后、皇太后、皇后的规定服饰。

明代凤冠有两种形式：一种是后妃所戴，冠上除缀有凤凰外，还有龙、翚等装饰。如皇后皇冠，缀九龙四凤，大花、小花各十二树；皇妃凤冠九翚四凤，花钗九树，小花也九树。另一种是普通命妇所戴的彩冠，上面不缀龙凤，仅缀珠翟、花钗，但习惯上也称为"凤冠"。

明代皇帝的后妃服装主要有吉服和便服。吉服用

■ 明代皇后常服

褙子 汉族服饰名。形如中单，但腋下两裾离异不连。宋代盛行多为对襟，不施衿纽，腰间用勒帛系束，男女均可穿着。后世多有沿革。男子一般把褙子当作便服或衬在礼服里面的衣服来穿。而妇女则可以当作常服、公服及次于大礼服的常礼服来穿。

于各类吉庆场合，如节日、宴会、寿诞及其他吉典，便服则是日常生活中的着装。

后妃的吉服和便服都没有严格的制度规定，所用材质、颜色与装饰丰富多样，并随着时代潮流而变化。

明代贵妇冠服还包括命妇冠服。命妇冠服于1368年制定，自一品至五品衣色用紫，六品和七品衣色用绯。

1371年，因为文武官都改用梁冠绛衣为朝服，不用冕，故命妇亦不用翟衣，改以山松特髻、假鬓花钿、真红大袖衣、珠翠蹙金、霞帔为朝服。

明代于1372年制定品官命妇冠服，包括一品至九品的礼服和常服，各品各服的服饰各异。同时还制定了命妇团衫之制，用红罗制作，绣雉鸟纹分等第。1393年对命妇官服做了一些更改，主要是简化了冠饰。

大明帝国皇帝和贵妇的冠服，其样式、等级、穿着礼仪可谓由简洁到繁缛，变化多样，是我国服装艺术的重要组成部分，极大地丰富了我国古代服装文化的内涵。

阅读链接

明代的官服中有一种服装称作"青袍"，即青色圆领，为明代皇帝在帝后忌辰、丧礼期间或谒陵、祭祀等场合所穿。

青服圆领素而无纹，不饰团龙补子等，革带用黑牛角带銙，深青色带鞓。

据《明实录》记载，明嘉靖年间，有一次太庙火灾，明世宗青服御奉天门，百官亦青服致词行奉慰礼。万历年间，有一年大旱，明神宗也着青服，由宫中步行至圜丘祈雨，用绘画形式表现官员履历的《徐显卿宦迹图》还将这个历史场景用绘画的形式记录了下来。

明代文武百官的各式冠服

明朝文武百官的服装，包括朝服、祭服、公服、常服、燕服，以及武官戎服和特赏的赐服。依照官位大小品级，百官之服都有不同的规定。

明代官员朝服像

文武官员的朝服于1393年定制，凡大祀、庆成、正旦、冬至、圣节、颁诏、开读、进表、传制，都用梁冠、赤罗衣，青领缘白纱中单，青缘赤罗裳，赤罗蔽膝，赤白两色绢大带，革带，佩绶，白袜黑履。

文武官员的品位高低以梁冠上的梁数来区别。公冠8梁，侯、伯7梁，都加笼巾貂蝉。驸马7梁不用雉尾。貂原来挂貂

■ 身穿官服的锦衣卫押解犯人蜡像

尾，后以雉尾代替，蝉是金饰。

一品七梁，玉带玉佩具。二品六梁，革带，绶环犀，余同一品。三品五梁，金带，佩玉。四品四梁，金带，佩药玉。五品三梁，银带钑花，佩药玉。一品至五品都用象牙笏。六七品二梁，银带，佩药玉。八九品一梁，牛角带，佩药玉。六品至九品用槐木笏。

明嘉靖八年（1529）将朝服上衣改成赤罗青缘，长过腰而不掩没下裳。中单改成白纱青缘，下裳赤罗青缘，前三幅后四幅，每幅三襞裥，革带前缀蔽膝，后佩绶。1587年令百官正旦朝贺，不准穿红色便鞋。

文武官员的祭服于1393年定制，凡皇帝亲祀郊庙、社稷，文武官员分献陪祭穿祭服。

一品至九品，皂领缘青罗衣，皂领缘白纱中单，皂缘赤罗裳，赤罗蔽膝，三品以上方心曲领。冠带佩

药玉 明代工艺依然是受到品级的保护，当时的琉璃已经很不通透，所以被称为"药玉"。《明制》载：皇帝颁赐给状元的佩饰就是药玉，四品以上才配有。我国古代制造玻璃的历史，可以追溯到西周时期，只不过那时人们叫它"琉璃"。直到西方国家的玻璃传入我国以后，才有了玻璃的叫法。

■ 明代文官穿公服时的蜡像

绶同朝服，四品以下去佩绶。

1529年定制锦衣卫堂上官冠服，并规定在视牲、朝日夕月、耕藉、祭祀历代帝王时，可以穿大红蟒四爪龙衣、飞鱼服，戴乌纱帽。祭太庙社稷时，则穿大红便服。

文武官的公服于1370年定制，以乌纱帽、团领衫、束带为公服，其带是一品玉，二品花犀，三品金银花，四品素金，五品银钑花，六七品素银，八九品乌角。后来又有规定，每日上朝奏事及侍班、谢恩、见辞及在外武官每日公座时要穿公服，并有具体制式。

明代文武官员的常服于1363年定制，平常外出视事穿常服。明初常服与公服都是乌纱帽、团领衫、束带。规定一二品用杂色文绮、绫罗、彩绣，帽珠用玉；三品至五品用杂色文绮、绫罗，帽顶用金，帽珠

耕藉 亦作"耕耤"。古时每年春耕前，天子、诸侯举行仪式，亲耕藉田，种植供祭祀用的谷物，以示劝农之意。历代皆有此制，称为耕藉礼或藉田礼。据《礼记·月令》记载，其礼为天子三推，三公五推，卿、诸侯九推。至清末始废。

除玉外随所用；六品至九品用杂色文绮、绫罗，帽顶用银，帽珠用玛瑙、水晶或香木。

以上所述的常服，就是著名的品服，也是传统戏曲所采用的官服形式。这些服装不同的鸟纹兽图，都设计成方形框架之内，布置于团领衫的前胸和后背，下围配有装金饰玉的腰带，极其壮观。

文武官员的燕服于1528年定制，规定品官燕服为"忠靖冠"和"忠靖服"。

忠靖冠是参照古时"玄端"服的制度而定的，鉴于当时服制出现的混乱现象，故用忠静之名，勉励百官进思尽忠，退思补过。通过服装来强化意识形态的效果。

忠靖冠的冠式以铁丝为框，乌纱、乌绒为表，帽顶略方，中间微起，前饰冠染，压以金线；后列两翅，亦用金缘。四品以下不用金线，改用浅色丝线。冠染视品级而定。

忠靖服即古玄端服。深衣，素带，如古大夫之带制，青表，绿缘边并里。素履，色用青、绿绦结。白袜。凡王府将军中尉及左右长史审理正副纪善教授等官，俱以品官之制服用。仪宾不得服用。

在京七品以上官，及八品以下翰林院、国子监、行人司官、在外方面官员、各府堂官州县正官、儒学教官及武官都督以上许服，其余不许。

明代的武官制度是历史上

明代穿戎装的将军蜡像

■ 戚继光身穿蟒衣画像

最完备的，而军戎服饰的等级差别也是最明显的。武官九品以上有4种官服：朝服、公服、常服和赐服。除常服使用较普遍外，其余3种都属于宫廷服饰，不属戎服范围。穿常服时要戴乌纱帽，常服和赐服虽也不属于戎服范围，但常服作为武官的品级制度经常要穿戴。

明代军人在穿戎服时，既可戴盔甲，也可戴巾、帽、冠。帽为红笠军帽。冠有忠靖冠、小冠等。明代军士服饰有一种胖袄，其制"长齐膝，窄袖，内实以棉花"，颜色为红，所以又称"红胖袄"。骑士多穿对襟，以便乘马。作战用兜鍪，多用铜铁制造，很少用皮革。

将官所穿铠甲，也以铜铁为之，甲片的形状，多为"山"字纹，制作精密，穿着轻便。兵士则穿锁子甲，在腰部以下，还配有铁网裙和网裤，足穿铁网靴。明代的下级军人一般只能穿履，而不能穿靴。

特赏的赐服包括蟒衣、飞鱼服、斗牛服这3种服装，它们的纹饰，都与皇帝所穿的龙衮服相似，本不在品官服制度之内，而是明代内使监宦官、宰辅蒙恩特赏的赐服。获得这类赐服被认为是极大的尊宠。

蟒衣有单蟒，即绣两条行蟒纹于衣襟左右。有坐蟒，即除左右襟两条行蟒外，在前胸后背加正面坐蟒纹，这是尊贵的式样。至于曳撒，是一种袍裙式服

六部 从隋唐开始，中央行政机构中，吏、户、礼、兵、刑、工各部的总称。其职务在秦汉时本为九卿所分掌，魏晋以后，尚书分曹治事，曹渐变为部，隋唐始确定以六部为尚书省的组成部分。以吏、户、礼、兵、刑、工六部比附《周礼》的六官，秦汉九卿之职务大部并入。

装，于前胸后背饰蟒纹外，另在袍裙当膝处饰横条式云蟒纹装饰，称为"膝襕"。

飞鱼服中的飞鱼具有神话色彩。据说飞鱼是一种龙头、有翼、鱼尾形的神话动物。

飞鱼服是次于蟒袍的一种隆重服饰。至正明德间，如武弁自参将、游击以上，都得飞鱼服。明嘉靖、隆庆年间，这种服饰也送及六部大臣及出镇视师大帅等，有赏赐而服者。明代的锦衣卫就有两个特征，一是手持绣春刀，二是身穿飞鱼服。

斗牛服中的斗牛原是天上星宿，即二十八宿中的斗宿和牛宿。明代斗牛服为牛角龙形。明代只有皇帝和其亲属可穿五爪龙纹衣服，明后期有的重臣权贵也穿五爪龙衣，则称为"蟒龙"。

明代文武官员的冠服，完全受制度与规章的严格约束，在样式、尺寸及衣料、帽顶、绣样、色彩，乃至鞋履，都有严格的制度规定。通过各种官员的不同服装，显示出官序中的高下，又由此使封建制度更加合法化。

阅读链接

在我国古代，玻璃被叫作"琉璃"，是一种特殊的材质，杏黄色、龙纹相同，属宫室和王公贵族专用之物。在达官贵人眼中，认为琉璃和人一样具有记忆与传承功能，更重要的是，还认为琉璃可以保佑他们"居家则致千金，居官则至卿相"。

大约在元代，随着汉文化的人为断层出现，以及战乱频仍，百业萧条，汉族地区的很多制造工艺由盛转衰，甚至技艺失传，琉璃工艺就曾遭到灭顶之灾。到了明代，工匠们又摸索出一种制作琉璃的方法，才挽救它的命运，不过，这时的琉璃已经被当作饰品来使用，从这里我们可以看出它的珍贵了。

明代服装基本款式样式

明代服装的基本款式包括交领式、盘领衣、束腰袍裙、合领、直领服装和斜领袖袍。

交领式是按照古礼继承的传统形式，多用于祭服、朝服、燕服及中单内衣。民间的劳动者所穿短衣，也多为交领式服装。

盘领衣是继承唐宋以来的圆领袍衫发展而来，明代公服、常服大多为高圆领、缺胯。宦官所穿有的在衣裾两侧有插摆，袖多宽袖或大袖。平民所穿无插摆，袖为窄袖，但60岁以上老者可穿大袖，袖长也可适当加长至出手挽回至离肘3寸处。明代衮服原为交领式，自明英宗开始，衮服也改成盘领式。

束腰袍裙的形式与元代以来的辫线袄近似。山东邹城九龙山明代鲁王墓

明代男子服饰

曾出土用织金缎制作的四爪蟒袍，上衣为交领式，在两肩及胸背部位设柿蒂形装饰区，内饰行蟒4条，袖为窄袖，腰间有片金横道线纹装饰，腰身收敛，其下打竖向细裥，使下裳成为裙状。此种形式明代称为曳撒，是君臣外出乘马时所穿的袍式。

另外，明代内廷宦官如司礼监掌印、秉笔、随堂，以及乾清宫管事牌子、各执事近侍，许穿红贴里、缀本等补子，有的更在膝下加襕，即横条花纹为饰。二十四衙门、山陵等处官长，穿不缀补的青贴里，这种贴里的款式也是袍裙式样，但腰部不加横线纹装饰。

合领或直领对襟，衣长与裙齐，左右腋下开气，衣襟敞开，两边不用纽扣，或以绳带系连的褙子，为女子便服。合领对襟大袖者为贵族妇女所穿，直领对襟小袖者为平民妇女所穿。

直领服装是明代妇女所穿服装，上穿对襟衫、袄，下着挑线裙子，各式高底鞋儿，冷天在衫外穿比甲，或裙内套膝裤。对襟衫、袄与挑线裙、高底鞋配套的时装，用料、色彩、工艺都十分讲究。

直领服装在明代长篇世情小说《金瓶梅》中多有描写。比如，"上穿香色潞绸雁衔芦花样对襟袄儿，白绫竖领，妆花眉子，溜金蜂赶菊纽扣儿，下著一尺

■ 明代女子服饰

司礼监 官署名。司礼监是明朝内廷特有的建置，居内务府十二监之首，二十四衙门之一。明朝内廷管理宦官与宫内事务的"十二监"之一，有提督、掌印、秉笔、随堂等太监。提督太监掌管理皇城内一切礼仪，刑名及管理当差、听事等。

宽海马潮云羊皮金沿边挑线裙子，大红缎子白绫高底鞋，妆花膝裤，青宝石坠子，珠子箍"。这是暖含灰调上衣与金彩下装，大红白底鞋子相配，色彩华贵而不入俗。

再如，"家常挽着一窝丝杭州攒，金累丝钗，翠梅花钿儿，珠子箍儿，金笼坠子。上穿白绫对襟袄儿，下著红裙子"。这是白色上衣配红裙，用金绿色掏袖形成局部对比，形成活泼明快的调子。

又如，"上穿柳绿杭绢对襟袄儿，浅蓝色水绸裙子，金红凤头高底鞋儿"。柳绿上衣与浅蓝裙子是素雅的同类色，以金红凤头高底鞋做小面积对比，使色彩素而不寒。

又如，"上穿着银红纱白绢里对襟衫子，豆绿沿边金红心比甲，白杭绢画拖裙子，粉红花罗高底鞋儿"。对襟衫的银红、比甲的金红心与鞋的粉红是同类色，比甲的豆绿沿边起对比作用，对襟衫的白绢里和白绢画拖裙则提高了整体的色彩明度，这是一种以红色为基调的对比配色，爽朗而有青春感。

在这些色彩配套中，金色搭配极为慎重，起着画龙点睛的作用。

斜领袖袍如直裰、襕衫、道袍，这种款式的衣服衣身宽松、衣袖宽大，膝下拼一横幅为襕，故又称"襕衫"，四周镶大宽边，前系二带，为古代家居常服。

襕衫在隋唐时，朝野人士都穿，明代称作"直裰"，儒生都穿这

■ 明代缠枝莲灵仙祝寿女夹衣

明代贡生服饰

种服装,凡举人、贡生、监生穿蓝色四周镶黑色宽边的直裰,故又称"蓝袍",后来举人、贡生改穿黑袍,生员仍穿蓝袍。

直裰在明初时被定为庶民穿着。民谣有"二可怪,两只衣袖像布袋"。这是因为此类宽松式的服装,表现文人儒雅之风或士人燕居野趣是很合适的,而作为平民则不适应劳动的功能需要,民谣把它看作可怪,就不足为奇了。

陈洪绶是明代末年的著名画家,尤其擅长仕女画。他的创作态度认真,随时吸收唐宋绘画的优良传统,而又不断创新,所绘作品勾勒精细,设色清雅,形成一种独特的风格。

《夔龙补衮图》是陈洪绶的代表作之一,画面共3个仕女,前面一个年纪稍大,穿着比较华丽,可能是一个贵妇,另外两个年龄幼小,似宫女身份。其中一人手中托着一件衮服。3个妇女的服装,样式基

生员 唐代国学及州、县学规定学生员额,因称生员。明、清指经过各级考试入府、州、县学者,通名生员,俗称"秀才",亦称"诸生"。生员常受本地教官包括教授、学正、教谕、训导等及明的学道、清的学政监督考核。生员的名目分廪膳生、增广生、附生。生员见官可以不拜。

明代妇女蜡像

本一致,都是宋代时期的典型装束,有的肩上还搭有云肩。有了这幅画,后人有幸得以了解明代妇女装饰的形象。

明代妇女在腰带上往往挂上一根以丝带编成的"宫绦",宫绦的具体形象及使用方法在本图中反映得比较明确,一般在中间打几个环结,然后下垂至地,有的还在中间串上一块玉佩,借以压裙幅,使其不至散开而影响美观,作用与宋代的玉环绶相似。

明代服饰纹样中的吉祥图案,利用象征、寓意、比拟、表号、谐意、文字等方法,以表达它的思想含义。比如象征方法,就是根据某些花草果木的生态、形状、色彩、功用等特点,表现特定的思想。例如,石榴内多籽实,象征多子;牡丹花型丰满色彩娇艳,被诗人称为"国色天香""花中之王""花中富贵",故象征富贵;灵芝可以入药,久服有健身作用,象征长寿。

明代服饰中常见的动物图案有现实性的动物,如兽类的狮子、虎、鹿,飞禽类的仙鹤、孔雀、锦鸡、鸳鸯、鸂鶒、喜鹊,鱼类的鲤鱼、鲶鱼、鳜鱼,昆虫类的蝴蝶、蜜蜂、螳螂等,同时还有想象性的动物龙、斗牛、飞鱼、麒麟、獬豸、凤凰等。

明代服饰中的自然气象纹以云纹最突出,云纹有四合如意朵云、四合如意连云、四合如意七窍连云、四合如意灵芝连云、四合如意八宝连云、四合如意八宝流云等。雷纹一般作为图案的衬底。水浪纹多作为服装底边等处的装饰，也有作为落花流水纹的。

明代服饰中的器物纹样有很多，比如，灯笼纹是元宵节应景的纹样；樗蒲纹为散排的两头尖削中间宽大的梭形纹样，梭形内常填以双龙、龙凤、聚宝盆等花纹；八宝纹由珊瑚、金钱、金锭、银锭、方胜、双角、象牙、宝珠组成，象征富有；七珍纹由宝珠、方胜、犀角、象牙、如意、珊瑚、银锭组成，同样象征富有。

明代服饰中的几何纹样有3种类型：一是八达晕、天花、宝照等纹样单位较大的复合几何纹，基本骨骼由圆形和"米"字格套合连续而成，并在骨骼内填绘花卉和细几何纹。这类花纹只少量用于服饰。

二是中型几何填花纹，如盘绦纹、双距纹、毯路纹等。有一部分用于日常服装。

三是小型几何纹，如方胜纹，为菱形相叠的纹样，古时称之为"长命纹"。又如四合和四出纹，四合是向心的，象征团聚，四出是离心放射的，象征发展生长等。

总之，明代服饰纹样体现了当时人们的意识观念，随着时代的变

如意 又称"握君""执友"或"谈柄"，由古代的笏和痒痒挠演变而来，多呈S形，类似于北斗七星的形状。明清两代，如意发展到鼎盛时期，因其珍贵的材质和精巧的工艺而广为流行，以灵芝造型为主的如意更被赋予了吉祥驱邪的含义，成为承载祈福禳安等美好愿望的贵重礼品。

明刺绣喜金刚像

化，旧的意识渐渐失去原有的现实性，而它们所具有的材质、工艺、色泽、形式的美，将留给后代以无穷的享受。

明代刺绣技术和生产获得了前所未有的活力，并达到了空前的繁荣，使我国传统刺绣达到了巅峰时期。出现了对后世影响颇大的几个刺绣艺术流派，如上海的顾绣、北京的京绣、开封的汴绣、山东的鲁绣等，以及被后人誉为"四大名绣"的苏绣、粤绣、湘绣和蜀绣。

鲁绣是我国历史文献中记载最早的一个绣种，属我国"八大名绣"之一。通常以暗花绸、暗花缎或暗花绫等作为绣底，用类似缝衣线的较粗加捻双股丝线作为绣线进行绣制，因双股绣线和捻谓"衣线"，故鲁绣又称"衣线绣"。

明代刺绣工艺表现了多种特色。在用途方面，广用于社会各阶层，制作无所不有，与后来的清代绣品，成为我国历史上刺绣流行最盛的时期。

在绣艺方面，一般实用性绣品质量普遍提高，材料改进十分精良，技巧非常娴熟洗练，而且与宋代华丽的风尚有所不同，极大地推动了刺绣艺术的发展。

阅读链接

服装演变为身份地位的象征，可以通过服装判断一个人地位的高低贵贱。明代礼制思想强调以礼来维护森严的等级秩序，进而维持社会稳定，明代宦官的服装也是礼制的重要内容。

明代宦官服装的基本形制与外藩官员服制一样，按照品级高低着衣。但是宦官服装也有自己的特色。宦官的补服只是在节日所穿的应景服装，因为在宫廷内日常活动中并不要求他们穿补服，但在需要时他们清楚自己应该穿哪一品级的补服。明代宦官服装的变化，体现了明代礼制的实践过程。

明代的巾帽和舄履制式

明代普通人常用的巾幅名目较多，有些是唐、宋传留下来的，有些是辽、金、元等游牧民族流传到中原地区，沿用到明代的，还有一些是明代新创的。例如方巾、网巾、四周巾、纯阳巾、老人巾等，都是明代出现的巾式。

方巾就是模仿古代角巾的变种，很受人们的喜爱。网巾是用一种用黑色细绳、马尾鬃丝或头发编结成的网状物，网口上下用帛包边，两侧包边上固定有玉或金属小圈，两边各系小绳交穿

明代乌纱翼善冠

■ 吕洞宾陶像

纱帽 古代君主、官员戴的一种帽子，用纱制成。明代开国皇帝朱元璋定都南京后，于洪武三年（1370）做出规定：凡文武百官上朝和办公时，一律要戴乌纱帽，穿圆领衫，束腰带。另外，取得功名而未授官职的状元、进士，也可戴乌纱帽。从此，"乌纱帽"遂成为官员的代名词。

于小圈内，上面束于顶发，下面同样用绳固定在头部，故又名"一统山河"或"一统天和"。网巾的作用是可以保持头发不乱。

明代官服戴纱帽笼巾，下面多先戴网巾，起到约发作用。天启时，削去网带，止束下网，名为"懒收网"。

另外还有四周巾、纯阳巾、老人巾、将巾和结巾、两仪巾、万字巾、凿子巾、凌云巾等。

四周巾用2尺多的幅帛裹头，余幅后垂，为燕居之饰。纯阳巾顶部用帛叠成一寸宽的硬褶，叠好后像一排竹简垂之于后，以八仙中的吕洞宾号纯阳名之。老人巾是明初始兴的巾样，明太祖用手将顶部按成前仰后俯状，然后依样改制之，唯老年人所戴，故称"老年巾"。将巾和结巾，都是用尺帛裹头，又缀片帛于后，其末端下垂，俗称"扎巾"。两仪巾后垂飞叶两片。万字巾上阔下狭形如万字。凿子巾即唐巾去掉带子。凌云巾因形状特别诡异，故被禁用。

明代的帽子有很多种类，有瓜皮帽、软帽、乌纱帽、烟墩帽、边鼓帽、瓦楞帽、夛檐帽、莎草帽、大帽、毡笠帽、鞑帽和方顶笠子等。

明代民间最流行的是瓜皮帽，当时称六合一统帽或小帽，是用6块罗帛缝拼，6瓣合缝，下有帽檐，当时南方百姓冬天都戴它。明代有严格规定，瓜皮帽顶只许用水晶、香木制成。

软帽是用一块圆形布帛做帽顶，下缝布帛帽圈而成的便帽，后垂双带，广州东山梅花村明戴缙墓曾出土此种软帽。与江苏扬州明墓出土的儒巾款式基本相同。

乌纱帽是用乌纱制作的圆顶官帽，东晋时期已有。隋代帝王贵臣多穿戴黄色纹绫袍、乌纱帽、九环带、乌皮靴，后渐行于民间。唐代风行折上巾，乌纱帽渐废。

明代幞头形制乌纱帽为百官公服，上海卢湾区明潘氏墓曾有乌纱帽实物出土。而北京定陵出土明万历皇帝所戴翼善冠，则是唐代乌纱折上巾的发展。

烟墩帽直檐而顶稍细，上缀金蟒或珠玉帽顶。冬用鹤绒或纻丝、绉、纱制作，夏用马尾结成，为内臣所戴，四川阳城明墓有戴烟墩帽俑出土。

边鼓帽是一种长尖顶带檐的圆帽，属于元代遗制，为一般市井少年、平民、仆役等常戴，明嘉靖时

戴缙（1427—1510），字子容，号云巢居士，广东南海人，岭南戴氏第十一世孙。明成化进士，授官御史，官至南京工部尚书。戴缙为官清慎自持，执法不阿，遇事论列不失宪体。著有《云巢诗稿》及《疏草》诸文集。他的名字被《中国人名大辞典》收录。

■ 明代云头如意凉帽

明朝官员戴的青绉绸忠纱帽

极流行，清代亦常见。

瓦楞帽因其帽顶折叠似瓦楞，故名。或用牛马尾编结。嘉靖初生员戴之，后民间富者亦戴。

夂檐帽为圆帽顶，帽檐外夂如钹笠，可以遮阳。圆帽是元世祖出猎时因日光射目，以树叶置帽前，其后雍古剌拉氏用毡片置帽子前后，即夂檐帽。明宣宗行乐图、明宪宗行乐图画帝王便服，也戴这种帽子。

莎草帽又名"夫须"，用莎草皮编为笠，用以避雨，皇帝所戴。

大帽是明太祖赐人之物。明太祖见生员在烈日中上班，就赐遮阳帽，形如烟墩帽而有帽檐。

毡笠帽形尖圆而有帽顶，卷帽檐前高后低，为游牧民族传统帽式。

鞑帽用皮子缝成瓜皮帽形，帽顶挂兽皮为饰，帽檐缘毛皮出锋，此亦游牧民族传统帽式。

方顶笠子为明代农民所戴，多劈细竹篾做胎，外罩马尾漆纱罗。元代笠子帽做方顶式，蒙古族中层官吏所戴，明弘治刻本《李孝美墨谱》所画制墨工人都戴此种笠子。

明代巾帽种类繁多，官服冠帽，传承唐宋遗制而形制更趋繁丽，一般巾帽则常保持元代蒙古族状貌，因其造型简约而适用。

明代履制中，包括靴、舄、高跟鞋、福字履、雨鞋，还有镶边云头履、蒲鞋和尖头弓鞋。

明代皇帝常服穿皮靴，冬穿镶绣口毡靴，教坊及御前供奉者、儒士生员许穿靴，校尉和力士值勤时许穿靴，若出外则不许穿。庶民、商贾、技艺、步军及余丁等都不许穿靴。

我国北方寒冷，宫中冬天许穿生牛皮制的直缝靴，以及薄底黑皮靴。南方冬天也可以穿毡靴，在江苏扬州明墓中曾有实物出土。

舄是按古礼在举行祭礼所穿的鞋底装有木底的复底靴，皇帝穿的舄颜色有赤、白、黑三种，以赤为上。皇后有元、赤、青三种，以元为上。赤是盛阳之色，表阳阴之义，元是正阴之色，表幽阴之义。所以皇帝在最隆重的祭礼穿赤舄，皇后则穿元舄，舄的材料是绸缎。

高跟鞋为明代时新的女鞋，于鞋底后部装有4～5厘米的圆底跟，以丝绸裱裹。北京定陵出土的尖足凤头高跟鞋，其制作十分考究。

明代官帽示意图

明代女子绣花鞋

福字履用绒锦、棉布面料制作，履头正面绣金福字，字旁以云形围边，履帮侧面镶卷叶纹缎子履口，衬宁绸为心，下配8层布托毛底正绱，加烫白干粉。福字履流行至清代。

雨鞋是明代人雨天时所穿的，百官在雨天穿钉靴上朝，声音极为嘈杂。后来明太祖令做软底皮鞋套在靴外，后来就被称为雨鞋了。

镶边云头履是乡村先辈中有学问者所穿，蒲鞋为南方劳动者所穿，尖头弓鞋为明代妇女所穿。

阅读链接

明代人所戴的帽子，与明太祖朱元璋有很大关系。据明代藏书家郎瑛《七修类稿》记载，明太祖曾经召见浙江山阴著名诗人杨维祯，杨维祯戴着方顶大巾去谒见，明太祖问杨维祯戴的是什么巾，杨维祯答道叫四方平定巾，明太祖听了大喜，就让众官也戴这种方巾。

《七修类稿》中还记载说，明太祖驾临神乐观，见有道士于灯下结网巾，就问做的是什么，道士答是网巾。第二天，明太祖就命此道士为道官，并取网巾颁告天下，使人不分贵贱皆戴之。

清代皇帝和皇后的服装

清王朝既是由满族人建立的我国历史上第二个少数民族统一政权，也是我国最后一个封建帝制国家。清代皇帝的官服及皇后的服装，具有典型民族风格和时代特色。

在我国古籍《周礼》中，将天子的衣、冠规定为"黄裳"和"玄冠"，寓意天子受命于天，非凡人，所以，其服装的颜色应合于《易经》中所说的"天地玄黄"之色。以明黄色为主的皇帝服饰，也贯穿清代始终。但清代皇帝服饰的披领、箭袖和腰带，却保留了满族独特的风格。

清代皇帝的官服基本上分为三

康熙朝服像

■ 清紫地龙纹织锦朝服

大类，即礼服、吉服和便服。礼服包括朝服、朝冠、端罩、衮服、补服；吉服包括吉服冠、龙袍、龙褂；便服即常服，是在典制规定以外的平常之服。

礼服中的朝服是皇帝在重大典礼活动时最常穿着的典制服装。皇帝朝服及所戴的冠，分冬夏二式。冬夏朝服区别主要在衣服的边缘，春夏用缎，秋冬用珍贵皮毛为缘饰之。

朝服基本款式是披领和上衣下裳相连的袍裙相配而成。上衣衣袖由袖身、熨褶素接袖、马蹄袖3部分组成；下裳与上衣相接处有褶裥，其右侧有正方形的衽，是皇帝的朝袍，腰间有腰帷。朝服的颜色以黄色为主，而披须、马蹄袖是清代朝服的显著特色。

在隆重的典礼上，皇帝视朝、臣属入朝时所穿的礼服，即为朝觐之服，成为名副其实的朝服了。特别是满族传统服装的马蹄袖，入关后虽然失去实际作用，但却作为满族行"君臣大礼"时的行礼动作需要而得以保留。

马蹄袖又称"箭袖"，平时挽起呈马蹄形，一遇到行礼之时，敏捷地将"袖头"翻下来，然后或行半礼或行全礼。这种礼节在清代定都北京以后，已不限于满族，汉族也以此为礼，以示注重守礼。

因箭袖的这一特殊功能，清代的吉服、便服也都

天地玄黄 出自于《易经》。玄，即天道高远，像老子说的，形而上的天道的理体，玄之又玄，深不可测。所以叫"天玄"。黄，即炎黄文化，黄帝以及土的颜色，人的肤色，农作物黍、稷都是黄的，所以说地黄。天道高远，地道深邃，黄也代表地道的深邃。两者都属于我国传统文化。

设计了箭袖。即使是平袖口的服装,还要特意单做几副质料较好的箭袖"套袖",以备需要时套在平袖之上,用过之后脱下。这种灵活、方便的"套袖"还有个好听的名称,叫作"龙吞口"。

皇帝的龙袍属于吉服范畴,比朝服、衮服等礼服略次一等,平时较多穿着。龙袍纹样主要为龙纹及十二章纹样。

一般在正前、背后及两臂绣正龙各1条;腰帷绣行龙5条;折裥处前后各绣团龙9条;裳绣正龙2条、行龙4条;披肩绣行龙2条;袖端绣正龙各1条。

十二章纹样为日、月、星辰、山、龙、华虫、黼、黻八章在上衣上;其余4种藻、火、宗彝、米粉在下裳上,并配用五色云纹。

据文献记载,清朝皇帝的龙袍,也绣有9条龙。从实物来看,前后只有8条龙,与文字记载不符,缺1条龙。其实这条龙是客观存在着,只是被绣在衣襟里面,一般不易看到。这样一来,每件龙袍实际为9条龙,而从正面或背面单独看时,所看见的都是5条龙,与"九五"之数正好相吻合。

另外,龙袍的下摆,斜向排列着许多弯曲的线条,名谓"水脚"。水脚之上,还有许多波浪翻

朝珠 清代朝服上佩戴的珠串。朝珠是清代礼服的一种佩挂物,挂在颈项垂于胸前。由于清代皇帝笃信佛教,凡皇帝、后妃、文官五品及武官四品以上,另外侍卫和京官等,均可佩挂朝珠,并且可作为皇帝所赏赐的物品。根据官品大小和地位高低,用珠和绦色都有区别。

■ 清代蓝色江绸平金银夹龙袍

■ 孝庄文皇后朝服像

福晋 满语的意思是夫人，清代贵族妇女封号。清代后妃制度在初期并不完善，当时清太祖努尔哈赤的妻妾没有名号，称"福晋"。康熙帝时后宫服制逐渐完善，用"福晋"和"格格"称呼后宫嫔妃的情况才消失。定制后，福晋一词专称亲王、郡王及亲王世子的正室，侧室称"侧福晋"。

滚的水浪，水浪之上，又立有山石宝物，俗称"海水江涯"，它除了表示绵延不断的吉祥含意之外，还有"一统山河"和"万世升平"的寓意。

"九龙十二章"吉服，以五彩绣线和金线，在前胸、后背及两肩各绣有正龙，前后襟和底襟，绣有升龙、降龙和行龙。龙纹四周，绣有各种寓意吉祥的纹样，前后襟下幅部位，绣有海水、寿山纹，寓意"寿山福海"。绣袍运用了齐针、套针、抢针、接针、刻鳞针和环籽针等十多种针法绣成。配色富丽，绣工精巧，表现了清代刺绣的高水平。

清代皇帝的衣料由内务府广储司拟定式样颜色及应用数目奏准，对缎匹长阔尺寸、质地、花样、色泽都有明确规定。

据清宫资料，制作一件朝袍须依礼部定式，或皇帝命题由内务府画师绘制重彩工笔小样，交皇帝御览，或经内务府大臣直接审阅后连同批准件送发江宁（南京）、苏州、杭州三处织造局分织。

江宁织造负责御用彩织锦缎，苏州织造绫、绸、锦缎、纱、罗、缂丝、刺绣及杭州织造处织造御用袍服、丝绫、杭绸等。

据悉，三处织造局织成匹料后再送交裁作、绣作、衣作，刺绣由如意馆画工设计彩色小样，经审后，按成品尺寸放大着色发交内务府和江南织造衙门所属的绣作进行生产。

完成后由陆路进京，如后宫所用则经水运进京。其间用绣工近千人，如由一人刺绣则用两年零五个月才能完工。

皇帝在平常的日子穿便服，又称"常服"。皇帝在宫中穿常服的时间最多，如经筵、御门听政、恭上尊谥、恭捧册宝等都是穿着常服活动的。

常服有常服袍和常服褂两种，其颜色、纹饰没有特殊的规定，随皇帝所欲。皇帝的便服也多选天蓝色、宝蓝色。就连皇帝的礼服、吉服，里衬也是用天蓝或月白色。清代宫廷崇尚蓝色，乾隆、嘉庆朝都有这种颜色的便服。直到道光年间仍为流行颜色。

清代女贵族穿着的礼服较为烦琐，同时也更能反映出保留的许多满族服装旧俗。以皇后礼服为例，有朝冠、朝服、朝褂等。

皇后朝冠除中央顶饰3层金凤外，朱纬上还缀一周金凤7只和金雀1只，位于后面的金雀向脑后垂珠为饰。

皇后朝服与皇帝朝服有明显区别：肩部袭朝褂处加缘，披领及袖皆石青色，不饰十二章，所饰龙纹亦分布不同。

朝褂即后妃及贵族女性在朝

织造局 明清时期于江宁、苏州、杭州各地设专局，织造各项衣料及制帛诰敕彩缯之类，以供皇帝及宫廷祭祀颁赏之用。明代于三处各置提督织造太监一人，清代时改任内务府人员。另外，江宁、苏州、杭州的织造局在清代被称为"江南三织造"。

清代刺绣氅衣

会、祭祀等仪礼场合套在朝袍外面的礼褂。清代后妃的朝褂形制大致分3种，皇太后、皇后、皇贵妃朝褂饰五爪金龙纹，贵妃、妃、嫔朝褂饰五爪蟒纹。皇子福晋以下朝褂形制只一种，皆饰蟒纹。

皇太后、皇后的礼服等级完全一样，而皇贵妃的礼服稍次一等，贵妃以下袍服皆用金黄色，其余饰品等级递降。此外，皇后常服样式，与满族贵妇服饰基本相似，圆领、大襟，衣领、衣袖及衣襟边缘都饰有宽花边，只是图案有所不同。

氅衣为清代的妇女服饰，氅衣与衬衣款式大同小异。衬衣为圆领、右衽、捻襟、直身、平袖、无开气的长衣。

氅衣则左右开衩至腋下，开衩的顶端必饰有云头，且氅衣的纹样也更加华丽，边饰的镶滚更为讲究。纹样品种繁多，并有各自的含义，同样体现了典型的民族风格和时代特色。

阅读链接

清代朝服的形式与满族长期的生活习惯有关。为方便骑马射箭活动自如，满族服装的形式采用宽大的长袍和瘦窄的衣袖相结合，总的特点是长袍箭袖。

清入关后，生活环境发生了变化，长袍箭袖已失去实际作用。清代前期的几位皇帝认为：衣冠之制关系重大，它关系到一个民族的盛衰兴亡。到乾隆帝时进一步认识到，前代诸君不循国俗，致使衣冠传之未久。因此，清代的服饰不但没有改变，还在不断恢复完善，最终以典章制度的形式确定下来。

清代文武百官的服装制度

清代在制定文武百官冠服制度时,既保留了各个朝代服装制度中的某些特点,又不失其本民族的习俗礼仪,是我国历史上服装制度最为庞杂和繁缛的时期,它的条文规章也多于以前任何一个朝代。

清代服装制度所涉及的文武百官的冠服内容,包括冠帽上的顶戴与花翎、官服的类别,还有朝珠与朝带。

"冠"是指专门供贵族戴的帽子,是古代首服的一种。清代的冠分为"朝冠"和"吉

清代官员身穿冠服蜡像

■ 清代官帽

服冠"两种。朝冠是为在职朝臣在朝受事或典祭礼仪之时戴用,吉服冠是为一般礼仪时戴用。冠上的顶珠颜色及材料有多种,反映不同官员的品级。

"帽"是戴在头上起保护、装饰作用的制品,也是一种古代首服,戴帽者不分地位的高低。

清代男子的帽,有礼帽、便帽之分,礼帽,俗称"大帽子",其制有二式:一为冬季所戴,称"暖帽";一为夏季所戴,名"凉帽"。根据规定,每年3月开始戴凉帽,8月换戴暖帽。

暖帽多为圆形,周围有一道檐边,材料多为皮质,也有缎质、呢质、布质,视气候而变,暖帽中间装饰有用红色丝绦编成的帽纬,俗称"红缨"。帽纬之上装有顶珠,按品级而异,无品则无顶。

凉帽为圆锥形,用藤、竹、篾席、麦秸等材料编成,外裹绫罗,颜色多为白色,也有湖色及黄色。凉帽顶上也装有红缨、顶珠,制同暖帽。

清代官员佩戴冠帽,一定要有顶珠和花翎,这是区别清代官员品级的标志,也是清代官服制度中特有的一种"标识品序"的方法。

顶戴花翎,俗称为"顶珠""顶子",是指那些当时有官爵者,所戴冠顶镶嵌的宝石而言。

绫罗 泛指丝织品。常见的绫类织物品种有花素绫、广绫、交织绫、尼棉绫等。素绫是用纯桑蚕丝做原料的丝织品,它质地轻薄,用于裱画裱图。其他绫类织物色光漂亮,手感柔软,可以做成一年中各个季节的服装。

关于花翎,因为是插戴在朝冠或吉服冠上的,又与顶子相连,所以,人们便常常把它们放在一起,称为"顶戴花翎"。只有顶戴与花翎在一起时才表示该官员的完整"功名"。

花翎指的是带有"目晕"的孔雀翎,目晕俗称眼。佩戴时,把有蓝翎和孔雀翎配在一起的小束翎子,用红线将翎根捆扎在一起,然后将它插进帽子的翎管之中。翎管是用翠或玻璃做成,是长约7厘米的圆形小管,顶部有孔,用红丝绳系在冠顶上。

清代初年,戴花翎并不是品级标志,只是作为一种特殊的赏赐,象征着一定的荣誉。顺治时的1661年对此项内容做了明确规定:亲王、郡王、贝勒以及宗室等一律不许戴花翎,只有贝子以下才可以戴。并明确规定贝子应戴三眼花翎,就是3个目晕连在一起的花翎;而国公应戴双眼的花翎;五品以上官员可戴单眼的花翎,即一个目晕;至于六品官员以下,一律要

> **国公** 我国古代封爵名,位次郡王,为封爵的第三等,公爵的第一等。北周始置国公一爵,居于郡公、县公之上。按唐制:郡王与国公并为从一品,自隋唐至元明,基本不变。清代公爵分一至三等,只加封号而不加国号、邑号,如忠勇一等公。

■ 清代官帽花翎

戴无"眼"的蓝翎。

蓝翎，是鹖鸟的羽毛。鹖鸟是一种比较凶残的天生好斗的鸟类，汉代时就用鹖鸟的羽毛作为武士冠顶上的装饰，象征勇猛与力量。鹖鸟的羽毛无晕，而且颜色闪蓝光，因而清代它叫"蓝翎"。按规定的服制，蓝翎比孔雀的花翎级别低。

清代官服类别是指各级官员所穿用的服装，包括皇帝、后妃、王公大臣及文武百官，他们除了日常服及出行用服以外，基本上被分成了两大类，即礼服和吉服。

礼服包括朝服、朝冠、端罩、衮服、朝袍、朝裙、龙褂等。补服也属于礼服的一种，是清代文武官服中最重要的一种，穿用场合很多。

补服上官职与官位的标识是用胸前和背后的补子图案加以区分的，一般采用方形，长宽在40厘米左右。

清代官员所用补子比明代的补子要小些，前后成对，但前片一般是对开的，后片则一整片，主要原因是清代补服为外褂，形制是对襟的原因。

吉服包括吉服冠、衮服、龙袍、龙褂、蟒袍等。皇帝的龙袍属于吉服的范畴。按清代

> **国子监** 是我国古代隋朝以后的中央官学，为我国古代教育体系中的最高学府，又称国子学或国子寺。明朝时期行使双京制，在南京、北京分别都设有国子监，设在南京的国子监被称为"南监"或"南雍"，而设在北京的国子监则被称为"北监"或"北雍"。

■ 石青缎织蟒袍

的服制，龙袍只限于皇帝，而一般官员以蟒袍为贵。

蟒袍，又叫"花衣"，是清代官员及其命妇穿在外褂内的专用服装，并以蟒数及蟒爪数量区分等级。

无论是穿礼服还是穿吉服，凡是符合佩戴朝珠、朝带或花翎的官员，一律要佩戴之。凡遇礼仪之时，参加者无论是皇帝、后妃，还是文武群臣，所穿服饰，一律要按礼节制度而行，按章守法，否则以失礼罪之。

■ 清代官员

朝珠与朝带，是清代礼服中的一种佩饰，自皇帝、后妃到文官五品，武官四品以上，皆可挂朝珠，是一种身份的象征。而军机处、科道、侍卫、礼部、国子监等所属的官员，不分等级一律可挂朝珠。这也是我国古代王公贵族佩玉之风的沿袭。

满族信仰萨满教和佛教，而朝珠有如佛家用的念珠。清代的朝珠，共有108颗，用4个大珠将其分成四部分，称为"分珠"，象征四季变化，在朝珠上还有3串小珠，称作"纪念"。纪念上还有3个小分珠，据说是象征一个月里，上中下三旬的30天。朝珠是高级官员区分等级的又一种标志。

朝带是一种用4块金属板为装饰，衔接丝带的腰带。清代官员穿公服时要穿官靴，多为方头靴，穿便

军机处 清代官署名。亦称"军机房""总理处"。是清代中后期的中枢权力机关。雍正时始于隆宗门内设置军机房，辅佐皇帝处理政务。后来逐渐演变为全国政令的策源地和行政中心，其地位远远高于作为国家行政中枢的内阁。

■ 清代文官补子

服时穿黑布鞋。靴与鞋的造型式样有云头、双梁、扁头等样式。另有公差等人穿的一种官靴，有一种叫爬山虎的快靴，底厚筒短，便于行路时跋山涉水。

总之，清代官服的继承与演变，说明了清代不单继承了汉族在历史上衣着的长处，而且还把自己民族经过检验、实践，证明既合于生活需要，又有民族特色的东西保留下来，将继承、改造、创新有机地融合在一起，为中华民族的古代服饰开拓了一个新的境界。

阅读链接

"龙"在我国传统文化中，有奇数为吉祥如意的含义。比如清代，在服装、建筑、器皿上应用不同形状的龙做装饰，就是一种对传统的继承和发展。

清代奇数龙图案除了应用在龙袍上外，还常常出现在建筑上，如九龙壁、九宫格龙图案、九九间宫殿龙饰等，都是以九龙做装饰，显示出统治者的赫赫权位。

清代民间习惯将五爪龙形蟒称为龙，四爪龙形蟒才称为蟒。实际上"龙"和"蟒"的形象基本相同，只是头部、尾部、火焰等处略有差别而已。

清代丰富的男装和女装

清代男子服装主要有袍服、褂、袄、衫、裤等。其中主要是长袍和马褂,它们的袖端均呈马蹄形,这是历代不曾见过的,具有鲜明的特点。

清代男装长袍造型简练,立领直身,偏大襟,前后衣身有接缝,

穿马褂的清代人物蜡像

客家人 又称"客家民系"。客家源流始于秦征岭南融百越时期，历魏晋南北朝、唐宋，由于战乱等原因，他们逐步往江南，再往闽、粤、赣边，最迟在南宋已形成相对稳定的客家族群客家人，然后又往南方各省乃至东南亚以及世界各地迁徙，并最终成为汉民族中一支遍布全球且人文特异的重要民系族群。

下摆有两开衩、四开衩和无开衩几种类型。

皇室贵族为便于骑射，着四面开衩长袍，即衣前后中缝和左右两侧均有开衩的式样，平民则着左右两侧开衩或称"一裹圆"的不开衩长袍。

长袍外面的马褂身长不过膝，其袖宽比较短。衣服上的佩饰也比较烦琐，一个金银牌上垂挂着数十件小东西，如耳挖子、镊子、牙签，还有一些古代兵器的小模型，如戟、枪之类，佩挂饰物在清代已经形成风尚。

马褂是游牧民族服饰，客家人又叫大襟衫。清代男装中以马褂最为盛行，它是清代男子四种制服之一。四种制服为礼服、常服、雨服和行服，马褂即行服，又名"德胜褂"。因其长不过腰，袖仅掩肘，短衣短袖便于骑马，所以叫"马褂"。马褂自康熙年间流行于中原地区后，军服也用此制。

马褂作为外用服装，有单、夹、棉几种不同的做法，它的形制有对襟、大襟和缺襟之别。对襟马褂多当礼服；大襟马褂多当作常服，一般穿于袍服外面；缺襟马褂多作为行装。

■ 紫团花缎夹马褂

清代黄马褂

在乾隆年间,有翻毛皮马褂,为贵族服用,官职人员着褂在胸前背后缀有补子叫"补褂"。

马褂多为短袖,袖子宽大平直。颜色除黄色外,一般多以天青色或元青色作为礼服。其他深红、浅绿、酱紫、深蓝、深灰等都可作为常服。

清代的上等褂为黄马褂,这种褂属于皇帝的最高赏赐,只有4种人才可以享用:

一是皇帝出巡时,所有扈从大臣,即御前大臣、内大臣、内廷王大臣、侍卫、仆长等皇帝的心腹之人,并可在帽顶后端插戴孔雀翎。这种黄马褂没有花纹,是取淡黄色纱或绸缎原料制作,又叫"职任褂子",所以卸职者不可穿用。

二是竞技场上比武的优胜者和每年行围时,贡献珍贵禽兽的大臣可以享用,穿用黄马褂时文官用黑色纽襻,武将用黄色纽襻。

三是作战有功、显赫的高级武将或统兵的文官可以享用。

四是朝廷特使、宣慰中外的官员可以被特赐,赏赐时必骑马绕紫禁城一圈,这种仪式在咸丰年间尤为盛行。

马褂有长袖短袖之分,但无论长短马褂之袖都是宽肥的。马褂有对襟、大襟和琵琶襟等几种式样。以衣襟区别使用范围。对襟马褂是

■ 清代红地喜相迎刺绣女服

礼服，右大襟镶黑边饰的马褂是常服，而缺襟马褂，即琵琶襟的马褂是行装。

清代女装经历了一个演变过程。康熙年间，贵族妇女流行一种身着黑领金色团花纹或片金花纹的褐色袍，外加浅绿色镶黑边并有金绣纹饰的大褂。襟前有佩饰，头上梳大髻，也有包头巾样式。侍女是着黑领绿袍，金纽扣，头上饰翠花，并有珠珰垂肩。

乾隆年间，妇女着镶粉色边饰的浅黄色衫，外着黑色大云头背心。裙边或裤腿镶有黑色绣花阑干，足着红色弓鞋。也有着朱衣，袖边镶白缎阔阑干，足着红色绣花鞋。也有着镶有黑边饰的无领宝蓝色衣者，襟前挂香牌一串，纽扣上挂时辰表、牙签、香串等小物件。也有在衣服外面结橘黄色带子，垂在腰胯两侧与衫齐，带子的端头有绣纹。也有着白纱汗衫，黑裤红腰带、红肚兜，鞋后跟有提舌。

嘉庆、道光年间，女子多着低领蓝衣紫裙，裙子镜面和底边均镶黑色绣花阑干，袖口镶白底全彩绣牡丹阔边。也有的袖口和衣服裙子镶阔阑干，裙带垂至膝下，肩有镶滚云肩。也有的着团花绿衣浅红色裙，裙的镜面上绣少许折枝花数朵，披云肩垂流苏。

弓鞋 古代缠足妇女所穿的鞋子。妇女因缠足脚呈弓形，故有此名。妇人缠足一说起于南朝，一说起于五代。明、清两代弓鞋的样式有平、高底多种，并饰以刺绣与珠玉等。清代寿字弓鞋为清代晚期绣花鞋，流行于安徽地区，以红缎为鞋帮，绣工精巧。

同治年间，流行蓝缎地镶阔边的绸裤带，带宽一丈或数丈，带端有绣纹。无论着裙着裤均有系带的习俗。腰带系后垂至膝下为尚。

光绪中期，妇女衣裙渐短，袖子渐宽，带长过膝露出一尺有余，走动时随风飘摆，也有将流苏缝于带端，摆动时呈现异样效果。服色以选用湖蓝、桃红为多，也有宝石蓝和大红等色。

光绪末年，妇女的衣服身长过膝，采用大镶滚装饰，裙上有时加16～20条飘带，每条带尾系上银铃，步行时有响声，甚为风趣。衣襟前挂有金或银制的装饰物，如耳挖子、牙剔子、小毛镊子等。有的还挂有梅檀一类的装有香料的小香囊。也有的系着内装香脂粉的绸缎或缂丝制成的小镜袋。

与此同时，在我国上海流行一种新装，这种新装不但在袖边，也在臂肘上饰以镶滚，衣服较前窄且

> **流苏** 一种下垂的以五彩羽毛或丝线等制成的穗子，常用于舞台服装的裙边下摆等处。唐代妇女流行的头饰金步摇，是其中一种。帝王头上的流苏叫"冕旒"，据说置旒的目的是为了视事观物，洞察大体而能包容细小的瑕疵。

■ 清代女士服装

西洋 泛指西方国家，主要指欧美国家。在我国古代，反映了古人以华夏大地为世界中心的一个地理概念。西洋一词最早出现在五代，不同时代的含义不尽相同。明朝时期的西洋是指文莱以西的东南亚和印度洋沿岸地区，晚清用"西洋"一词则多指欧美国家。

长，裤子也相应地窄了一些，并配以3~4对手镯。

当时的上海新装，将妇女们的形象装扮得更加清秀和娴静。这种在原有基础上稍加变化的新形式，在当时就是时髦的新潮装。

清末，流行衣袖里面装假袖口，少时一两幅，多时两三幅。这种装束，一则为了显示身份和富有，二则为加强旗装封闭形式的风格特色。假袖口不但用料考究，装饰布局也追求与旗袍相同，由此整体服饰更增加了华丽的效果，也加强了装饰的层次感。假袖口一层层连接起来，显现出窄袖的修长感觉。

清代满族妇女的旗装颇具特色。历时数千年的宽袍大袖拖裙盛冠，潇洒富丽，纤细柔弱，与衣身修长、衣袖短窄的满装形式，形成鲜明的对比。旗装以它用料节省、制作简便和穿用方便，取代了古代的衣裙，这是后人普遍接受的主要原因。

■ 八团花卉大襟袄

清代旗装的裁制一直采用直线，胸、肩、腰、臀完全平直，使女性身体的曲线毫不外露。尽管有观点认为旗袍改于满族妇女的旗装，但旗袍并不是旗装。旗装是满族绵延至今的民族服饰。

旗袍是在吸收西洋服装样式后，通过不断改进，才进入千家万户的。其样式有很多，开襟有如意襟、琵琶襟、斜襟、双襟；领有高领、低领、无领；袖口有长袖、短袖、无袖；开衩有高开衩、低开衩。

旗袍款式的变化主要是袖形、襟形的变化。袖形的款式主要有宽袖形、窄袖形、长袖、中袖、短袖或无袖。襟形的款式主要有圆襟、直襟、方襟等。

圆襟旗袍礼服，襟处线条圆顺流畅；直襟旗袍礼服，可使身材显得修长，身材丰满、圆脸型的女性适合这一款式；方襟旗袍礼服，将襟部进行了大胆的改革，适合不同脸形穿着。

改良后的旗袍后来几乎成为我国妇女的标准服装。它作为世界上影响最大、流传最广的汉族传统服装，是我国悠久的服饰文化中最绚烂的形式之一。

中国旗袍

阅读链接

20世纪20年代到40年代，是我国旗袍最流行的时期。尤其是30年代，旗袍奠定了它在女装舞台上不可替代的重要地位，成为中国女装的典型代表，基本完成旗袍文化走向经典的过程，40年代是其黄金时期。

经过20世纪上叶的演变，旗袍的各种基本特征和组成元素慢慢稳定下来。旗袍成为一种经典女装，基本样式相对稳定。而时装千变万化，时装设计师经常从历史经典的宝库中寻找灵感，从而对旗袍进行了很多改进，使其更能够展现我国妇女的婀娜多姿。

清代做工精良的甲胄特色

清代士兵蜡像

崇尚武功，是清代初期的传统，确立了大阅、行围制度，作为倡导骑射之风的措施。皇太极亲自参与制定了大阅制度，顺治时确定每三年举行一次大检阅典礼，由皇帝全面检阅八旗军队的军事装备和武功技艺。

在当时，八旗军队按旗排列，披铠戴甲，依次在皇帝面前表演火炮、鸟枪、骑射、布阵、云梯等各种技艺。

清代除满八旗外，在蒙古族中设蒙古八旗，在汉族设汉

■ 沈阳故宫八旗军服

军八旗，参加大阅兵的共有二十四旗。

  自康熙时起，皇帝每年都通过围猎的形式，组织几次大规模的军事演习，以训练军队的实战本领，并把围猎、大阅的礼仪、形式、地点、服装等都列入典章制度。清代皇帝和宗室大臣，凡参加这种活动的，也都要穿盔帽和铠甲。

  清代普通的盔帽，不论是用铁或用皮革制成，都在表面髹漆。盔帽前后左右各有一梁，额前正中突出一块遮眉，其上有舞擎及覆碗，碗上有形似酒盅的盔盘，盔盘中间竖有一根插缨枪、雕翎或獭尾用的铜管或铁管。后面垂有石青等色的丝绸护领、护颈及护耳，上绣纹饰，并缀以铜或铁泡钉。

  清代铠甲分甲衣和围裳。甲衣肩上装有护肩，护肩下有护腋；另在胸前和背后各佩一块金属的护心镜，镜下前襟的接缝处另佩一块梯形护腹，名叫前

泡钉 主要用于服装和器具，起到加固及装饰的作用，比如我国古代常用的鼓、马鞍和铠甲等。泡钉用于服装在我国历史悠久，后来秦陵考古发现的形制特别的"泡钉俑"十分引人注目。他们上着以圆泡钉作为装饰的衣服，成为后来在官兵铠甲上普遍使用泡钉的始作俑者。比如我国清代官兵的铠甲上的泡钉，既有装饰效果，又起到了在实战中保护身体的作用。

> **造办处** 是一个在我国宫廷历史沿革中逐渐成熟并且专业化的宫廷办事机构。历史上包括管仲、范蠡、李斯等诸多重臣均有造办皇室用度的经历。清代造办体系分化为两个机构，一个是专供宫中用度的"养心殿造办处"，另一个是设于内务府北侧的"内务府造办处"，又称"匠作处"。

挡。腰间左侧佩左挡，右侧不佩挡，留作佩弓箭囊等用。

围裳分成左右两幅，穿时以带系于腰间。在两幅围裳之间正中接缝处，覆有质料相同的虎头蔽膝。

以上这些配件除护肩用带子连接外，其余均用纽扣相连。穿戴时从下而上，先穿围裳，再穿甲衣，待佩上各种配件后，再戴盔帽。

清代甲胄制作精良，尤其是皇帝的甲胄，更是精工细作，从北京故宫博物院保藏着的一套乾隆时制成的金银珠云龙纹甲胄中，可见一斑。

这套甲胄通身闪烁着金龙，有正龙、升龙、行龙等16条。甲分上衣下裳，衣长73厘米，裳长61厘米。衣包括领、袖、护肩、护腋、挡；裳分左右。总共为12个部件。

衣前胸有正龙1条，升龙2条，后背有正龙1条，左右袖各有正龙1条，袖口行龙1条，左右护肩、左右护腋、前挡、左挡各有正龙1条，左右裳亦各有正龙1条，并有云朵、海水江牙，衣领上嵌有"大清乾隆御用"金色铭文。

胄以皮胎髹黑漆，镶有金、珠装饰，周围饰龙纹，并以梵文与璎珞相

■ 乾隆戎装画像

间。胄顶以金累丝为座，嵌红宝石及大珍珠70余颗。胄的护颈、护耳、护项各饰龙纹1条。

这套甲是用小钢片连缀而成，表面只露金、银、铜、黑4色圆珠组成的云龙图案，重15.4千克。它是乾清宫养心殿造办处制造的，自1761年开工，至1764年完成。用材有芜湖钢、金叶、银叶、红铜叶、黑漆。

制作过程是先将芜湖钢打成厚约1毫米、长4毫米的小钢片，将小钢片的一端凿成半圆珠形，并分别包上金叶、银叶、铜叶或涂上黑漆，另一端钻一个供穿线联结的小孔，然后将它们组成云龙，一排排地用线穿钉在底衬上。底子银色，龙身金色，龙发龙须龙尾铜色，钩边线为黑色。

整套甲胄共用60万块小钢片穿连而成，甲里铺丝绵和绸衬里。在制作过程中，先试做成一块钢片，乾隆帝见到钢的颜色不够华贵，指示要改为金、银、铜、黑四色，后来做了试样，验明4种颜色不变，才正式制作。

以上情况，在清宫造办处"活计档"有详细记载。这件珍贵的甲胄，既非皇帝戎装，也非大阅礼时穿戴，不过是提供皇帝赏玩的珍品。其工技之精巧，可谓稀世珍宝。

■ 清朝铜镀金饰貂缨头盔

活计档 是清代内务府造办处承办宫中各项活计档册的总称。活计档中最主要的是承办活计清档，另外还有一些为承办活计而往来的文书簿册，值班、值宿档等。我国第一历史档案馆现存1723年至1911年的这类档册1500余卷册。

■ 清代甲胄

清代八旗官兵的甲胄用皮革制成，涂黑漆，显得坚实厚重。此服供大阅兵时穿用，平时收藏起来。

正黄旗全身黄色，镶黄旗则黄地红边；正白旗全身白色，镶白旗则白地红边；正红旗全身红色，镶红旗则红地白边；正蓝旗全身蓝色，镶蓝旗则蓝地红边，全身一律镶有铜质泡钉。

八旗官兵的甲以棉布为里，以绸为面，中实丝绵。乾隆间两次由杭州织造局织造，达数万套，供大阅时穿用，平时则收藏。

阅读链接

清兵服装后背上分别标有"兵"和"勇"代表着不同的群体。"兵"是国家的常备武装力量，包括八旗军和绿营军。八旗军为满兵，绿营兵则是由汉人组成的汉兵。

"勇"也是兵的一种。是雍正、乾隆朝后若遇有战事，八旗和绿营兵不足而临时招募的军队，战事结束后立即解散，不是国家的常备军队，即使战时有功的官兵也不会留用。直到曾国藩兴办团练，才改非正式的乡勇为练勇，即湘军。从此，"勇"基本代替了"兵"成为国家的正规军主力。

别具风采的
衣食生活

以食为天

饮食历史与筷子文化

食在中国

饮食历史

我国饮食文化历史悠久，博大精深。它经历了几千年的历史发展，已成为中华民族的优秀文化遗产。我国传统饮食具有丰富多样的烹饪技艺和绚丽多彩的文化内涵。我国饮食文化的特点是以提供日常膳食为目的，辅以品味和养生等功效，满足人们对饮食的需求。

在我国古代，相对于简单的主食，先民们更加注重佐餐的各种菜肴，以各种菜肴的质量、品种以及口味反映饮食的丰富以至品位。所以，发展到后来，便直接演变成以各地的菜肴风味代表当地的饮食风格了。

上古时期饮食文化的萌芽

在原始社会时期，我们祖先只能将猎取的动物和摘取的植物生食。当时，人们依靠狩猎为生，间或捕捉到一些小动物，他们很自然地会先食用那些已死的猎物，活着的动物则暂时存放几日，偶尔可能还会给它喂点草料。

动物畜养就这样不知不觉地发明了，一些野生动物经过长期驯化繁育，逐渐演化为家畜。人们起初饲养最普遍的家畜是猪。

传说，有一个叫火帝的少年在大人们出去打猎时，在家中饲养猪仔。一日，火帝在自娱自乐中用两块石头碰撞，结果迸出刺眼的火

远古人畜养动物

远古人耕种水稻复原图

花,一下把猪圈的柴草点着了。

过了好长时间,大火才熄灭,猪仔也被烧死了,但被烧烤过的猪仔散发出诱人的香味,令火帝垂涎不止。火帝的父母回来后,也挡不住诱惑,一起将烤猪仔肉吃掉了,从此以后,在华夏民族繁衍生息的地方开启了熟食的先例。

后来,由于人口不断增加,猎取的食物已不足以维持人们的生活了。神农氏为了解决人们的饥饿问题,走遍华夏大地,亲尝百草,辨别出了五谷和草药。他还发明了农具,教人们根据天时地利进行种植,使五谷成为人们的主要食物。从此,收成相对稳定的农作物,保障了人们的生活。

当时,在黄河流域广大干旱地区,尤其是在黄土高原地带,气候干燥,适宜旱作,占首要地位的粮食作物是粟,俗称小米。小米在新石器时代就已经是人们的食物了,在稍晚的仰韶文化、大汶口文化及龙山文化遗址中也均发现有谷物种子。

而在华南地区,由于气候温暖湿润,雨量充沛,河湖密布,水稻是大面积种植的农作物。

华北粟类旱地农业和华南稻类水田农业,这个格局从那时起就影

■ 远古人磨制石器

嵋山 位于河南西部，向东延伸的余脉称为"邙山"。嵋山是秦岭山脉东段的支脉，隔黄河与中条山相望，共同构成一段岩石峡谷。古代将嵋山与函谷关并称为"嵋函之塞"，是山峰险陡、深谷如函的形象表达。

响到了我国南北饮食传统的形成。主食的差异，不仅带来了文化上的差异，甚至对人的体质发育也产生了深远影响。

后来产生了石烹，这是饮食文化的一大飞跃。石烹是最初、最简单不过的熟食。当时既无炉灶，也还不知锅碗为何物，陶器尚未发明，人们还是两手空空。人们将谷物和肉放在石板上，在石板下点燃柴火，把食物烤熟再吃。我国古代称之为"石烹"。

传说大约在六七千年前，由于山上的猎物和野果已满足不了人们的生活需要，他们便慢慢地走出了大山。

嵋山山脉韶山峰下，有一片富饶美丽的好地方。从山上下来的人，有个叫陶的族长，带领族人来到了这块地方。漫长的辛勤劳动，使他们发明了不少劳动工具，陶把这些经验积累起来，磨出了各种各样的石器，如石斧、石锥、石凿、石碗等。

由于物产不断地丰富和积累，这样就需要储存粮食、干肉和果品了，于是他们用土和泥制成各种各样的储物器，在太阳下晒干使用，这种泥器成为他们当时较为广泛使用的生活用品之一。

一天黄昏，狂风大作，天昏地暗。原来还没来得及熄灭的烤肉火堆被风吹散开来，燃着了杂草、树木、庄稼和茅棚，一会儿就成了一片火海。大火过后，树上的果子没了，只留下枯干残枝；田野的庄稼没了，只留下片片灰烬。

在不幸的遭遇中，陶却发现了一个奇迹：那些晒制的泥制储器，比原来坚硬得多，敲起来清脆悦耳，尤其是放在洞穴里的效果更好。于是，他就带领族人掘洞建窑试烧这种坚硬的储物器。

陶死后，大家推举他的儿子缶为首领。为了怀念陶的功绩，大家把这种储物器叫"陶器"。有了陶器，人们可以将它直接放在火中炊煮，这为从半熟食时代进入完全的熟食时代奠定了基础。

最早用于饮食的陶器都可以称为"釜"，是底部支起的有足陶器，以便于烧火加热，传说是黄帝始造。陶釜的发明具有重要意义，后来的釜不论在造型和质料上产生过多少变化，它们煮食的原理却没有改变。更重要的是，许多其他类型的炊器几乎都是在釜的基础上发展改进而成的。

例如甑便是如此。甑的发明，使得人们的饮食生活又产生了重大变化。釜熟是指直接利用火，谓之煮；而甑烹则是指利用火烧水产生

■ 古人烧制陶器

甑 我国的蒸食用具，古代蒸饭的一种瓦器，为甗的上半部分，与鬲通过镂空的箅相连，用来放置食物，利用鬲中的蒸汽将甑中的食物蒸熟。单独的甑很少见，多为圆形，有耳或无耳。

的蒸汽，谓之"蒸"。有了甑蒸作为烹饪手段后，人们至少可以获得超出煮食一倍的馔品。

蒸法是东方区别于西方饮食文化的一种重要烹饪方法，这种传统已有5000年的历史。这时，我国饮食从烹饪方式而言，也因为食物类别不同、炊具不同，而显示地域差异。

在黄河中下游地区，7000年前原始的陶鼎便已广为流行，几个最早的部落都用鼎为饮食器，从鼎的制法到造型都有惊人的相似之处，都是在容器下附有三足。陶鼎大一些的可做炊具，小一些的可做食具。

鼎在长江流域较早见于下游的马家浜文化与河姆渡文化。中游的大溪文化和屈家岭文化则盛行用鼎。河姆渡和大溪文化虽不多见鼎，却发现许多像鼎足一样的陶支座，可将陶釜支立起来，与鼎的功效接近。

与鼎大约同时使用的炊具还有陶炉，在我国南北地区均有发现，以北方仰韶和龙山文化所见为多。仰

■ 远古人生活场景

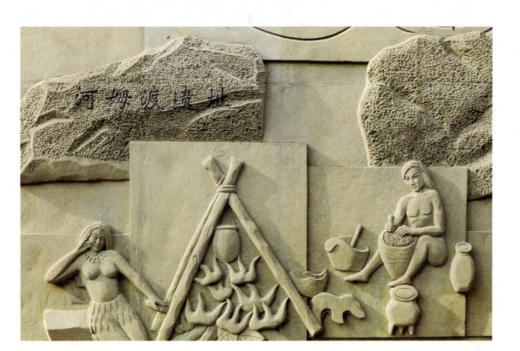
■ 河姆渡遗址石雕

韶文化的陶炉矮小，龙山文化的陶炉为高筒形，陶釜直接支在炉口上，类似的陶炉在商代还在使用。南方河姆渡文化陶炉为舟形，没有明确的火门和烟孔，为敞口形式。

新石器时代晚期，中原及邻近地区居民还广泛使用陶鬲和陶甗作为炊煮器。这两种器物都有肥大的袋状三足，受热面积比鼎大得多，是两种改进的炊具，它们的使用贯穿整个铜器时代，普及到一些边远地区。此外还出现了一些艺术色彩浓郁的实用器皿，有些将外形塑成动物的形状，表现了人们对精神生活的追求。

就在这一时期，在山东半岛南岸一带住着一个原始的部落，部落里有个人名叫夙沙，他聪明能干，膂力过人，善使一张用绳子结的网，每次下海都能捕获很多的鱼鳖。

河姆渡文化 我国长江流域下游地区古老的新石器文化，第一次发现于浙江省余姚市河姆渡，因而得名。河姆渡文化的社会经济是以稻作农业为主，兼营畜牧、采集和渔猎。在遗址中普遍发现有稻谷、谷壳和稻叶等遗存。

■ 远古人结网

有一天，夙沙在海边煮鱼吃，他和往常一样提着陶罐从海里打半罐水回来，刚放在火上煮，突然一头大野猪从眼前飞奔而过，夙沙见了岂能放过，拔腿就追，等他扛着死猪回来，罐里的水已经熬干了，缶底留下了一层白白的细末。他用手指蘸点放到嘴里尝尝，味道又咸又鲜。

于是，夙沙用它就着烤熟的野猪肉吃起来，味道好极了。他把从海水中熬出来的白白的细末叫作"盐"，并且把制盐方法和盐的好处告诉了整个部落的人们，也传遍了华夏大地。

阅读链接

在我国古代传说中，关于食盐的由来还有一个比较离奇的故事。蚩尤曾与黄帝激战于涿鹿之野，被黄帝追而斩之，血流满地，变而为盐，因蚩尤罪孽深重，故百姓食其血，这就是我国古代曾把"盐"说成是"蚩尤之血"的由来。

火和盐是饮食文化中两个重大的元素，有了火，人们才有了熟食；而有了盐，饮食才变得更有滋味，也使食物营养更丰富。盐被称为"食肴之将""食之急者""国之大宝"，所以自古以来，人们都十分重视盐的生产。

文明标志的商周时期饮食

到了商代，人们在饮食、烹饪方面开始有了一定的规律，食品种类和烹饪方法都呈现出多样性；人们同时对食品保健功能和烹饪的色香味提出了更高要求，向饮食文化方向发展。

恰在此时，出现了一位伟大的厨师伊尹，他是中华食文化的鼻祖，被尊为"烹饪之圣"。而且他辅佐商汤灭掉了夏朝，成为我国有史料明确记载的第一位宰相，被称为"华夏第一相"。

伊尹画像

原来，在商王朝首都朝歌附近，有一个名叫"空桑"的小村庄。空桑村原来叫"莘口村"，夏朝时期归属有莘部落。有莘部落女子在村头采桑时，听到一棵老桑树的树洞中传出婴儿的啼哭

■ 商汤（？—约前1588），子姓，名履。商朝的开国君主，公元前1617至前1588年在位，在位30年，其中17年为夏朝商国诸侯，13年为商朝国王。后人多称商汤，又称武汤、天乙、成汤、成唐，甲骨文称唐、大乙，又称"高祖乙"，商人部落首领。

声，就从空桑洞中将婴儿抱走并把他交给一个庖人即厨师抚养，庖人就给这个婴儿取名"伊尹"。后人为了纪念这件事，便将莘口村改为空桑村了。

后来，庖人教给伊尹掌握厨师的技艺，伊尹经过刻苦学习，厨艺逐渐远近闻名。商汤听到伊尹的厨艺高超的名声，就三次派人向有莘氏求婚，这使得这个小邦之君十分高兴，不仅心甘情愿地把女儿嫁给了商汤，而且还答应让伊尹做了随嫁的媵臣，使商汤达到了目的。

商汤郑重其事地为伊尹在宗庙里举行了除灾祛邪的仪式：在桔槔上点起火炬，在伊尹身上涂抹猪血。

伊尹刚到商汤宫里的时候，仍做厨师。由于他精通五味调和之道理，烹饪技术十分高超。有一次，伊尹用天鹅精心制作了一道"鹄羹"。商汤品尝后非常高兴，便决定向他询问烹饪之术。

到了第二天，商汤正式召见伊尹，伊尹开口就从饮食滋味说起。他说只有掌握了娴熟的技巧，才能使菜肴达到久而不败，熟而不烂，甜而不过，酸而不烈，咸而不涩苦，辛而不刺激，淡而不寡味，肥而不腻口……他向商汤仔细介绍了自己的烹调理论。

宗庙 我国的宗庙制度是祖先崇拜的产物，人们在阳间为亡灵建立的寄居所即"宗庙"。封建社会的宗庙制是天子七庙，诸侯五庙，大夫三庙，士一庙。庶人不准设庙。同时宗庙亦是供奉历朝历代帝王牌位、举行祭祀的地方。

在伊尹的说辞中不仅列举了四面八方的饮食特产，更重要的是"三材五味"论，道出了我国商汤早期烹饪所达到的水平。伊尹通过在商汤身边的耳濡目染，听君臣讨论国家大事，总结出治理国家和烹饪的道理大有相同之处。

伊尹以烹饪之道讲述治国之理，他提出治理国家也和做菜一样，既不能太急，也不能松弛懈怠，只有恰到好处才能把事情做好。伊尹认为："凡当政的人，要像厨师调味一样，懂得如何调好甜、酸、苦、辣、咸五味。首先得弄清各人不同的口味，才能满足他们的嗜好。作为一个国君，自然须得体察平民的疾苦，洞悉百姓的心愿，这样才能满足他们的要求。"

伊尹强调说："美味好比仁义之道，国君首先要知道仁义即天下的大道，有仁义便可顺天命成为天子。天子行仁义之道以化天下，太平盛世自然就会出现了。"

伊尹的鸿篇大论，不仅说得商汤心服口服，而且使得这位开明之君的思想发生了重大的改变。他很受启发，从此以后，伊尹经常以烹调作为引子，分析天下大势，讲述治国平天下的道理。自从听到了伊尹的高论，更坚定了商汤攻伐夏桀推翻夏王朝的决心。

商汤多次与伊尹交谈，发现他不仅是一位烹饪高手，还具有治国安邦之才，于是决定任命他为宰相。伊尹辅佐商汤发展农耕，铸造兵器，训练军队，使商部落更加强大。伊尹看到夏朝气数已尽，就用"割烹"做比喻，向商汤建议"讨伐夏桀、拯救人民"，最后辅佐

伊尹塑像

周代宴会抚琴浮雕

商汤推翻了残暴的夏朝。

到了西周,统治者接受商王朝倾覆的教训,严禁饮酒。我国战国时期的最早的史书《尚书·酒诰》记载了周公对酒祸的具体阐述。他说上天造了酒,并不是给人享受的,而是为了祭祀。周公还指出,商代从成汤到帝乙20多代帝王,都不敢纵酒而勤于政务,而继承者纣王却不是这样,整天狂饮不止,尽情作乐,致使臣民怨恨,"天降丧于殷",使老天也有了灭商的意思。

周公因此制定了严厉的禁酒措施,规定周人不得"群饮""纵酒",违者处死。包括对贵族阶层,也要强制戒酒。

禁酒的结果造成了列鼎而食。酒器派不上用场,所以西周时的酒器远不如商代那么多,而食器有逐渐增加的趋势。当时的食器有簋和鼎等。这些鼎的形状、纹饰以至铭文都根据贵族的等级而定,有时仅有大小的不同,容量依次递减。这就是"列鼎而食"。

列鼎数目的多少,是周代贵族等级的象征。用鼎有一整套严格的制度。据《仪礼》和《礼记》的记载,大致可分别为一鼎、三鼎、五鼎、七鼎、九鼎等。

与鼎相配的是簋，形似碗而大，有盖和双耳。西周的铜簋下面带有一个中空的方座或三足，那是用于燃炭火温食的。用簋的多少，一般与列鼎相配合，如五鼎配四簋，七鼎配六簋，九鼎配八簋。九鼎八簋，即为天子之食，是最高的规格。

周天子的御膳：周代天子的饮食分饭、饮、膳、馐、珍、酱六大类，其他贵族则依等级递减。据后世编撰的《周礼·天官·膳夫》记载，王之食用稻、黍、稷、粱、麦、苽六谷，膳用马、牛、羊、豕、犬、鸡六牲，馐共百二十品，珍用八物，酱则百二十瓮。

这些大多指的是原料，烹调后所得馔品名目更多。战国末年或秦汉之际儒家著作《礼记·内则》所列天子和贵族们的饮食中，有饭8种、膳20种、饮6种、酒2种、馐2种。天子之馐多至百二十品，不胜枚举。还有"庶羞"，枣、栗、榛、柿、瓜、桃、李、梅、杏、楂、梨、姜、桂等瓜果。

在这种情况下，产生了我国最早的用独特方法制作的风味馔品，称为"八珍"。八珍是在我国周代精心烹制的8种食品，其烹调方法完整地保存在《礼记·内则》中，是古代典籍中所能查找到的最古老的一份菜谱。

> **《周礼》** 儒家经典，相传是西周时期的著名政治家、思想家、文学家、军事家周公旦所著，所涉及之内容极为丰富。凡邦国建制，政法文教，礼乐兵刑，赋税度支，膳食衣饰，寝庙车马，农商医卜，工艺制作，各种名物、典章、制度，无所不包。堪称"上古文化史之宝库"。

■ 周代食器汤鼎

西周青铜利簋

八珍可以看作是周代烹饪发展水平的代表作，无论在选料、加工、调味和火候的掌握上，都有一定的章法，形成了一套固定的模式，奠定了中华民族饮食烹饪传统的基础，后世所食用的诸多馔品都是在八珍的基础上发展而来的。

在西周时，王室已总结出一些饮食经验：面对丰盛饮食，不能胡乱吃喝一通。并制定了一些主食与副食的配伍法则。宫廷内专设"食医"中士二人，主管此事，他们负责时常提醒天子。配餐原理，非医道而不可谙，有食医把关，天子自可放心地去吃了。

不仅如此，周代对于烹饪所用的作料，也规定了一些配伍法则，表明当时的饮食生活已建立在相对科学的基础上，这些是宫廷厨师们不断探索的结果。例如做脍，规定作料"春用葱，秋用芥"；而烹豚，则"春用韭，秋用蓼"。烹调牛羊豕三牲要用茱萸，以散肉毒，调味用醯。如是野兽类，则取梅调味。又如烹雉，只用香草而不用蓼。

早在商代之时，调味品主要是盐、梅，取咸、酸主味，到周代，调味固然也少不了用盐梅，而更多的是用酱，这种酱便是可以直接食用的醯醢。

周天子不仅馐有百二十品，酱亦有百二十瓮。百二十瓮酱中包括醯物六十瓮、醢物六十瓮，实际是分指"五齑、七醢、七菹、三臡"等。其中三臡为鹿臡、麇臡、麋臡，均为野味。臡为带骨的肉块，有骨为臡，无骨为醢，二者烹法相同，均用于肉渍曲和酒腌百日而成。

《礼记·曲礼》说"献孰食者操酱齐",孰食即熟肉,酱齐指酱齑。吃什么肉,便用什么酱,有经验的吃客,只要看到侍者端上来的是什么酱,便会知道能吃到哪些珍味了。

每种肴馔几乎都要专用的酱品配餐,这是周代贵族们创下前所未有的饮食制度。孔子的名言"不得其酱不食",正是这种配餐原则最好的体现。

酱的制作离不了盐,最初是煮海造盐,后来还有池盐、井盐、末盐、岩盐等。盐大都出自人力,也有纯为天然者,在一些河水中、大漠下,都有天然盐块可取用。

《礼记·礼运》说:"夫礼之初,始诸饮食。"礼仪产生于饮食活动,饮食之礼是一切礼仪的基础。至迟在周代,饮食礼仪形成了一套相当完整的制度。饮食内容的丰富,居室、餐具等饮食环境的改善,促使高层次的饮食礼仪产生了,与礼仪相关联的一些习惯也逐渐形成了。

周代的饮食礼仪,经过儒家的精心整理,完整地保存在《周礼》《仪礼》和《礼记》中,主要包括客食之礼、待客之礼、侍食之礼、丧食之礼、进食之礼、侑食之礼、宴饮之礼等。

如果作为客人,首先,赴宴时入座的位置就很有讲究,

> 《仪礼》 儒家十三经之一,内容记载着周代的冠、婚、丧、祭、乡、射、朝、聘等各种礼仪,其中以记载士大夫的礼仪为主。共有100多卷,告诉人们在何种场合下应该穿何种衣服,站或坐在哪个方向或位置,每一步该如何去做,等等。

■ 周代食器周生豆

> **尊** 我国古代的一种大中型盛酒器，盛行于商代至西周时期，春秋后期已经少见。商周至战国时期，还有另外一类形制特殊的盛酒器——牺尊。牺尊通常呈鸟兽状，有羊、虎、象、豕、牛、马、鸟、雁、凤等形象。

要求"虚坐尽后，食坐尽前"。古时席地而坐，要坐得比尊者长者靠后一些，以示谦恭；而饮食时则要尽量坐得靠前一些，靠近摆放馔品的食案，以免食物掉在座席上。

宴饮开始，馔品端上来时，客人要起立。在有贵客到来时，客人都要起立，以示恭敬。如果来宾地位低于主人，必须端起食物面向主人道谢，等主人寒暄完毕之后，客人才可入席落座。

在享用主人准备的美味佳肴时，客人不可随便取用。须得"三饭"之后，主人才指点肉食让客人享用，还要告知客人所食肉食的名称，细细品味。所谓"三饭"，指一般的客人吃三小碗饭后便说吃饱了，须主人再劝而食肉。宴饮将近结束，主人不能先吃完饭而撤下客人，要等客人食毕才停止进食。

仆从摆放宴席，也有很多具体的礼节和要求。仆从安排筵席，对于馔品的摆放有严格的规定，例如带骨的肉要放在净肉的左方，饭食要放在客人左边，肉羹则放在右边。脍炙等肉食放在外边，醯酱调味品则放在靠人近些的地方。酒浆也要放在近旁，葱末之类可放远一点。如有肉脯之类，还要注意摆放的方向。

仆从摆放酒尊酒壶等酒器，要将壶嘴面向贵客。端出菜肴时，不能面对客人和

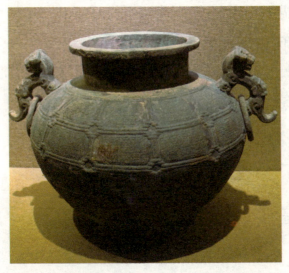

■ 周代酒器青铜缶

菜盘子喘气。仆从回答客人问话时，须将脸侧向一边，避免呼气和唾沫溅到盘中或客人脸上。

如果上的菜是整尾的烧鱼，一定要将鱼尾指向客人，因为鲜鱼肉从尾部易与骨刺剥离。干鱼则正好相反，上菜时要将鱼头对着客人，干鱼从头部更易于剥离。冬天的鱼腹部肥美，摆放时鱼腹向右，便于取食。夏天的鱼鳍部较肥，所以将背部朝右。

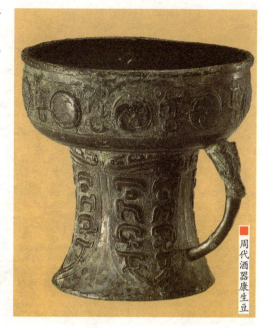
周代酒器康生豆

陪长者饮酒时，酌酒时须起立，离开座席面向长者拜而受之。如果长者一杯酒没饮尽，少者不得先饮尽。长者如有酒食赐予少者和童仆等低贱者，他们不必辞谢，以示尊敬。

侍食年长位尊的人，少者还得先吃几口饭，谓之"尝饭"。虽先尝食，却又不能自个儿先吃饱肚子，必得等尊长吃饱后才能放下碗筷。少者吃饭时还得小口小口地吃，而且要快些咽下去，准备随时能回复长者的问话，谨防有喷饭的事发生。

凡是熟食制品，侍食者都得先尝尝。如果是水果之类，则必让尊者先食，少者不能抢先。古来重生食，尊者若赐给你水果，吃完这果子，剩下的果核不能扔下，须"怀而归之"，否则便是极不尊重的了。如果尊者将没吃完的食物赐给你，若是盛食物的器皿不易洗涤干净，得先倒在自己用的餐具中才可食用。

丧食之礼是国丧时的饮食之礼。如果是亲人死去，家里三日不做饭，而由邻里乡亲送些粥来给家属吃。如果是君王去世，王子、大夫、公子、众士三日不吃饭，但以食粥服丧。大夫死了，家臣、室

迎宾宴饮画像砖

老、子姓都是只能吃粥。

周代礼仪之谨严，在宴饮活动中表现得最为充分。在《仪礼》的各篇中，对相关的饮食礼仪有着严格的规范。

如"乡饮酒"之礼，乡学三年大比，按学生德行选其贤能者，向国家推荐，正月推荐学生之时，乡里大夫以主人身份，与中选者以礼饮酒而后荐之。整个乡饮酒程序，大约分27个步骤：

首先，乡大夫请乡学先生按学生德能分为宾、介、众宾3等，宾为最优。大夫主持大礼，告诫宾、介互行拜答之礼。

其次是陈设，为主人及宾、介铺垫座席，众宾之席铺的位置略远一些，以示德行有所区别。在房前摆上两大壶酒，还有肉羹等。摆设完毕，主人引宾、介入席，入席过程中，宾主不时揖拜。

饮酒开始，主人拿起酒杯，亲自在水里盥洗一过，将杯子献给宾，宾拜谢。主人接着为宾斟酒，宾又拜。酒肉之先，照例要祭食。席上设俎案，放上肉食，宾左手执爵杯，右手执脯醢，祭酒肉，然后尝酒，拜谢主人。席间有乐工四人，二人鼓瑟，二人歌唱，另有乐师一人担任指挥。所歌为我国最早的一部诗歌总集《诗经·小雅》之《鹿鸣》《四牡》《皇皇者华》。《鹿鸣》为君臣同燕、讲道修身之歌，《四牡》为国君慰劳使君之歌，《皇皇者华》为国君遣使者之歌。

末了，主人请撤去俎案。宾主饮酒前都曾脱了鞋子上堂，现在要去把鞋子穿上，又是互相揖让，升坐如初。燕坐时，主人命进饈馔如狗肉之类，以示敬贤尽爱之意。最后，宾、介等起身告辞，乐工奏乐，主人送宾于门外，拜别。

又如"大射"之礼，将饮食活动引进到娱乐游戏之中，增添了几多活泼的气氛。诸侯王在将举行一次祭祀之前，要与臣属一起射矢观礼。射靶及格者方得与诸侯同祭，否则就没有同祭的资格。这本是极简单的射击比赛，却被赋予了繁复礼仪教条，经过多种程序，这大射礼才算完成。

这种射礼的场面不仅见于儒家经典的描述，更见于东周时代的一些图案纹饰，从中可以清楚地找到劝酒、持弓、发射、数靶、奏乐的活动片段，生动具体地再现了当时的饮食文化。

阅读链接

古代的饮食礼仪过于繁复，例如食物，符合礼仪规定的食物并不一定都爱吃，如大羹、玄酒和菖蒲菹之类。另外想吃的食物，却又因不符合礼仪规定而不能一饱口福。不用于祭祀的食物都不能吃，而用于祭祀的食物却未必全都好吃。贾谊《新书》载：周武王做太子时，很喜欢那闻着臭吃着香的鲍鱼，可姜太公就是不让他吃，说是鲍鱼不适于祭祀，所以不能用这类不合礼仪的东西给太子吃。

风味多样的春秋战国时期

春秋战国时期，随着周王室权威的衰落，诸侯互相吞并，各个地区的风俗习惯互相融合，在饮食文化上逐渐形成了南北两大风味。

在北方，齐鲁大地烹饪技术比较发达，形成了我国最早的地方风味菜，这就是鲁菜。在南方，西拥云贵，东临太湖，长江横贯中部，水网纵流南北，气候寒暖适宜，土壤肥沃，被誉为"鱼米之乡"。一年四季，水产畜禽菜蔬相继上市，为烹饪技术发展提供了优越的物质条件，逐渐形成了苏菜的雏形。

川菜炖鸡煲

在西边，秦国占领了巴国、蜀国，接着派李冰将水患之乡改造成"天府之国"，加之有大批汉中移民的到来，结合当地的气候、风俗以及古代巴国、蜀国的传统饮食习惯，产生了影响巨大的川菜的雏形。

广东的饮食文化，就是将中原地区先进的烹饪技艺和器具引入岭南，结合当地的饮食资源，使"飞、潜、动、植"皆为佳肴。形成兼收并蓄的饮食风尚，产生了粤菜。

商周时期的粮食作物仍是春秋战国时期的主食，但是比重有所变化，如商周时期文献中经常提到黍稷，到春秋战国时期则更多的是"粟菽"并重。

■ 春秋时期的石磨

菽就是大豆，在粮食中的地位也比过去提高，这其中的原因之一就是石磨的发明，改变了大豆的食用方式。过去是直接将大豆煮成豆饭吃，而大豆又是很难煮烂的，食用很不方便。有了石磨，就可将大豆磨成粉和豆浆，食用起来就很方便。

同时，大豆又是一种耐瘠保收的作物，青黄不接之时可以救急充饥。此外，大豆的根部有丰富的根瘤菌，可以肥田，有利于下茬作物的生长，所以大豆的种植日益广泛。

过去食用麦子也是采用粒食方法，直接煮成麦饭食用，不易消化。用石磨将麦子磨成面粉，粒食改为面食，可以蒸煮成各种各样的面食，既可口又易于消化，极受人们的欢迎。

小麦是一种越冬作物，可以和粟等粮食作物轮

李冰 战国时期我国著名的水利工程专家。公元前256年至前251年被秦昭王任为蜀郡太守。其间，他征发民工在岷江流域兴办许多水利工程，其中以他和儿子一同主持修建的都江堰水利工程最为著名，为成都平原成为天府之国奠定了坚实的基础。他被后人尊为"川主"。

■ 五谷图

石磨 用于把米、麦、豆类等粮食加工成粉、浆的一种机械。开始用人力或畜力，到了晋代，我国发明用水作动力的水磨。通常由两个圆石做成。磨是平面的两层，两层的接合处都有纹理，粮食从上方的孔进入两层中间，沿着纹理向外运移，在滚动过两层面时被磨碎，形成粉末。

作，提高复种指数来增加单位面积产量，也是解决青黄不接之时的重要口粮，于是在春秋时就得到官府的重视，大力推广种植。

作为南方主粮的水稻，虽然早在商周时期的黄河流域已有种植，但面积不大，在粮食作物中的比重很小，一直到春秋时期还是珍贵的食物，孔子《论语·阳货》说："食乎稻，衣乎锦，于汝安乎？"可见只有上层贵族才能食用稻米。

由于春秋战国时期的畜牧业和园圃业以及水产养殖与捕捞业都很发达，所以这一时期的副食品也非常丰富多样。战国法家思想的集大成者韩非在《韩非子·难二》中说，当时，农民们"务于畜养之理，察于土地之宜，六畜遂，五谷殖，则入多"。

当时的"六畜"是指马牛羊鸡犬猪，牛马主要作为农耕和交通的动力,肉食主要靠猪羊鸡狗等小牲畜。所以东周战国时期伟大的思想家、教育家、政治家和儒家的主要代表人物之一孟子在《孟子·梁惠王上》说:"鸡豚狗彘之畜,无失其时,七十可以食肉也。"

鱼、鳖是人们喜爱的副食品之一,如孟子的名句"鱼者吾所欲也,熊掌,亦吾所欲也。二者不可兼得,舍鱼而取熊掌者也"。与熊掌相比,鱼是日常易得之食品。孟子又说:"数罟不入洿池,鱼鳖不可胜食也。""不可胜食",可见食鱼的数量很多。

相对而言,鳖的饲养和捕捞较为烦琐,故鳖类比鱼类更为珍贵些。春秋末年左丘明所著《左传·宣公四年》记载,楚国送大鳖给郑灵公,宋子公在灵公处看到后对人说:"他日我如此,必尝异味。"鳖被称为"异味",自然是难得的珍味,又是作为赠送王侯之礼品,可见其珍贵程度。

春秋战国时期的饮料,除了开水以外,主要是浆(即以豆类、米类或果类调制的饮料)、乳、酒、茶。《论语·雍也》:"一箪食,

苏菜家常鲫鱼

> **《楚辞》** 我国第一部浪漫主义诗歌总集。全书以屈原作品为主，其余各篇也是承袭屈赋的形式。以其运用楚地的文学样式、方言声韵和风土物产等，具有浓厚的地方色彩，故名《楚辞》。

一瓢饮，在陋巷。"即普通穷人的日常生活也需要饮料。春秋战国时期的主要饮料之一就是浆，《史记·货殖列传》说："浆千甔……此亦比千乘之家。"有人是靠卖浆而发家致富的，可见社会需求量很大，才有人进行专业性经营。

《周礼·天官·酒正》郑玄注："浆，今之酨浆也。"贾公彦疏："米汁相载，汉时名'酨浆'。"可见是用米汁制成带酸味的饮料。

另外，《礼记·内则》郑玄在注释"醷"时说："梅浆也。"可见是一种添加酸梅汁之类的酸性饮料。

■ 春秋战国漆器

大诗人屈原《楚辞·九歌》中还有"尊桂酒兮椒浆""援北斗兮酌桂浆也"，则是掺有花椒之类原料的带辣味的浆和添加桂花带香味的饮料。

早在周初时，官府就设食医一职。周代时对食疗、食补和食忌的认识已有相当深度，初步总结出一些基本的配餐原则。

到了春秋战国时期，随着饮食文化的发展和烹饪水平的提高，人们对食物的作用有了更为全面的认识，认识到一些美味佳肴，有时吃了以后并没有好的作用，于是有"肥肉厚酒，勿以自强，命曰烂肠之食"的说法。

春秋时齐国有位神医秦越人，即

扁鹊，相传中医诊脉之术是他的首创。扁鹊是一位较早阐明药食关系的人，他认为人生存的根本在于饮食，治病见效快靠的是药。不知饮食之宜的人，不容易保持自己的身体健康，不明药物之忌的人，则无法治好疾病。

成书于战国时期的《黄帝内经·素问》，系统地阐述了一套食补食疗理论，奠定了中医营养医疗学的基础。如《素问·藏气法时论篇》，将食物区别为五谷、五果、五畜、五菜四大类。五谷为黍、稷、稻、麦、菽；五果指桃、李、杏、枣、栗；五畜是牛、羊、犬、豕、鸡；五菜即葵、藿、葱、韭、薤。

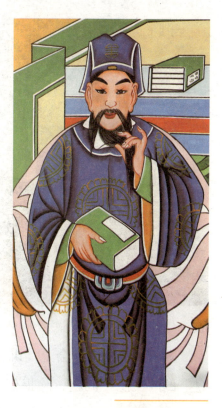
■ 扁鹊画像

这4类食物在饮食生活中的作用及应占的比重，《素问》有十分概括的阐述，即"五谷为养，五果为助，五畜为益，五菜为充"。就是指以五谷为主食，以果、肉、菜作为补充。

在春秋战国时期的大变革中，涌现出许多学派，它们的代表人物著书立说，开展争辩，形成百家争鸣的局面。各个学派几乎都有关于饮食的理论，这些理论直接影响到整个社会生活。其中有代表性的学派主要有墨家、道家和儒家，其学术代表人物分别是墨子、老子和孔子。

墨子生活极其俭朴，提倡"量腹而食，度身而衣"。他的学生，吃的是藜藿之羹，穿的是短褐之

《黄帝内经》

分《灵枢》《素问》两部分，起源于轩辕黄帝，代代口耳相传，后又经医家、医学理论家联合增补发展创作，于春秋战国时期结集成书。在以黄帝、岐伯、雷公对话、问答的形式阐述病机病理的同时，主张不治已病，而治未病，同时主张养生、摄生、益寿、延年。是我国医学宝库中现存成书最早的一部医学典籍。

老子著书图

衣，与一般平民无异。

墨子为了解决社会上"饥者不得食""寒者不得衣"和"劳者不得息"的"三患"问题，除提倡社会互助外，又提出积极生产和限制消费的主张，反对人们在物质生活上追求过高的享受，认为只求吃饱穿暖即可。

墨子反对不劳而食，自以夏禹为榜样，自愿吃苦，昼夜不息。而且还造出一条圣王制定的饮食之法，即"足以充虚增气，强股肱，耳目聪明，则止。不极五味之调、芳香之和，不致远国珍怪异物"。也就是说，墨家不求食味之美、烹调之精，饮食生活维持在温饱水平。

老子是道家学说的创始人，他认为，发达的物质文明没有什么好结果，主张永远保持极低的物质生活水平和文化水平。老子提倡"节寝处，适饮食"的治身养性原则，比起墨家来，更加强调简朴。

孔子的饮食思想同他的政治主张一样著名。他把礼制思想融汇在饮食生活中，其中一些教条法则一直影响着后世。儒家的食教比起道家和墨家的刻苦自制更易为常人接受，尤其易为当政者所用。

典籍中关于孔子饮食生活的实践内容，比起其他学派的代表人物既丰富又具体。《论语》一书是孔子言行的记录，其中包含不少食教内容，尤以《论语·乡党》一篇为代表。

孔子曾说："君子食无求饱，居无求安，敏于事而慎于言。"可以看出，他并没有将美食作为第一追求。他还说："士志于道而耻恶衣恶食者，未足与议也！"对于那些有志于追求真理，但又过于讲究吃喝的人，采取不予理睬的态度。

可是孔子对苦学而不求享受的人，则给予高度赞扬。他的大弟子颜回被他认为是第一贤人，说："颜回要算是最贤的了！一点食物，一点饮料，身居陋巷，别人都忍受不了，可颜回却毫不在意。贤哉，颜回！"孔子自己所追求的也是一种平凡的生活，即"粗饭蔬食，曲肱而枕之，乐在其中"。

孔子的饮食生活确也有讲究之时，只要环境允许，他还是不赞成太随便。饮食注重礼仪礼教，讲究艺术和卫生，是孔子饮食思想的主要内容。他提倡"食不厌精，脍不厌细"，要求饭菜做得越精细越好，"割不正，不食"，切割不得法的食物不吃，不吃变质的饭食和腐败的食物，不吃烹饪不得法、颜色不正、气味不正的食物。

孔子关于饮食的说教，大部分是身体力行的，在异常情况下，才有某些违越。如有时赴宴，主人不按礼仪接待他，他也以无礼制非礼。不合礼法，给肉鱼也不吃；若以礼行事，蔬

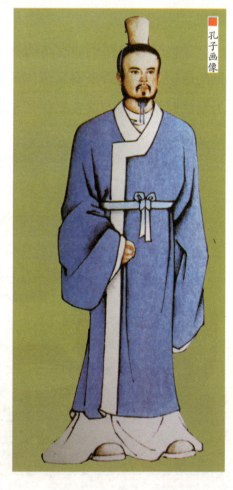

孔子画像

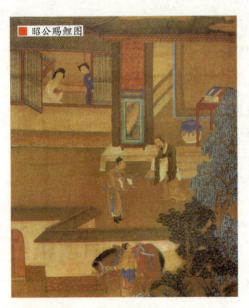

昭公赐鲤图

食也当美餐。

如秦国丞相吕不韦《吕氏春秋·遇合》载，孔子听说周文王爱吃菖蒲菹，自己也皱着眉头吃那味道不佳的东西，3年之后才习惯了那怪味。为了体会周礼的精髓，孔子不惜受3年的苦熬，去吃那并不美味的食物，可谓苦心孤诣。孔子对饮食的要求很简单，就是无论食物种类还是饮食过程，都要符合礼制。

春秋战国时期空前发达的农业生产为各诸侯国争雄称霸提供了坚挺的后援，也为后来秦汉帝国的建立奠定了强大的物质基础，同时也为秦汉时期人们的饮食提供了丰富的食品资源，促进饮食文化向精致化的更高层次发展。

阅读链接

春秋战国时的烹饪仍然是重在菜肴的烹制，主食较为简单些，大体上与先秦时期差不多，是以蒸煮为主，即稀饭用煮，干饭用蒸。稀饭根据浓度和材料不同，分为糜、粥、饘、羹等。将米加水煮烂了就是糜，煮得比糜烂而且浓稠就是粥，比粥更浓稠的是饘，羹是用粮食和肉或者蔬菜加调料煮制的稀饭。《急就篇》还提到一种"甘豆羹"，颜师古注："甘豆羹，以洮米泔和小豆而煮之也。一曰以小豆为羹，不以醯酢，其味纯甘，故云甘豆羹也。"可能是利用带有碱性的淘米水容易将小豆煮烂成粥，但不加调料，是北方农民的一种主食。

饮食极为丰富的秦汉时期

秦汉时期是我国古代社会饮食业的一个重要发展时期。当时的粮食作物，除以前所有的作物外，还新增加了荞麦、青稞、高粱、糜子等品种。东汉历史学家班固编撰的《汉书·食货志》记载董仲舒建议汉武帝令大司农"使关中益种宿麦，令毋后时"。其后，轻车都尉、农学家氾胜之又"督三辅种麦，而关中遂穰"。

东汉安帝时也"诏长吏案行在所，皆令种宿麦蔬食，务尽地力，其贫者给种饷"。于是，自汉以后小麦与粟就成为黄河流域地区最主要的粮食作物了。

随着大汉帝国的建立，整个南方都归入版图，稻米在全国粮食中的比重也有所

仲舒建言汉武帝

刘安与八公壁画

加大。同时也促进了北方水田的发展,因此西汉末期氾胜之记述北方耕作技术的农书《氾胜之书》就辟有专章介绍水稻的种植技术,指出"三月种粳稻,四月种秫稻"的耕种时令。

东汉光武帝建武年间,张堪引水灌溉"狐奴开稻田八千余顷"。由此可见,北方种植水稻的规模已相当可观。在食品制作方面,汉代的豆腐和豆制品生产,已相当普遍。

传说豆腐是淮南王刘安发明的。西汉初年,汉高祖刘邦的孙子刘安,在16岁的时候承袭父亲的封号为淮南王,仍然建都寿春。刘安为人好道,欲求长生不老之术,广泛招请江湖方术之士炼丹修身。

相传有一天,自称八公的8个人登门求见淮南王,门吏见是8个白发苍苍的老者,轻视他们不会有什么长生不老之术,不去通报。八公见此哈哈大笑,接着变化成8个角髻青丝、面如桃花的少年。门吏一见大惊,急忙禀告淮南王。

刘安一听,顾不上穿鞋,赤脚相迎。这时8位少年又变回老者。这时刘安恭请他们殿内上座后,刘安拜问他们姓名。原来他们是文五常、武七德、枝百英、寿千龄、叶万椿、鸣九皋、修三田、岑一峰8人。

随后八公一一展示了自己的本领：画地为河、撮土成山、摆布蛟龙、驱使鬼神、来去无踪、千变万化、呼风唤雨、点石成金等。刘安看罢大喜，立刻拜八公为师，一同在都城北门外的山中苦心修炼长生不老的仙丹。

当时淮南一带盛产优质的大豆，这里的山民自古以来就有用山上珍珠泉水磨出的豆浆作为饮料的习惯，刘安也入乡随俗，每天早晨也总爱喝上一碗。

一天，刘安端着一碗豆浆，在炉旁看炼丹出神，竟忘了手中端着的豆浆碗，手一动，豆浆泼到了炉旁供炼丹的一小块石膏上。不多时，那块石膏不见了，液体的豆浆却变成了一摊白生生、嫩嘟嘟的东西。

八公中的修三田大胆地尝了尝，觉得美味可口。可惜太少了，能不能再造出一些让大家来尝尝呢？刘安就让人把他没喝完的豆浆连锅一起端来，把石膏碾碎搅拌到豆浆里，不一会儿，又结出了一锅白生生、嫩嘟嘟的东西。刘安连呼"离奇、离奇"，这就是八公山豆腐的初名。

后来，仙丹炼成，刘安依八公所言，登山大祭，埋金地中，白日升天，有的鸡犬舔食了炼丹炉中剩余的丹药，也都跟着升天而去，流传下来"一人得道，鸡犬升天"的神话，也留下了恩惠后人的八公山豆腐。

在汉代，人们更加重视小家畜的饲养以解决肉食问题。如《汉书·黄霸传》记载，西汉黄霸为河南颍川太守时，"使邮亭乡官

> **炼丹** 道教主要道术之一。为炼制外丹与内丹的统称。外丹术源于先秦神仙方术，是在丹炉中烧炼矿物以制造"仙丹"。其后将人体拟作炉鼎，用以习炼精气神，称为"内丹术"。

■ 茅仙洞刘安雕像

■ 秦汉时期的饮食器具

皆畜鸡豚,以赡鳏寡贫穷者"。龚遂为河北渤海太守时,命令农民"家二母彘、五鸡"。东汉僮仲为山东某地县令,"率民养一猪,雌鸡四头,以供祭祀"。

尤其是养猪业普遍得到发展,人们已认识到养猪的好处。西汉桓宽《盐铁论·散不足》载:"夫一豕之肉,得中年之收。"

此外,在秦汉时期,鸭、鹅与鸡已成为三大家禽。据古代笔记小说集《西京杂记》记载:"高帝既作新丰衢巷……放犬羊鸡鸭于通途,亦竟识其家。"

此外,秦汉时期盛行吃狗肉,当时还出现了专门以屠宰狗为职业的屠夫,如战国时期的聂政:"家贫,客游以为狗屠,可以旦夕得甘毳以养亲。"荆轲则"爱燕之狗屠及善击筑者高渐离"。西汉开国将领樊哙在年轻时候就是"以屠狗为事"。

秦汉时期,养鱼业更为发达,西汉史学家司马迁《史记·货殖列传》记载:"水居千石鱼陂……亦可

> **《西京杂记》**
> 我国古代笔记小说集,其中的"西京"指的是西汉的首都长安。该书写的是西汉的杂史。既有历史也有西汉的许多遗闻逸事。其中有人们喜闻乐道、传为佳话的"昭君出塞""凿壁偷光"等许多妙趣横生的故事。

比千乘之家。"张守节"正义"中说："言陂泽养鱼，一岁收得千石鱼卖也。"可见养鱼规模之大和收入之可观。

不但民间普遍养鱼，连朝廷也在皇宫园池中养鱼，除供祭祀之外，还拿到市场上出售，如《西京杂记》记载汉武帝作昆明池，"于上游戏养鱼。鱼给诸陵庙祭祀，余付长安市卖之"。

至于南方及沿海地区，水产品更为丰富。当时的水产品种类很多，西汉黄门令史游作《急就篇》中提到的有鲤、鲋、蟹、鳝、鲐、虾等。鲤鱼是当时食用最普遍的鱼类，因为《急就篇》和汉末刘熙《释名》都将鲤鱼列在首位。因此枚乘《七发》中叙述"天下之至美"时，鱼类中只提到"鲜鲤之鲙"。

与战国时期一样，秦汉也视龟鳖之类为珍味。西汉文学家王褒《僮约》提到的两道待客佳肴便是"脍鱼炰鳖"。

汉代开始形成餐后进食水果的习惯，同时，还十分讲究水果的食用方式。如魏文帝曹丕《与吴质书》中说："浮甘瓜于清泉，沉朱李于寒冰。"即夏季天气炎热，将水果放在冰凉的清泉水中浸泡使之透凉，吃起来自然清凉爽口。

▶ 汉代捕鱼画像砖

张骞（前164—前114），字子文，我国汉代卓越的探险家、旅行家与外交家，曾经奉命出使西域，为丝绸之路的开辟奠定了基础。他开拓了汉朝通往西域的南北道路，并从西域诸国引进了汗血马、葡萄、苜蓿、石榴、胡麻、芝麻与鸵鸟蛋等。

秦汉时期最盛行的饮料当属酒。许多地方以产酒出名，如广西苍梧的"缥清"，河北中山的"冬酿"，湖南衡阳的"醽醁"，浙江会稽的"稻米清"，湖北光化的"酂白"、宜城的"宜城醪"、野王县的"甘醪酒"，陕西关中的"白薄"，等等。

在汉代，酒的种类也较先秦为多，除了用粮食为原料的黍酒、稻酒、秫酒、稗米酒之外，还有以水果为原料的果酒，如葡萄酒、甘蔗酒等。此外还有加入香料的桂花酒等。

汉代张骞从西域传进的物产中，有鹊纹芝麻、胡麻、无花果、甜瓜、西瓜、石榴、绿豆、黄瓜、大葱、胡萝卜、胡蒜、番红花、胡荽、胡桃、酒杯藤等，这些农作物很快普及到了我国各地。这些瓜果菜蔬，都成了最大众化的副食品。

■ 张骞到西域

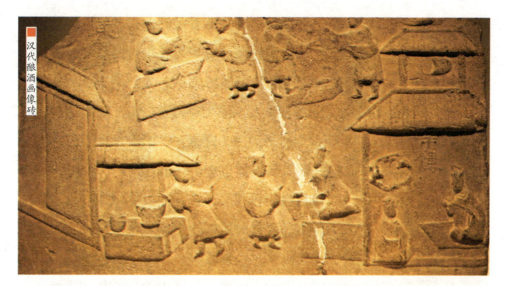

汉代酿酒画像砖

其他几种用于调味的香菜香料，也充实了人们的口味。苜蓿或称光风草、连枝草，可供食用，多用为牲畜的优质饲料。胡荽又称"芫荽"，别名香菜，有异香，调羹最美。胡蒜即大蒜，较之原有小蒜辛味更为浓烈，也是调味佳品。还有从印度传进的胡椒，也都成为我国人民常用的调味品。

汉代时对异国异地的物产有特别的嗜好，极求远方珍食，并不只限于西域，四海九州，无所不求。据古代地理书籍《三辅黄图》所记，汉武帝在破南越之后，在长安建起一座扶荔宫，用来栽植从南方所得的奇草异木，其中包括山姜10本，甘蔗12本，龙眼、荔枝、槟榔、橄榄、千岁子、柑橘各百余本。

汉初的园圃种植业本来已积累了相当的技术，在引进培育外来作物品种的过程中，又有了进一步发展。尤其是温室种植技术的发明，创造了理想的人工物候环境，生产出许多不受季节气候限制的蔬果。

茶是汉代才新兴起来的饮料，东汉之后，饮茶之风已传播到长江中下游地区。西晋陈寿《三国志·吴书·韦曜传》记载东吴大臣韦曜不会饮酒，吴帝孙皓"密赐茶以当酒"。既然以茶当酒，则茶已经是日常很普及的饮料了。

红案和白案 红案特指中式烹调当中对于菜品制作肉菜和装碗、蒸碗的烹饪范畴，包括红烧肉、酥肉、蜂蜜肉、糟肉、排骨等的统称；也指以加工副食一类烹饪原料为主的工作，包括炒菜、冷菜、蒸菜。白案指餐饮行业中对于制作面点以及相关面食制品工作的代称。

在烹饪方面，汉代随着铁制炊具的发明和使用，又出现了红案和白案的分工以及炉灶和砧板的分工，促进和加速了烹饪技术的发展。人们结束了单一的煮烤食物的历史，迈向了多种方法烹饪食物的时代，炸、炒、煎等方法也已在有关书籍中有了一定的记载，烹饪器具和盛器也有了改善。

汉初食物原料和烹饪技艺的发达，使饮食较之前代大为丰富。汉代时民间动不动就大摆酒筵："壳旅重叠，燔炙满案，鱼鳖脍鲤。"

汉时并无什么庆典，往往也大量杀牲，或聚食高堂，或游食野外。街上满是肉铺饭馆，到处都有酒肆，人们"列金叠，班玉觞，嘉珍御，太牢飨""穷海之错，极陆之毛"，追求饮食风气大盛。

汉成帝时，封国舅王谭为平阿侯，商为成都侯，立为红阳侯，根为曲阳侯，逢时为高平侯，5人同日而封，世谓之"五侯"。

■ 汉代酒肆画像砖

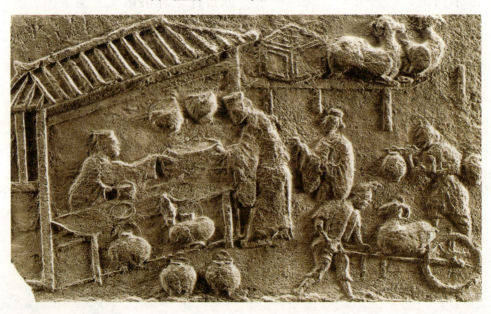

■ 汉代宴烹画像砖

据说有一个叫娄护的凭着自己能言善辩,"传食五侯间,各得其欢心"。五侯争相送娄护奇珍异膳,他不知吃哪一样好,想出一个妙法,将所有奇味倒在一起,"合以为鲭",称为"五侯鲭"。五侯鲭不仅成为美食的代名词,有时也成了官俸的代名词。

五侯们宴饮,自然不像平常人吃完喝完了事,照例须乐舞助兴。在许多汉代画像砖和画像石上,以及墓室壁画上,都描绘着一些规模很大的宴饮场景,其中乐舞百戏都是不可缺少的内容。

在四川成都市郊的一方《宴饮观舞》画像砖,模刻人物虽不多,内容却很丰富。画面中心是樽、盂、杯、勺等饮食用具,主人坐于铺地席上,欣赏着丰富多彩的乐舞百戏。画面中的百戏男子都是赤膊上场,与山东所见大异其趣。

无论是身居高位既贵且富还是普通人们,总觉得美味佳肴具有更大的吸引力。在长沙马王堆一号汉墓中,随葬器物有数千件之多,其中就有许多农畜产品、瓜果、食品等,大都保存较好。墓中还有记载

樽 古代人温酒或盛酒的器皿。温酒樽一般为圆形,直壁,有盖,腹较深,有兽衔环耳,下有三足。盛酒樽一般为鼓腹,圆底,下有三足,有的在腹壁神仙有三个铺首衔环。盛行于汉晋。据说,苏东坡在中秋节饮酒,喝到微醉时,诗兴大发,写下了豪迈悲凉的千古绝唱《水调歌头》。

■《宴饮观舞》画像砖

随葬品名称和数量的竹简312枚，其中一半以上书写的都是食物，主要有肉食馔品、调味品、饮料、主食和副食、果品和粮食等。

汉代肉食类馔品有各种羹、脯、脍、炙。其中羹24鼎，有大羹、白羹、巾羹、逢羹、苦羹5种。

大羹为不调味的淡羹，原料分别为牛、羊、豕、狗、鹿、凫、雉、鸡等。

白羹即用米粉调和的肉羹，或称为"糙"，有牛白羹、鹿肉鲍鱼笋白羹、鹿肉芋白羹、小菽鹿肋白羹、鸡瓠菜白羹、鳝白羹、鲜嚣藕鲍白羹，主料为肉鱼，配有笋、芋、豆、瓠、藕等素菜。

有脯腊5笥，脯、腊均为干肉，有牛脯、鹿脯、胃脯、羊腊、兔腊。有炙8品，炙为烤肉，原料为牛、犬、豕、鹿、牛肋、牛乘、犬肝、鸡。有脍4品，原料为牛、羊、鹿、鱼。

肉食类馔品按烹饪方法的不同，可分为17类，70余款。集中体现了西汉时南方地区的烹调水平。与此同时，汉代还发明了大量饮食用具，数量最多制作最精的是漆器，有饮酒用的耳杯、卮、勺、壶、钫，食器有鼎、盒、盂、盘、匕等。

在汉代还有一种饮食习惯叫作"胡食"。在我国古代，不仅把地道的外国人称为"胡人"，有时将西北邻

> **《齐民要术》**
> 北魏时期我国杰出的农学家贾思勰所著的一部综合性的农书，也是世界农学史上最早的专著之一。是我国最完整的农书，系统地总结了6世纪以前黄河中下游地区农牧业的生产经验、食品的加工与贮藏、野生植物的利用等，对中国古代农学的发展有着重大影响。

近的少数民族也称为"胡人",或曰"狄人",又以戎狄作为泛称。于是胡人的饮食便称为"胡食",他们的用器都冠以"胡"字,以与汉器相区别。

东汉末年,灵帝刘宏对胡食狄器有特别的嗜好,算得是一个地道的胡食天子。史籍记载说,灵帝好微行,不喜欢前呼后拥,他喜爱胡服、胡帐、胡床、胡坐、胡饭、胡箜篌、胡笛、胡舞,京师贵戚也都学着他的样子,一时蔚为风气。

灵帝在西园还开设了一些饮食店,让后宫采女充当店老板,灵帝则穿上商人服装,扮作远道而来的客商到店中,"采女下酒食,因共饮食,以为戏乐"。

灵帝和京师贵胄喜爱的胡食,主要有胡饼、胡饭等,烹饪方法较完整地保留在北魏时期我国杰出农学家贾思勰的《齐民要术》等书中。

胡饼,按刘熙《释名》的解释,指的是一种形状很大的饼,或者指面上敷有胡麻的饼,在炉中烤成。唐代白居易有一首写胡饼的诗,其中有两句为"胡麻

《释名》 训解词义的书。汉末刘熙作,是一部从语言声音的角度来推求字义由来的著作,它用字音来说明事物得以如此称名的缘由,并注意到当时的语音与古音的异同。《释名》产生后长期无人整理,到明代,郎奎金将它与《尔雅》《小尔雅》《广雅》《埤雅》合刻,称《五雅全书》。因其他四书皆以"雅"名,于是改《释名》为《逸雅》。

汉代庖厨画像砖

东汉宴饮图

饼样学京都,面脆油香新出炉",似乎又是指油煎饼,其制法应是汉代原来所没有的,为北方游牧民族或西域人所发明。

胡饭也是一种饼食,并非米饭之类。将酸瓜菹切成条,再与烤好的肥肉一起卷在饼中,卷紧后切成二寸长一节,吃时佐以醋芹。胡饼和胡饭之所以受到欢迎,主要是味道超过了传统的蒸饼。尤其是未经发酵的蒸饼,无法与胡饼和胡饭媲美。

胡食中的肉食,首推"羌煮貊炙",具有一套独特的烹饪方法。羌和貊代指古代西北的少数民族,煮和炙指的是具体的烹调技法。

羌煮就是煮鹿头肉,选上好的鹿头煮熟、洗净,将皮肉切成两指大小的块。然后将斫碎的猪肉熬成浓汤,加一把葱白和一些姜、橘皮、花椒、醋、盐、豆豉等调好味,将鹿头肉蘸肉汤吃。

貊炙为烤全羊和全猪之类,食用时各人用刀切割,原本是游牧民族惯常的吃法。在胡食的肉食中,还有一种"胡炮肉",烹法也极别致。用一岁的嫩肥羊肉,切成薄片,加上豆豉、盐、碎葱白、生姜、花椒、荜茇、胡椒调味。将羊肚洗净翻过,把切好的肉、油灌进羊肚缝好。在地上掘一个坑,用火烧热后除掉灰与火,将羊肚放入热坑内，再盖上炭火。在上面继续燃火，烤熟之后，香美异常。

胡食不仅指用胡人特有的烹饪方法所制成的美味，有时也指采用原产异域的原料所制成的馔品。尤其是那些具有特别风味的调味品，如胡蒜、胡芹、荜茇、胡麻、胡椒、胡荽等，它们的引进为烹制地道的胡食创造了条件。如还有一种胡羹，为羊肉煮的汁，因以葱头、胡荽、安石榴汁调味，故有其名。

用胡人烹调术制成的胡食受到人们的欢迎，而有些直接从域外传进的美味更是如此，葡萄酒便是其中的一种。葡萄酒有许多优点，如存放期很长，可长达10年而不变质。东晋史学家干宝《搜神记》便有"西域有葡萄酒，积年不败，彼俗云：可十年。饮之醉，弥月乃解"的记录。

具有异域风味的胡食不仅刺激了天子和权贵们的胃口，而且形成了饮食文化的空前交流。使我国饮食文化得以博采众长、兼容并蓄，最终形成了庞大的中华饮食文化体系。

阅读链接

从汉代开始，各民族和地区间开始出现了原料、物产和技艺方面的交流，加速了各地区的技术提高，尤其是"丝绸之路"的出现，给汉朝和亚洲各国提供了交流的平台，加大了物产和文化的交流。通过厨师的辛勤劳动和智慧，汉代的烹饪技术成就较大，给后代提供了宝贵的烹饪财富。另外，汉代在食俗、食礼、酒文化上都有了自己的特色。

魏晋时期的美食家与食俗

我国历史悠久的饮食文化，也催生了无数的美食家。古时称为"知味者"，指的是那些极善于品尝滋味的人。各个时代都有一些著名的知味者，而最有名的几位却大都集中在魏晋南北朝时期。

西汉淮南王刘安所著《淮南子·修务训》中有这样一则寓言：楚地的一户人家，杀了一只猴子，烹成肉羹后，去叫来一位极爱吃狗肉的邻居共享。这邻居以为是狗肉，吃起来觉得特别香。吃饱了之后，

宴饮图画像砖

■ 炊厨画像砖

主人才告知吃的是猴子，这邻居一听，顿时胃中翻涌如涛，两手趴在地上吐了个干净。这是一个不知味的典型人物。

易牙名巫，又称作"狄牙"，因擅长烹饪而为春秋齐桓公饔人。《吕氏春秋·精谕》说："淄渑之合，易牙尝而知之。"淄、渑都是齐国境内的河水，将两条河的水放在一起，易牙一尝就能分辨出哪是淄水，哪是渑水，确有其高超之处。

魏晋南北朝时代，见于史籍的知味者明显多于前朝后代。西晋大臣、著作家荀勖就是很突出的一位。他连拜中书监、侍中、尚书令，受到晋武帝的宠信。

有一次，荀勖应邀去陪武帝吃饭，他对坐在旁边的人说："这饭是劳薪所炊成。"人们都不相信，武帝马上派人去问了膳夫，膳夫说做饭时烧了一个破车轮子，果然是劳薪。

前秦自称大秦天王的苻坚有一个侄子叫苻朗，字元达，被苻坚称之为千里驹。苻朗降晋后，官拜员外散骑侍郎。他要算是知味者中的佼佼者了，他甚至能

员外散骑侍郎

员外郎为古代官名，员外为定员外增置之意，原指设于正额以外的郎官。三国魏末始置员外散骑常侍，晋以后所称之员外郎指员外散骑侍郎，为皇帝近侍官之一。南北朝时，又有殿中员外将军、员外司马督等，都在官名上加"员外"。

■ 魏晋时对坐进食图

说出所吃的肉是长在牲体的哪一个部位。

东晋皇族、会稽王司马道子有一次设盛宴招待苻朗，几乎把江南的美味都拿出来了。散宴之后，司马道子问道："关中有什么美味可与江南相比？"

苻朗答道："这筵席上的菜肴味道不错，只是盐的味道稍生。"后来一问膳夫，果真如此。

后来有人杀鸡做熟了给苻朗吃，苻朗一看，说这鸡是散养而不是笼养的，经过询问，事实正是如此。

传说苻朗有一次吃鹅，指点着说哪一块肉上长的是白毛，哪一块肉上长的是黑毛，人们不信。有人专门宰了一只鹅，将毛色异同部位仔细做了记录，苻朗后来说的竟毫厘不差。人们称赞他果然是一位罕见的美食家，非有长久经验积累不可能达到这样的境界。

能辨出盐的生熟的人，还有魏国侍中刘子扬，他"食饼知盐生"，时人称为"精味之至"。

东晋著名画家顾恺之，世称其才、画、痴为"三绝"。他吃甘蔗与常人的办法不同，是从不大甜的梢头吃起，渐至根部，越吃越甜，并且说这叫作"渐入

> 顾恺之（348—409），字长康，小字虎头，博学有才气，工诗赋、书法，尤善绘画。精于人像、佛像、禽兽、山水等。顾恺之作品，意在传神，其"迁想妙得""以形写神"等论点，为我国传统绘画艺术的发展奠定了基础。

佳境"。也是一位深得食味的人。

从两晋时起，我国饮食开始转变风气，与当时文人之风有关系，过去的美食均以肥腻为上，从此转而讲究清淡之美，确实又进入了另一番佳境。我国美食由肥腻到清淡的转变可以"莼羹鲈脍"为标志。

西晋有个文学家张翰，字季鹰，为江南吴人。晋初大封同姓子弟为王，司马昭之孙司马冏袭封齐王。"八王之乱"中，齐王迎惠帝复位有功，拜为大司马，执掌朝政大权。张翰当时就在大司马府中任车曹掾。

但是，张翰心知司马冏必定败亡，故作纵任不拘之性，成日饮酒。时人将他与阮籍相比，称作"江东步兵"。

秋风一起，张翰想起了家乡吴中的菰菜莼羹鲈鱼脍，说是人生一世贵在适意，何苦这样迢迢千里追求官位名爵呢？于是卷起行囊，弃官而归。司马冏终被讨杀，张翰因之幸免于乱。

唐代白居易诗曰"秋风一箸鲈鱼脍，张翰摇头唤不回"，南宋辛弃疾《永遇乐·京口北固亭怀古》"休说鲈鱼堪脍，尽西风，季鹰归未"，吟咏的都是此事。

■ 鲈鱼脍

■ 莼菜汤

张翰尽管思乡味是名,避杀身之祸是实,但这莼羹鲈脍也确为吴中美味。据《本草》所说,莼鲈同羹可以下气止呕,后人以此推断张翰在当时意气抑郁,随事呕逆,故有莼鲈之思。

莼又名"水葵",为水生草本,叶浮水上,嫩叶可为羹。鲈鱼为长江下游近海之鱼,河流海口常可捕到,肉味鲜美。《齐民要术》有脍鱼莼羹之法,言四月莼生茎而未展叶,称为"雉尾莼",第一肥美。鱼、莼均下冷水中,另煮豉汁作琥珀色,用调羹味。

莼羹鲈脍作为江南佳肴,并不只受到张翰一人的称道,同是吴郡人的陆机也与张翰有相同的爱好。陆机也曾供职于司马氏集团,有人问他江南什么食物可与北方羊酪媲美,他立即回答有"千里莼羹"。

莼只不过是一种极平常的水生野蔬,之所以受到晋人的如此偏爱,就是因为它的清、淡、鲜、脆,超出所有菜蔬之上。由此确实可以看出晋代所开始的一种饮食上的新追求,它很快形成一种新的观念,受到后世的广泛重视。

陶潜一生,与诗、酒一体。他的脸上很难见到喜怒之色,遇酒便饮，无酒也雅咏不辍。他自己常说，夏日闲暇时，高卧北窗之下，清风徐徐，与羲皇上人不殊。陶潜虽不通音律，却收藏着一张素琴，每当酒友聚会，便取出琴来，抚而和之，人们永远也不会听到他的琴声，因为这琴原本一根弦也没有。用陶潜的话说，叫作"但识琴中趣，何劳弦上声"。

魏晋南北朝时期，我国饮食文化发展的一个重要标志是出现了一批关于饮食的专著。据史书记载，有《崔氏食经》《食经》《食馔次第法》《四时御食经》《马琬食经》《羹臛法》等，与先秦时期只有一篇《本味》相比，有了明显的进步。

当时烹饪技法的著作当推贾思勰的《齐民要术》。《齐民要术》讲解了种植、养殖的经验，也以相当大的篇幅讨论食品制作和烹饪技法，在我国食文化的历史上具有极为重要的地位。

> **《四时御食经》**
> 又称《四时御食制》《魏武四时食制》或《四时食制》，是魏武帝曹操所撰。说明曹操在烹饪方面做过专门的研究，撰写过专门的著作。但大多散佚，后世可以看到的辑录自《太平御览》等文献的《四时食制》，都是讲鱼的产地和食用方法的。

■ 古籍《齐民要术》

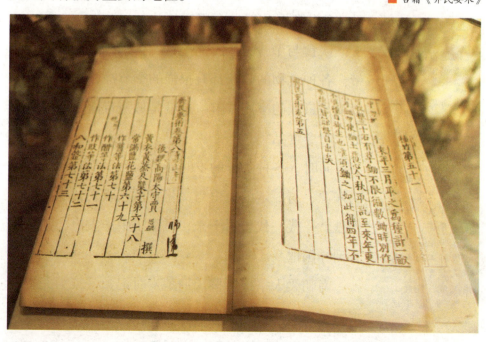

■ 魏晋时期烹饪画像砖

《齐民要术》所介绍的食谱中，常用的调味料是葱、姜、豉、花椒、蒜、橘皮、醋、酒等，动物性食材主要是猪、牛、羊、鸡、鸭、鹅、鱼，主食有各种面饼、面条等，已与我国后世北方饮食习惯接近，但菜肴烹饪技法仍以炙、蒸、煮为主，未见炒、熘等法。

平日饮食，多是为了口腹之需，而岁时所用，则又多了一层精神享受。历史上逐渐丰富起来的风味食品，往往都与岁时节令紧密相关。

饮食与节令之间，本来就有一条紧密联系的纽带。各种食物的收获都有很强的季节性，收获季节一般就是最佳的享用季节，这就是从魏晋南北朝时所谓的"时令食品"。

同时，各种各样的岁时佳肴，几乎都有自己特定的来源，与一定的历史与文化事件相联系，这些中华美食就一代一代传了下来，风靡了中华大地，甚至飘香到异国他乡。

南朝梁人宗懔所撰《荆楚岁时记》，较为完备地记述了南方地区的节令饮食，汉代至南北朝时期的节

《荆楚岁时记》记录我国古代楚地岁时节令风物故事的笔记体文集，记载了自元旦至除夕的24节令和时俗。涉及民俗和门神、木版年画、木雕、绘画、土牛、彩塑、剪纸、镂金箔、首饰、彩蛋画、印染、刺绣等民间工艺美术以及乐舞等，这些民俗、民间工艺美术传自远古，延续后世。

令饮食风俗几可一览无余。

我国自古即重视年节,最重为春节。春节古称"元旦",又称"元日",所谓"三元之日",即岁之元、时之元、月之元。西汉时确定正月为岁首,正月初一为新年,新年前一日是大年三十,即除夕,这旧年的最后一天,人们要通宵守岁,成了与新年相关的一个十分重要的日子。

《荆楚岁时记》说,在除夕之后,家家户户备办美味肴馔,全家在一起开怀畅饮,迎接新年到来。还要留出一些守岁吃的年饭,待到新年正月十二日,撒到街旁路边,有送旧纳新之意。大年初一要饮椒柏酒、桃汤水和屠苏酒,下五辛菜,每人要吃一个鸡蛋。

饮酒时的顺序与平日不同,要从年龄小的开始,而平日则是老者长者先饮第一杯。

新年所用的这几种特别饮食,并不是为了品味,主要是为祛病驱邪。古时以椒、柏为仙药,以为吃了令人身轻耐老。魏人成公绥所作《椒华铭》说:"肇惟岁首,月正元日。厥味惟珍,蠲除百疾。"

桃木自古被认为五行之精,能镇压邪气,制服百鬼。桃汤当指用桃木煮的水,用于驱鬼。晋人周处的《风土记》说:"元日造五辛

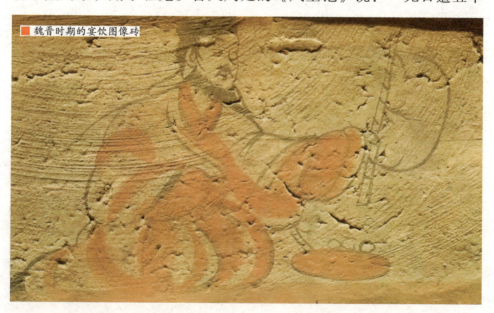

魏晋时期的宴饮图像砖

介子推（？－前636），春秋时期晋国贤臣，后人尊为介子，因"割股奉君"，隐居"不言禄"之壮举，深得世人怀念。死后葬于介休绵山。晋文公重耳深为愧疚，遂改绵山为介山，并立庙祭祀，由此产生了"寒食节"。

盘，正元日五熏炼形。"五辛指韭、薤、蒜、芸薹、胡荽5种辛辣调味品，可以顺通五脏之气。

到了正月初七，即是人日，须以7种菜为羹，照样无荤食。北方人此日要吃饼，而且必须是在庭院中煎的饼。

正月十五，熬好豆粥，滴上脂膏，用以祭祀门户。先用杨枝插在门楣上，随枝条摆动所指方向，用酒肉和插有筷子的豆粥祭祀，这是为了祈福全家。

从正月初一到三十，青年人时常带着酒食郊游，一起泛舟水上，临水宴饮为乐。男男女女都要象征性地洗洗自己的衣裳，还要洒酒岸边，用来解除灾难厄运。

立春后的第五个戊日，为春社之日。这一天乡邻们都带着酒肉聚会在一起，在社树下搭起高棚，祭祀土地神。末了，人们共同分享祭神用的酒肉。本来这些酒肉是人们用于祭神的，祭罢还要说成是神赐予人的，吃了它便能福禄永随了。

■ 宴饮画像砖

魏晋时期炊厨画像砖

在古代，大约在清明节前一二日，是寒食节。相传寒食节起因于晋文公悼念介子推的被焚，晋人哀怜子推，于是寒食一月，不举火为炊，以悼念这位志士。到了汉代，因老弱不堪一月的寒食，于是改为三日不举火。曹操还曾下过废止寒食的命令，终不能禁断。寒食所食主要为杏仁粥及醴酪。

寒食一过，就是春光明媚的清明节。这一日人们带上酒具，到江渚池沼间作曲水流杯之饮。在上流放入酒杯，任其顺流而下，浮至人前，即取而饮之。这样做不仅是为了尽兴，古时还以为流杯宴饮可除去不祥。这一日还要吃掺和鼠曲草的蜜饼团，用以预防春季流行病。后来，人们将清明节和寒食节合二为一了。

农历五月初五，端午节，是很重要的节日。传说这一日是楚国诗人屈原投江的丧日，重要的食品是粽子。粽子古时按其形状称为"角黍"，用箬叶等包上黏米煮成。或以新竹截筒盛米为粽，并以五彩丝系上楝叶，投进江中，以祭奠屈原。

六月炎夏，兴食汤饼。汤饼指的是热汤面，意在以热攻毒，取大汗除暑气，亦为祛恶。

农历九月初九为重阳节，正值秋高气爽，人们争相出外郊游，野炊宴饮。富人或宴于台榭，平民则登高饮酒。这一日的食品和饮料少不了饼饵和菊花酒，传能令人长寿。

晋代陶渊明把重阳看作最快乐的一天，所谓"引吟载酒，须尽一生之兴"。他还有诗曰："菊花知我心，九月九日开；客人知我意，重阳一同来。"饮酒赏菊，确为一大乐趣。

农历十月初一，要吃黍子羹，北方人则吃麻羹豆饮，为的是"始熟尝新"。尝新即尝鲜，早已成俗，泛指享用应时的农产品。

到了十一月，采摘芜菁、冬葵等杂菜晾干，腌为咸菜酸菜。腌得好的，呈金钗之色，十分好看。南方人还用糯米粉、胡麻汁调入菜中炮制，用石块榨成，这样的咸菜既甜且脆，汁也酸美无比，常常作醒酒的良方。

农历十二月初八，称为"腊日"。这个节日除了举行驱鬼的仪式，还要以酒肉祭灶神，送灶王爷上天。祭灶由老妇人主持，以瓶作酒杯，用盆盛馔品。传说佛祖释迦牟尼是这一天成佛的，佛教徒此日要煮粥敬佛，这就是"腊八粥"。后来祭灶活动改在了农历十二月二十四。

还有一个重要的节日就是八月十五中秋节，中秋是一个食月饼庆团圆的突出家庭色彩的节日，据说是从先秦的拜月活动发展而来，魏晋时便已有中秋赏月的习俗，并成为后世普遍的风尚。

阅读链接

中华民族古老的节日及其饮食，作为民族传统几乎都流传了下来。尽管不少节日的形成都经历了长久的岁月，在南北朝时这些节日形成了比较完善的体系，而且本来一些带有强烈地方色彩的节日也被其他地区所接受，南北的界限渐渐消失。如本出北方的寒食和南方的端午，风俗波及南北，成为全国性的节日。后来一些节日饮食虽有所变化，但整体格局却并没有多大改变。节令食风，是华夏民族一份十分丰厚的文化遗产，这个传统一定还会弘扬光大。

兼收并蓄的唐代饮食风俗

我国南北朝分裂的局面,直到隋唐时得到大统一,历史又进入到一个最辉煌的发展时期。政局比较稳定,经济空前繁荣,人民安居乐业,饮食文化也随之发展到新的高度。

盛世为人们带来了无穷欢乐,唐代大诗人李白在其诗《行路难》中所说的"金樽清酒斗十千,玉盘珍羞直万钱",正是当时人们生活的写照。

从魏晋时代开始,官吏升迁,要办高水平的喜庆家宴,接待前来庆贺的客人。到唐代

李白登高饮酒

唐代宴饮图

时，继承了这个传统，大臣初拜官或者士子登第，也要设宴请客，还要向天子献食。唐代对这种宴席还有个奇妙的称谓，叫作"烧尾宴"，或直曰"烧尾"。这比起前代的同类宴会来，显得更为热烈。

烧尾宴的得名，其说不一。有人说，这是出自鱼跃龙门的典故。传说黄河鲤鱼跳龙门，跳过去的鱼即有云雨随之，天火自后烧其尾，从而转化为龙。功成名就则如鲤鱼烧尾，所以摆出烧尾宴庆贺。

不过，据唐人封演所著《封氏闻见录》里专论"烧尾"一节看来，其意别有所云。封演说道：

> 士子初登、荣进及迁除，朋僚慰贺，必盛置酒馔音乐，以展欢宴，谓之"烧尾"。说者谓虎变为人，惟尾不化，须为焚除，乃得为成人。故以初蒙拜受，如虎得为人，本尾犹在，气体既合，方为焚之，故云"烧尾"。一云：新羊入群，乃为诸羊所触，不相亲附，火烧其尾则定。唐太宗贞观中，太宗尝问朱子奢烧尾事，子奢以烧羊事对之。唐中宗李显时，兵部尚书韦嗣立新入三品，户部侍郎赵彦昭加官进爵，吏部侍郎崔浞复旧官，上命烧尾，令于兴庆池设食。

这样，烧尾就有了烧鱼尾、虎尾、羊尾三说。而热心于烧尾的太宗皇帝，也委实不知这"烧尾"的来由。一般的大臣只当是给皇上送礼谢恩，谁还去管它是烧羊尾、虎尾或是鱼尾呢！

烧尾宴的形式不止一种，除了喜庆家宴，还有皇帝赐的御宴，另外还有专给皇帝献的烧尾食。宋代陶谷所撰《清异录》中说，唐中宗时，韦巨源拜尚书令，照例要上烧尾食，他上奉中宗食物的清单保存在家传的旧书中，这就是著名的《烧尾宴食单》。

《烧尾宴食单》所列名目繁多，《清异录》仅摘录了其中的一些"奇异者"，即达58款之多，如果加上平常的，就不下百种。

从这58款馔品的名称，一则可见烧尾食之丰盛，二则可见中唐时烹饪所达到的水平，因为保存如此丰富完整的有关唐代的饮食史料，除此还不多见。

唐人举行比较重大的筵宴，都十分注重节令和环境气氛。有时本来是一些传统的节令活动，往往加进一些新的内容，显得更加清新活泼，盛唐时的"曲江宴"，就是极好的例子。

我国古时采用的科举考试的办法选拔官吏是从隋代开始的，唐代进一步完善了这个制度。每年进士科发榜，正值樱桃初熟，庆贺

> **尚书令** 官名。始于秦，西汉沿置，本为少府的属官，掌文书及群臣的奏章。汉武帝时以宦官司担任，汉成帝时恢复尚书令名称，权势渐重，领导尚书。东汉政务归尚书，尚书令成为对君主负责、总揽一切政令的首脑。

■ 唐代宴饮图

■ 唐代宴饮图

新进士的宴席便有了"樱桃宴"的雅号。

宴会上除了诸多美味之外,还有一种最有特点的时令风味食品就是樱桃。由于樱桃并未完全成熟,味道不佳,所以还得渍以糖酪,食用时赴宴者一人一小盅,极有趣味。

这种樱桃宴并不仅限于庆贺新科进士,在都城长安的官府乃至民间,在这气候宜人的暮春时节,也都纷纷设宴,馔品中除了糖酪樱桃外,还有刚刚上市的新竹笋,所以这筵宴又称作"樱笋厨"。这筵宴一般在农历三月初三前后举行,是自古以来上巳节的进一步发展。

皇帝为新进士们举行的樱桃宴,地点一般是在长安东南的曲江池畔。曲江池最早为汉武帝时凿成,唐时又有扩大,周回广达10余里。池周遍植柳树等树木花卉,池面上泛着美丽的彩舟。池西为慈恩寺和杏园,杏园为皇帝经常宴赏群臣的所在。池南建有紫云楼和彩霞亭,都是皇帝和贵妃们经常登临的处所。

长安唐代韦氏家族墓壁画中《野宴图》,描绘的大概是曲江宴的一幕场景,图中画着9个男子,围坐在一张大方案旁边,案上摆满了肴馔和餐具。人们一边畅饮,一边谈笑,生动地反映了当时的饮食文化。

把饮食寓于娱乐之中,本是先秦及汉代以来的传

曲江宴 又名"曲江会"。唐代新科进士正式放榜之日恰好就在上巳之前,上巳为唐代三大节日之一,皇帝亲自参加这种游宴,与宴者也经皇帝"饮点"。宴席间,皇帝、王公大臣及与宴者一边观赏曲江边的天光水色,一边品尝宫廷御宴美味佳肴。曲江游宴种类繁多,情趣各异。

统，到了唐代，则又完全没有了前朝那些礼仪规范的束缚，进入了一种更加放达的自由发展阶段。包括一些传统的年节在内，又融进了不少新的游乐内容。

比如宫中过端午节，将粉团和粽子放在金盘中，用纤小可爱的小弓架箭射这粉团粽子，射中者方可得食。因为粉团滑腻而不易射中，所以没有一点本事也是不大容易一饱口福的。不仅宫中是这样，整个都城也都盛行这种游戏。

每逢年节，一些市肆食店，也争相推出许多节日食品，以招徕顾客。《清异录》记载，唐长安皇宫正门外的大街上，有一家很有名气的饮食店，京人呼为"张手美家"。这家店的老板不仅可以按顾客的要求供应所需的水陆珍味，而且每至节令还专卖一种传统食品，结果京城很多食客被吸引到他的店里。

唐代起野宴深入民间，甚至出现了仕女们的"探春宴"，即仕女们在立春至谷雨间自做东道主，晨起

杜甫（712—770），字子美，自号少陵野老，唐代伟大的现实主义诗人，杜甫在我国古典诗歌中的影响非常深远，被后人称为"诗圣"，他的诗被誉为"诗史"。

■ 古画宴饮图

到郊外，先踏青，再设帐，围绕着"春"字行令品酒、猜谜讲古，作诗联句，日暮方归。

还有一种"裙幄宴"，即青年妇女到曲江游园时，以草地为席，周围插上竹竿，将裙子挂成临时幕帐进行饮宴。在唐代人看来，饮食并不只为口腹之欲，并不单求吃饱吃好为原则，他们因此而在吃法上变换出许多花样来，更注重其文化内涵。

著名诗人白居易，曾任杭州苏州刺史，大约在此期间，他举行过一次别开生面的船宴。他的宅院内有一大池塘，水满可泛船。他命人做成100多个油布袋子，装好酒菜，漂在水中，系在船的周围随船而行。开宴后，吃完一种菜，又随意从水中捞上另一种菜，宾客们被弄得莫名其妙，不知菜酒从何而来。

这时的烹饪水平也为适应人们的各种情趣提高了档次，大型冷拼盘开始出现了。《清异录》载：唐代有个庖术精巧的梵正，是个比丘尼，她以鲊、鲈脍、肉脯、盐酱瓜蔬为原料，"黄赤杂色，斗成景物，若坐及20人，则人装一景，合成《辋川图》小样"。这空前绝后的特大型花色拼盘，美得让人只顾观赏，不忍食用。

在唐代时，并不是所有官僚富豪们全都如此奢侈，也并不是每一种筵席都极求

> **人日** 亦称"人胜节""人庆节""人口日""人七日"等，在农历正月初七。传说女娲初创世，在造出了鸡狗猪羊牛马等动物后，于第七天造出了人，所以这一天是人类的生日。汉朝开始有人日节俗，魏晋后开始重视。

■ 《韩熙载夜宴图》（局部）

丰盛。宪宗李纯时的宰相郑余庆，就是一个不同凡流的清俭大臣。

有一天，郑余庆忽然邀请亲朋官员数人到家里聚会，这是过去不曾有过的事，大家感到十分惊讶。这一日大家天不亮就急切切地赶到郑家，可到日头升得老高时，郑余庆才出来同客人闲谈。

过了很久，郑余庆才吩咐厨师"烂蒸去毛，莫拗折项"，客人们听到这话，要去毛，别弄断了脖子，以为必定是蒸鹅鸭之类。

■ 桃李园夜宴图

不一会儿，仆人们摆好桌案，倒好酱醋，众人就餐时才大吃一惊，每人面前只不过是粟米饭一碗，蒸葫芦一枚。郑余庆自己美美地吃了一顿，其他人勉强才吃了一点点。

唐代国家统一、交通发达，陆路和海上丝绸之路比较畅通。当时推行比较宽松的政策，国内各民族交往密切，互通有无，中外经济交往频繁，使唐朝经济空前的繁荣，也奠定了中华民族传统饮食生活模式的基础。

唐代也是我国传统饮食方式逐渐发生变化的时期。到了东汉以后，胡床从西域传入中原地区，它作

《清异录》 北宋陶谷著，我国古代一部重要笔记，保存了我国文化史和社会史方面的很多重要史料，它借鉴类书的形式，分为天文、地理、君道、官志、人事、酒浆、馔羞、熏燎、丧葬等共37门。

■ 夜宴图

《辋川图》 传为王维创作的一幅画。辋川为地名,在西安东南的蓝田县境内,因谷水汇合如车辋之形,故有此名。辋川是唐代著名诗人宋之问和著名山水诗人兼画家王维的别墅所在地。

为一种坐具,渐被普遍使用。由于坐胡床必须两脚垂地,这对传统席地跪坐的传统进食方式产生了根本性的改变。

唐太宗时,中亚的康国献来金桃银桃,植育在皇家苑囿。东亚的泥婆罗国遣使带来菠绫菜、浑提葱,后来也都广为种植。

在长安有流寓国外的王侯与贵族近万家,还有在唐王朝供职的诸多外国官员,各国还派有许多留学生到长安来,专门研习中国文化,长安作为全国的宗教中心,吸引了许多外国的学问僧和求法僧来传经取宝。

此外,长安城内还会集有大批外国乐舞人和画师,他们把各国的艺术带到了我国。长安城中还留居着大批西域各国的商人,以大食和波斯商人最多,有时达数千之众。

一时间,长安及洛阳等地,人们的衣食住行都崇尚西域风气。正如诗人元稹《法曲》所云:"自从胡骑起烟尘,毛毳腥膻满咸洛。女为胡妇学胡妆,伎进胡音务胡乐。"外国文化使者们带来的各国饮食文化,如一股股清流汇进了大中华的汪洋,使华夏悠久的文明溅起了前所未有的波澜。

在长安西市饮食店中,有不少是外商开的酒店,唐人称它们为"酒家胡"。唐代文学家王绩待诏门下省时,每日饮酒一斗,时称"斗酒学士",他所作诗中有一首《过酒家》云:"有钱须教饮,无钱可别沽。来时常道贳,惭愧酒家胡。"写的便是闲饮胡人酒家的事。

酒家胡中的侍者,多为外商从国外携来,女子称为"胡姬"。这样的异国女招待,打扮得花枝招展,不仅侍饮,且以歌舞侑酒,备受文人雅士们的青睐。

李白也是酒家胡的常客,还有好几首诗都写到

> **胡床** 亦称"交床""交椅""绳床",是古时一种可以折叠的轻便坐具,后俗称"马扎",马扎功能类似小板凳,但人所坐的面非木板,而是可卷折的布或类似物,两边腿可合起来,不仅可在室内使用,外出时还便于携带。

■ 桃李园宴图

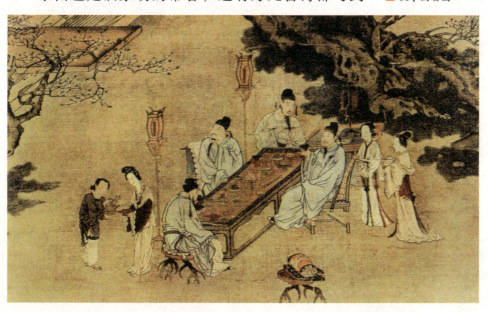

■ 唐代乐舞

进饮酒家胡的事。如《少年行》："五陵年少金市东，银鞍白马度春风。落花踏尽游何处，笑入胡姬酒肆中。"

游春之后，要到酒家胡喝一盅。朋友送别也要到酒家胡饯行。酒家胡经营的品种，当主要为胡酒胡食，也经营仿唐菜。贺朝《赠酒店胡姬》诗云："胡姬春酒店，管弦夜铿锵……玉盘初脍鲤，金鼎正烹羊。"其中鲤鱼脍则是正统的中国菜。

唐代时有一个小邦叫摩揭陀国，在唐太宗时曾遣使来长安。当摩揭陀使者谈到印度砂糖时，太宗皇帝极感兴趣，专派使者去摩揭陀求取熬糖技法，在扬州试验榨糖，结果所得蔗糖不论色泽与味道都超过了西域。蔗糖的制成，使得我国食品又平添几多甜蜜。

以食当药也是唐代饮食文化的又一大特色。《千金食治》是唐代出现的专门研究食疗的著作。唐初医药学家孙思邈，少时因病而学医，一生不求官名，一

元稹（779—831），唐朝著名诗人。与白居易共同倡导新乐府运动，世称"元白"，诗作号为"元和体"。其诗辞浅意哀，仿佛孤凤悲吟，极为扣人心扉，动人肺腑。元稹的创作，以诗成就最大。

心致力医药学研究。他著有《备急千金要方》和《千金翼方》等，被后人尊为"药王"。孙思邈的这两部著作有专章论述食疗食治，对食疗学的发展产生了深远的影响。

道教作为世界上唯一以养生为宗旨的宗教，它的勃兴，极大地推动了养生文化的发展。唐代的养生风潮，在饮食文化上的表现有三：其一，药膳和药酒大量出现；其二，用水果养生美容成为时尚；其三，饮茶的普及。

我国素来注重饮食烹调，到了唐代，已经将饮食文化发展到了极致。唐代的菜肴制作更加注重艺术造型和色、香、味、形、器的统一。丰富的饮食文化，促成了高、中、低三个档次的菜肴：

高档为宫廷宴用菜，如韦巨源烧尾宴食单所列的58种菜肴，以及唐玄宗时李林甫家所用甘露羹、唐懿宗同昌公主所食"消灵炙"、唐玄宗请安禄山所食野猪、唐玄宗时虢国夫人家厨邓连所制灵沙、武则天时张易之嗜好的"鹅鸭炙"、安禄山向唐玄宗所献鹿尾酱、唐文宗时仇士良家所用的"赤明香"、唐玄宗与杨贵妃在华清宫同食的驼蹄羹、唐武宗时宰相李德裕所用李公羹等。

中档一般为官吏日常用菜，其中有隋代流传下来的鱼干脍、咄嗟

> **高昌** 西域古国，位于新疆吐鲁番东南之哈喇和卓地方，是古时西域交通枢纽。地当天山南路的北道沿线，为东西交通往来的要冲，亦为古代新疆政治、经济、文化的中心地之一，是世界宗教文化荟萃的宝地之一。

■ 太白醉酒图

脍、浑羊殁忽、金齑玉脍，以及白沙龙、串脯、生羊脍、飞鸾脍、红虬脯、汤丸、寒具肉、葫芦鸡、黄金鸡、鲵鱼炙、剔缕鸡、羊臂、热洛河、菊香齑、无心炙等。

低档为市民普遍用菜，是一些大众食品，有千金圆、乌雌鸡汤、黄芪羊肉、醋芹、杂糕、百岁羹、鸭脚羹、酉羹、杏酪、羊酪、黄粱饭、青粳饭、雕胡饭、庚家粽子、防风粥、神仙粥、麦饭、槐叶冷淘、松花饼、长生面、五福饼、消灾饼、古楼子、赟字五色饼、玉尖面、细供没忽羊羹等。

这些食品的制作很有特色，充分反映了唐代饮食习俗的丰富多彩以及高超的烹饪制作水平。

唐代经济繁盛，文化活跃，全国各地相互交流密切。饮食文化也获得了大交融、大发展。尽管胡汉民族在饮食原料的使用上都在互相融合，但在制作方法上还是照顾到了本民族的饮食特点。这种吸收与改造极大地影响了唐代及其后世的饮食生活，使之在继承发展的基础上最终形成了包罗众多民族特点的中华饮食文化体系。

阅读链接

唐代饮食文化的魅力正是唐代社会开放的结果。是畅通的中外文化交流、宗教信仰自由的开明政策、无忧无虑的生活环境所造成的。宽松的文化发展环境带给人类的绝不仅仅是广阔的思维空间，而是包括自信心、想象力和思维灵感，以及海纳百川、兼容并蓄的博大胸怀。这也是唐朝饮食文化无穷魅力所在。

雅俗共赏的宋代饮食文化

自五代开始,梁、晋、汉、周,皆定都于汴京,就是今开封,公元960年,宋太祖赵匡胤发动陈桥兵变建立宋王朝,都城依然定在开封,或称为"东京汴梁"。连续几个朝代的建都,给汴梁带来很大发展。汴梁比起汉唐的长安,民户增加10倍,成为历史上规模空前的大都会。

宋代东京模型图

别具风采的衣食生活

■《清明上河图》（局部）

《清明上河图》
宋代杰出画家张择端所绘，5米多长的画幅，十分细致生动地展示了以虹桥为中心的汴河及两岸车船运输和手工业、商业、贸易等方面紧张忙碌的活动，纵横交错的街道，鳞次栉比的店铺，熙熙攘攘的人流，交汇成一派热闹繁华的景象。

宋代杰出画家张择端所绘《清明上河图》，是反映汴梁市民生活和商业活动的鸿篇巨制。汴梁人的饮食生活，是《清明上河图》描绘的重点之一，图中表现的店铺数量最多的是饮食店和酒店，可以看到店里有独酌者，也有对饮者，还有忙碌着的店主。充分反映了宋代的饮食风俗。

宋代饮食颇具特色，与前代相比，宋代百姓的饮食结构有了较大的变化，素食成分增多，素食的工艺成分更加明显，式样也更多了。

在宋代，饼作为一种主食，是百姓餐桌上不可缺少的一部分。宋代凡是用面粉做成的食品，都可叫饼。烤制而成的叫烧饼，水瀹而成的称为"汤饼"，在笼中蒸成的馒头叫蒸饼。

宋仁宗名赵祯，为了避皇帝名讳，人们又将蒸饼改成炊饼，亦名"笼饼"，类似后世馒头。《水浒

传》中的武大郎在街头叫卖时所喊的"炊饼",指的就是馒头。

烧饼又称"胡饼",开封的胡饼店出售的烧饼有门油、菊花、宽焦、侧厚、髓饼、满麻等品种,油饼店则出售蒸饼、糖饼、装合、引盘等品种,食店和夜市还出售白肉胡饼、猪胰胡饼和菜饼之类。

馓子又名"环饼",宋代文学家苏轼诗称"碧油煎出嫩黄深",说明是油炸面食。另有"酥蜜裹食,天下无比,入口便化",也是用米粉或面粉制成。

宋人面食中还有带馅的包子、馄饨之类,如有王楼梅花包子、曹婆婆肉饼、灌浆馒头、薄皮春茧包子、虾肉包子、肉油饼、糖肉馒头、太学馒头等名目。宋真宗得子喜甚,"宫中出包子以赐臣下,其中皆金珠也",这是以"包子"一词寓吉祥之意。

宋代南北主食的差别明显,但由于北宋每年漕运六七百万石稻米至开封等地,故部分北方人,特别是官吏和军人也以稻米做主食。

宋人的肉食中,北方比较突出的是羊肉。北宋时,皇宫"御厨止用羊肉"。陕西冯翊县出产的羊肉,时称"膏嫩第一"。

大致在宋仁宗、宋英宗时期，宋朝又从"河北榷场买契丹羊数万"。宋神宗时，一年御厨支出为"羊肉四十三万四千四百六十三斤四两，常支羊羔儿一十九口，猪肉四千一百三十一斤"，可见猪肉的比例很小。

宋哲宗时，高太后听政，"御厨进羊乳房及羔儿肉，下旨不得以羊羔为膳"，说明羊羔肉尤为珍贵。即使到南宋孝宗时，皇后"中宫内膳，日供一羊"。有人写打油诗说："平江九百一斤羊，俸薄如何敢买尝。只把鱼虾充两膳，肚皮今作小池塘。"

随着南北经济交往的日益密切，京都开封的肉食结构也逐渐发生变化。大文豪欧阳修诗说，在宋统一中原以前，"于时北州人，饮食陋莫加。鸡豚为异味，贵贱无等差"。自"天下为一家"后，"南产错交广，西珍富邛巴。水载每连轴，陆输动盈车"。

尽管如此，苏轼诗中仍有"十年京国厌肥"之句，说明在社会上层中，肉食仍以羊肉为主。

在宋代农业社会中，牛是重要的生产力。官府屡次下令，禁止宰

苏轼烧肉犒劳湖工

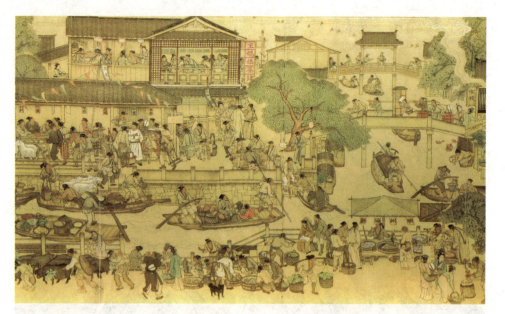

■ 宋代集市壁画

杀耕牛。宋真宗时，西北"渭州、镇戎军向来收获蕃牛，以备犒设"，皇帝特诏"自今并转送内地，以给农耕，宴犒则用羊豕"。官府的禁令，又使牛肉成为肉中之珍。

鸡、鸭、鹅等家禽，还有兔肉、野味之类，也在宋代的肉食中占有一定比例。在当时，江河湖海中的水产品是取之不尽、用之不竭的。

开封市场饮食店出售的菜肴有新法鹌子羹、虾蕈羹、鹅鸭签、鸡签、炒兔、葱泼兔、煎鹌子、炒蛤蜊、炒蟹、洗手蟹、姜虾、酒蟹等。开封的新郑门、西水门和万胜门，每天"生鱼有数千担入门……谓之车鱼，每斤不上一百文"。

苏轼描写海南岛的饮食诗写道，"粤女市无常，所至辄成区。一日三四迁，处处售鱼虾"。南方的水产无疑比北方更加丰富和便宜。

宋代对肉类和水产的各种腌、腊、糟等加工也

苏轼（1037—1101），字子瞻，又字和仲，号东坡居士，宋代重要的文学家，宋代文学最高成就的代表。其文纵横恣肆，为"唐宋八大家"之一，与欧阳修并称"欧苏"。其诗题材广阔，清新豪健，善用夸张比喻，独具风格，与黄庭坚并称"苏黄"。词开豪放一派，与辛弃疾并称"苏辛"。又工书画。

宋朝宴会图

有相当发展。市上出售的有胡羊、兔、糟猪头、腊肉、鹅、玉板、黄雀、银鱼、鲞鱼等。大将张俊赋闲后，宋高宗亲至张府，张俊进奉的御筵中专有"脯腊一行"，包括虾腊、肉腊、奶房、酒醋肉等11品。

在广南一带，"以鱼为腊，有十年不坏者。其法以及盐、面杂渍，盛之以瓮。瓮口周为水池，覆之以碗，封之以水，水耗则续，如是故不透风"。成为腌渍鱼的有效方法。

东京名商号东华门何吴二家的鱼，是用外地运来的活鱼加工而成的。由于是切成十数小片为一把出售，故又称"把"。由于它是风干后才入的料，所以味道鲜美，易于保存，成为当时一道名菜，以至时人有"谁人不识把"的说法。

"洗手蟹"也在宋代风靡一时，将蟹拆开，调以盐梅、椒橙，然后洗手再吃，所以叫洗手蟹。

宋时果品的数量、质量和品种都相当丰富。洛阳的桃有冬桃、蟠桃、胭脂桃等30种，杏有金杏、银杏、水杏等16种，梨有水梨、红梨、雨梨等27种，李有御李、操李、麝香李等27种，樱桃有紫樱桃、腊樱桃等11种，石榴有千叶石榴、粉红石榴等9种，林檎有蜜林檎、花红林檎等6种。

宋时的果品也有各种加工技术。如有荔枝、龙眼、香莲、梨肉、枣圈、林檎旋之类干果，蜜冬瓜鱼儿、雕花金橘、雕花柹子之类"雕花蜜饯"，香药木瓜、砌香樱桃、砌香葡萄之类"砌香咸酸"，荔枝甘露饼、珑缠桃条、酥胡桃、缠梨肉之类"珑缠果子"。

宋代书法家蔡襄的《荔枝谱》中，介绍荔枝的三种加工技术。一是红盐，"以盐梅卤浸佛桑花为红浆，投荔枝渍之。曝干，色红而甘酸，三四年不虫，然绝无正味"。二是白晒，用"烈日干之，以核坚为止，畜之瓮中，密封百日，谓之出汗"。三是蜜煎，"剥生荔枝，榨出其浆，然后蜜煮之"。

在宋代的食品市场上，清凉饮料也很受市民欢迎，主要有甘豆汤、豆儿水、鹿梨浆、卤梅水、姜蜜

> **蔡襄**（1012—1067），字君谟，先后在宋朝中央政府担任过馆阁校勘、知谏院、直史馆、知制诰、龙图阁直学士、枢密院直学士、翰林学士、三司使、端明殿学士等职。为人忠厚、正直，讲究信义，且学识渊博，书艺高深，书法史上论及宋代书法，素有"苏、黄、米、蔡"四大书家的说法，蔡襄书法以其浑厚端庄，淳淡婉美，自成一体。

■ 宋朝宴会图

水、木瓜汁、沉香水、荔枝膏水、苦水、金橘团、雪泡缩皮饮、梅花酒、五苓大顺散、紫苏饮、椰子酒等。这些饮料可以说是一种保健饮料，有些还具有药物的成分。

老百姓在风调雨顺的年景，也会借助一些传统年节来进行较为丰盛的饮食活动，用以满足平日里不易满足的口腹之欲。宋代民间传统的节日是新年、元宵、清明、端午、中秋、重阳、腊八、除夕等。宋人在这些节日中较重于交际，一般不厮守家中，往往出游郊野，都城之中，更是倾城出动。尤其是清明、端午、重阳，亲友多以食物作为馈赠，以增进情谊。

宋代还新立有一些传统中没有的节日，如农历六月初六，正当炎夏，临安人此日都到西湖边，"纳凉避暑，流连柳影……或酌酒以狂歌，或围棋或垂钓，游情寓意，不一而足"。甚至还有不少人留宿湖心，至月上始还。

这一日的食物主要有荔枝、杨梅、新藕、甜瓜、紫菱、粉桃、金橘。南宋大诗人杨万里《晓出净慈寺送林子方》诗"毕竟西湖六月中，风光不与四时同。接天莲叶无穷碧，映日荷花别样红"，写的便是此景。

宋人端午节包粽子

十二月隆冬，遇到天降瑞雪，富贵人家则要开筵饮宴，做雪灯、雪山、雪狮等，以会亲朋挚友诗人才子，要以腊雪煎茶，吟诗咏曲，更唱迭和。

农历十二月二十五，士庶之家要煮赤豆糖粥祀饮食之神，称为"人口粥"，所畜猫狗亦有一份，为的是祈福除瘟疫。这一类饮食活动，表达了人们企求幸福与丰收的愿望。

到了南宋，临安取代汴梁一跃而为全国最大的商业都市

■《文会图》

后，饮食业仍是其最大的服务行业，有茶坊、酒肆、面店、果子、油酱、食米、下饭鱼肉鲞腊等。

临安在我国南方，稻和粟是主食，主要用于煮饭和熬粥。临安一带的粥品有七宝素粥、五味肉粥、粟米粥、糖豆粥、糖粥、糕粥等。

糯米食品还有栗粽、糍糕、豆团、麻团、汤团、水团、糖糕、蜜糕、栗糕、乳糕等。蓬糕是"采白蓬嫩者，熟煮，细捣，和米粉，加以白糖，蒸熟"而成。水团是"秫粉包糖，香汤浴之"，粉糍是"粉米蒸成，加糖曰饴"。

宋代还有米面，时称"米缆"或"米线"，南宋诗人谢枋得诗描写"米线"说，"翕张化瑶线，弦直又可弯。汤镬海沸腾""有味胜汤饼"。粽子"一名角黍"，宋时"市俗置米于新竹筒中，蒸食之"，称"装筒"或"筒粽"，其中或加枣、栗、胡桃等类，用于端午节。这种风俗流传后世。

临安食店多为北来的汴人所开办，有羊饭店、南食店、馄饨店、菜面店、素食店、焖饭店，还有专卖虾鱼、粉羹、鱼面的家常食店，为一般市民经常光顾的场所。此外还有茶坊，除主营茶饮外，也兼营其他饮料，有漉梨浆、椰子酒、木瓜汁、绿豆汤、梅花酒等。

不论是汴梁还是临安，酒楼食店的装修都极考究，大门有彩画，门内设彩幕，店中插四时花卉，挂名人字画，用以招徕食客。在高级酒楼内，夏天还增设降温的冰盆，冬天则添置取暖的火箱，使人有宾至如归的感觉。酒楼还备有乐队，有乐手十余人至数十人，清歌妙曲，为客侑食。有些顾主想在家里宴请宾客，酒店还可登门代办筵席，包括布置宴会场所和租赁全套餐具。

据南宋大诗人陆游《老学庵笔记》，南宋筵宴还有一位司事礼仪的人，称作"白席人"。白席人代主人指挥客人如何预宴，负责将客人中贵宾的行为作为其他客人的表率，指引客人进餐。如贵宾动筷子吃了某样菜肴，白席人便高唱一声某人吃了什么，请众客同吃。

宋代两京食店经营的品种十分丰富，以宋末周密《武林旧事》所载临安的情形看，开列的菜肴兼合南北两地的特点，受到人们的广泛喜爱。

> **阅读链接**
>
> 宋代饮食风尚虽然以宫廷为旗帜，但引领时尚潮流的却是民间的饮食文化。两宋百姓是我国古代历史上正式开始三餐制的。在此之前，按礼仪天子一日四餐，诸侯一日三餐，平民一日两餐。三餐制直接带动餐饮业的繁华，也带来了市坊餐饮间的竞争，除了在各种菜品、餐具上的争奇斗艳，一般著名的酒楼会不惜千金请人赋写诗词以增加自家酒楼的名气。而一些不知名的小店也会打出"孙羊肉""李家酒"等特色招牌。

注重文雅养生的明代饮食

经过宋、元的更迭，各民族间交流融合，尤其是元朝医学家、营养学家忽思慧于1330年撰成的《饮膳正要》，是我国古代最早的一部集饮食文化与营养学于一身的著作。在明代，我国饮食文化发展到一个新阶段。

明代也是我国饮食业的积淀与总结时期，饮食在前代的基础上不断地发展创新，这些都是明代饮食业中的新因素。

郑和七次下西洋，除了一系列政治、经济、文化等作用外，在饮食上使一些海味如鱼翅、燕窝、海参在明代登上宴席，成为人们喜爱和珍贵的饮食。明代关于鱼翅的记载也较

朱元璋画像

多，医学家李时珍在《本草纲目》等书里都有记载。

在明代，饮食中更以精致细作为盛事，出现了许多美食家，他们不仅精于品尝和烹饪，也善于总结烹调的理论和技艺。宋元以来，我国的烹饪著作就非常丰富，明代的食书更多，不胜枚举。

在讲究美食、美味的同时，我国传统的养生之道，在明代饮食思想中新发展表现为，把饮食保健的意义提高到以"尊生"为目的，在各类饮食著作中受到普遍的重视和发挥。

明朝时创造了灿烂辉煌的文化，其中一个突出的特点就是市民经济和市民文化这两种文化，这种文化注重享乐，表现在美食上就是宫廷菜(官宦菜)和江湖菜的双峰并峙。

因为社会物质的丰富，文化的繁荣，饮食行业在民间也逐渐走出了"吃"的局限，成为了一种独特的娱乐方式。

明代的宫廷饮食机构可分外廷和内廷两大系统，外廷饮食机构是国家官署的一部分，负责以国家或朝廷的名义举办的各种祭祀、宴饮的饮食；内廷饮食机构属宫内机构的一部分，主要负责皇帝御膳的制作。明代宫廷饮食具有食物原料极其广博、重视饮食养生保健、喜食时新果品肴馔。

在理论上阐述比较完备的当以明代戏曲作家高濂的《遵生八笺·饮馔服食笺》为首选。高濂从身体的构造和功能阐述了饮食和人身体的关系。他认为：

> 饮食活人之本也。是以一身之中，阴阳运行，五行相生，莫不由于饮食，故饮食进则谷气充，谷气充则血气盛，血气盛则筋力强。脾胃者五脏之宗，四脏之气皆察于脾。四时以胃气为本，由饮食以资气，生气以益精，生精以养气，气足以生神，神足以全身，相须以为用者也。

明代另一位著名的戏曲理论家何良俊也认为："食者，生民之天，活人之本也。故饮食进则谷气充，谷气充则气血盛，气血盛则筋力强。"如果要修生长寿就要在饮食上多加注意。所以说"故修生之士，不可以不美饮食"。

何良俊还提出了自己对美食的认识和看法，并非仅为佳肴美味，而是饮食观念上要注意一些规范和禁忌，如果饮食无所顾忌，就会生病甚至伤及生命。即"所谓美者，非水陆毕备异品珍馐之谓也。要生冷勿食，坚硬勿食，勿强食，勿强饮，先饥而食，食不过饱，先渴而饮，饮不过多……若生冷无节，饥饱失宜，调停无度，动生疾患，非为致疾，亦乃伤生……此之谓食宜，不知食宜，不足以存生"。

明人郝敬的认识则更深刻，他指出了士大夫养生的误区，认为人们伤生的因素中以饮食最为普遍且未被认识到，指出人们在饮食上过分追求的误区，引导人们对此加以警示：

> 今士大夫伤生者数等有以思虑操心，伤神久者十之一，奔竞劳碌，伤形久者，十之五，失意填志，伤气久者，十之八，淫昏冒色，伤欲久者十之九，滋味口腹，伤食久者十之十矣。饮食男女，于生久为要，而饮食尤急，人知饮食养生，不悟饮食害生也。
>
> 管子云食莫妙于弗饱，故圣人不多食，不以精细求厌足，易卦大过颐颐，养也。大过者，送久之卦。养大过则久。故道家辟谷，禅家以饥为度，以食为药，亦此意也。

在明人议论饮食的话语里，屡次提到"养生""存生""伤生"等字眼。可见明人在个体养生方面对饮食的重视程度。

明代绪绅士大夫之家大都讲究饮食之道，以此来呵护生命，达到长寿的目的。他们充分认识到了饮食对人生命的重要性。

思想解放了的明代文人不再对物质享受忌讳不已，"肉食者鄙"的教条已经在商品经济的冲击中、在人们思想解放的潮流中瓦解，甚至饮食上的享受也被视为一种很大的人生乐趣，让他们乐此不疲。

以吃会友，以吃结社在明代可谓比比皆是，宴饮不仅是品尝，还是人际交往的媒介。因此在文人的眼中，讲究吃喝不再是俗事，也是风雅之举。

古老的"医食同源"传统在明代的进一步发扬，丰富了食疗的品种，在我国的饮食文化中形成别具一格的养生菜。

所以明代的饮食理论是我国烹饪技艺和理论著述走向高峰的重要阶段。

明代的官宦注重饮食，讲求饮食之道，但各人都有自己的独特之处。所谓"三代仕宦，着衣食饭"。如明末文学家张岱就自称他家"家常宴会，但留心烹饪，危厨之精，遂甲江左"，可视为一个典型的例子。

张岱甚至亲力亲为，著书立说，他的祖父张汝霖曾经著有《饕史》四卷，张岱在此基础上修订成为《老饕集》。在这样的重视之下，仕宦之家的饮食大都精致而美味，博得大家的赞不绝口，让主人引以为荣。当然许多厨艺都是专有技术，秘不外传的。

此外，明人还从各方面对饮食问题加以认识，以便趋利避害，起到借鉴作用。如龙遵叙的《饮食绅言》可以看作是一部饮食规范性的专著，他以戒奢侈、戒多食、慎杀生、戒贪酒为篇章。《戒奢侈篇》从人身体健康和人的修养等方面论述了节俭、节食的好处。

明皇宫宴请使节蜡像

穆云谷在他的《食物纂要》中也强调饮食要"知节",认为知节则自然可以身心俱泰,强调饮食要有节制。

在明代系统总结中,以高濂的《序古诸论》为一篇杰作。他精研前代饮食著作,认为"饮食之宜当候已饥而进食,食不厌熟嚼无候,焦渴而引饮,饮不厌细呷。无待饥甚而食,食勿过饱,勿觉渴甚而饮,饮勿太频。食不厌精细,饮不厌温热"。又说"食饮以时,饥饱得中,冲气扁和,精血以生,荣卫以行,脏腑调平,神志安宁,正气冲实于内,元真会通于外,内外邪莫之能干,一切疾患无从作也"。

高濂强调不要等渴了再饮,饥了再食,吃饭不要过饱,饮水不要太频,饮食定时定量是防御疾病的基本要求,又专撰《饮食当知所损论》做出详细规范。他说:"饮食所以养生,而贪嚼无忌,则生我亦能害我。况无补于生而欲贪异味以悦吾口者,往往隐祸不小。"认为

明代文学家陈继儒画像

饮食不能无所顾忌，任意妄食，否则就会对身体造成危害。

高濂也认为淡味对于人的健康是很有好处的，反之则会有损身体，他说："人于日用养生务尚淡薄，勿令生我者害我，稗五味得为五内贼，是得养生之道矣。"是从编写《饮馔服食笺》的实际操作中体现自己的淡味思想的。"余集首茶水，次粥糜蔬菜，薄叙脯馔，醇醋、面粉、糕饼、果实之类，惟取适用，无事异常。"从编写食物的先后次序不同，作者的立场已经明白地表现了出来。

明代文学家陈继儒《读书镜》中则说："醉酸饱鲜，昏人神志，若蔬食菜羹，则肠胃清虚，无滓无秽，是可以养神也……凡人多以睡卧为宴息，饮食为滋补，不知多睡最损神气，禅家以睡为六欲之首，饮食厚味过多则昏人神智，抑遏阳气不得上升，善调摄者，夙兴夜寐，常使清明在躬。淡味少食则肠胃清虚，神气周流，疾病不作，此养生之要也，此可与同志者言之。"这又是从清淡食物可以让人头脑清楚，从食物对人的精神作用角度来论述淡食好处的。

明代袁黄的《摄生三要》确切地告诉人们：淡味的饮食相对于重味的饮食对人身体具有极大的滋补作用。另外，明代文学家洪应明也说："肥辛甘非真味，真味只是淡。神奇卓异非至人，至人只是常。"此外，万历时的进士祝世禄认为："世味配，至味无味。味无味者，能淡一切味。淡足养德，淡足养身，淡足养交，淡足养民。"

这些饮食理论既反映出对饮食淡味的认可和追求，也体现了一种为人处世、淡泊名利的态度，以达到修身养性的效果。

明代的文人时兴结社，有案可查的文人集团几近200个，以诗文唱酬应和的，读书研理的，讥评时政的，吹谈说唱的，还有专事品尝美味的，等等。这些宗旨不一，形态各异的社团，都有成文或不成文的会规社约，在士大夫中有一定的凝聚性。

在这些档次不一的社团中虽然以宴饮为目的的并不多，但所有的社团包括书院、学校都要以会餐作为重要的活动和礼仪。《明史·张简传》记述："当元季，浙中士大夫以文墨相尚，每岁必联诗社，聘一二文章钜公主之，四方名士毕至，宴赏穷日夜，诗胜者辄有厚赠。临川饶介为元淮南行省参政，豪于诗，自号醉樵，尝大集诸名士赋《醉樵歌》。"这种风尚在明代愈演愈烈。

> **阅读链接**
>
> 饮食是生命存在的第一需要，被称为人的活命之本。但人类与动物不同的是，饮食不仅为填饱肚子，也是生活享受的基本内容，此种欲望随着经济的发展，水涨船高，日益增强，到明代进入了一个新高度。这不单是明代商品经济的繁荣，改善了饮食的条件，以及豪门权贵奢侈淫欲的影响，还表现在启蒙思想中崇尚个性的导引，鼓动人们放纵欲望，追求人生的快乐和享受，并形成一股不可扼制的社会思潮。

集历代之大成的清代饮食

辽、金、元时期,北方少数民族的饮食习俗传入中原地区,而这种食俗很快就同中原传统食俗相结合,给中华饮食文化注入了新的活力。到了清代,这种食俗表现得最为典型。

满族人在入关前,保持着具有浓厚满族特色的烹饪宴饮方式,盛行"牛头宴""渔猎宴"等。入关后,又不断借鉴吸收汉族饮食精粹及

《万树园赐宴图》局部

■ 乾隆西湖行宫的御膳

礼仪方面的特点，逐渐形成了严谨、豪华的宫廷饮食规范。

清宫饮宴种类繁多，皇帝登基有"元会宴"，皇帝大婚有"纳彩宴""合卺宴"，皇帝过生日有"万寿宴"，皇后过生日有"千秋宴"，太后过生日有"圣寿宴"，招待文臣学士有"经筵宴"，招待武臣将军有"凯旋宴"。

另外，每逢元旦、上元、端午、中秋、重阳、冬至、除夕等，清宫都要办宴席，康乾盛世还举行过规模浩大的"千叟宴"。

道光以后，宫廷宴上还出现了字样拼摆装饰在佳馔之上，如"龙凤呈祥""万寿无疆""三阳开泰""福""禄""寿"等，以示喜庆吉祥之意。

精湛的宫廷烹饪技艺很快传入民间饮食业，各地纷纷效仿的菜谱，酒楼茶肆更是作为赚钱的招牌。由此，清代各地开始盛行专味宴席，如全羊席、全凤席、全龙席、全虎席、全鸭席等。

在清代康乾盛世还出现了"满汉全席"，满汉全

上元 又称为"元宵节"、上元佳节，是我国汉族的传统节日。正月是农历的元月，古人称夜为"宵"，而十五又是一年中第一个月圆之夜，所以称正月十五为元宵节。又称为小正月元夕或灯节，是春节之后的第一个重要节日。我国幅员辽阔，历史悠久，所以关于元宵节的习俗在全国各地也不尽相同，其中吃元宵、赏花灯、猜灯谜等是元宵节的几项重要民间习俗。

满汉全席的记载始见于清乾隆年间的文学家李斗所著的《扬州画舫录》。当代著名满汉饮食专家唐鲁孙先生对恢复满汉全席的推出给予了极大的关注,并提出许多具体意见,满汉全席的特点是:礼仪隆重,菜点繁多,选料考究,制作精细。

■ 满汉全席

千叟宴 最早始于康熙,盛于乾隆时期,是清宫中规模最大、与宴者最多的盛大御宴,在清代共举办过4次。清帝康熙为显示他治国有方,太平盛世,并表示对老人的关怀与尊敬,因此举办盛大御宴。康熙五十二年(1713),在畅春园第一次举行千人大宴,康熙帝即席赋《千叟宴》诗一首,故得宴名。

席是清代最高规格的宴席,是中华饮食文化物质表现的一个高峰。满汉全席集宫廷满席与汉席精华于一席,规模宏大,礼仪隆重,用料华贵,菜点繁多。

传说满汉全席是由苏州张东官所创,他也由此升为皇宫御厨,成为一代宗师。张东官本来做菜技艺一般,但他身藏两样绝活:一样在手上,他会一手耍杂技一般的切菜功夫;一样在嘴上,他有一条能尝出百味配料的舌头,而且巧舌善辩,能背大段菜名。

康熙皇帝擒鳌拜、平三藩后,国家安定,百姓安居,大清王朝进入了太平盛世。康熙深知"得人心者昌",他决定巡幸江南,访求前朝大贤,消除满汉嫌隙,但遭到朝中满族权贵严亲王等人的反对。

于是,康熙决定以"口腹之欲"作为突破口,去江南寻访美食。张东官就是在这期被选进了皇宫御膳房。张东官由于不懂规矩又不会做菜，因此在宫廷中险象环生，不得不逃出皇宫，但在逃跑的过程中，他博采众家之长，凭借自己的超人天赋，将中华民族各地美食精粹"烩"于一炉，成为一代厨艺宗师。

后来，张东官被重新召回皇宫，并成为千叟宴的主厨，在这次著名的大宴上大功告成。当时张东官自编一套一百零八品的宴席食谱，创立了满汉全席。

千叟宴之后，张东官辞去御膳房总管之职，在京城开了一家最大的酒楼，"为天下人做菜"。康熙御笔钦赐"满汉楼"招牌。满汉楼宾客盈门，"满汉全席"流传到民间，逐渐成为天下第一宴。

满汉全席还有一个传说，据说是清代阮元所创制的。阮元出任山东学政时，娶了山东曲阜孔子的七十二代后人孔璐华为妻。孔小姐下嫁阮元时，随孔小姐陪嫁过来的，还有4名厨师。这些厨师个个身怀绝技，深谙孔府烹饪之奥秘。

阮元后来仕途一帆风顺，做到三朝阁老，九省疆臣。由于历任重臣，俸禄充裕，阮元重用着一大批清客幕宾。加之内有名师主厨，外有雅士品味，此时的阮元在饮馔上也就不断花样翻新。

阮元在两广总督任内，曾以府菜为基础发展出一道席面，虽不及

满汉全席

■ 浙菜之杭帮菜

府菜规模,但也远远超出一般市面上的水平。由于这种席面能兼顾满汉人员的习惯,因此人们便称之为"满汉全席"。因此满汉全席便始自阮元。

满汉全席以北京、山东、江浙菜为主。世俗所谓满汉全席中的珍品,其大部分是黑龙江地区特产或出产,如鱼骨、鳇鱼子、猴头蘑、哈什蟆、鹿尾、鹿筋以及鹿脯等。后来,闽粤等地的菜肴也依次出现在巨型宴席之上。

满汉全席菜点数目和种类并无定式,以中国四大菜式之一为菜目主体,点心也不局限于满点,清代创新的品种均可入席,一般规格为名菜百种以上,点心50种左右,果品、小菜20种左右,山珍海味,水陆陈杂,分三次食用,称"三撤席",吃一整天。

满汉全席集我国名肴名食之大成,代表了清代烹饪技艺的最高水准,是中国古代烹饪文化的一项宝贵遗产。

清代时,又出现了一个膳食撰述高潮。清代文坛中不乏身兼美食家头衔的大才子,最具代表性的,当属剧作家李渔和大诗人袁枚。他们分别著有《闲情偶记》和《随园食单》,都是非常杰出的饮食著作。

李渔(1611—1680),初名仙侣,后改名渔,字谪凡,号笠翁。明末清初著名的文学家、戏曲家。18岁补博士弟子员,在明代中过秀才,入清后无意仕进,从事著述和指导戏剧演出。后居于南京,把居所命名为"芥子园",并开设书铺,编刻图籍,广交达官贵人、文坛名流。

李渔平生酷爱吃蟹，他认为最好的做法是以全蟹放在笼屉里蒸熟，贮以洁白如冰的大盘，而且必须亲自剥着吃，如果让别人代劳，则味同嚼蜡，自己一点一点剥着吃，仔细品尝，其乐无穷。

袁枚本人并不会厨艺，却是一名美食家，而《随园食单》则是他40余年美食实践的产品，以生花妙笔系统地论述了各种烹饪技术和300多种南北菜肴点心，可说是我国古代饮食文化的集大成之作。

《随园食单》理论与实践并重，提出了烹饪的20条"须知"，包括先天、作料、洗刷、调剂、配搭、独用、火候、色嗅、迟速、变换、器具、上菜、时节、多寡、洁净、用纤、选用、补救、本分等，作为烹饪人员的基本要求。

同时，又提出很多戒律，如"混浊""苟且""走油"之类。除了讲述许多菜肴的制作外，也讲了一些食俗的来龙去脉。《随园食单》在我国食文化史上有着极高的地位，反映着我国烹饪的最高成就和精华，此书被誉为专业水平最高的食谱。

此外，还有王士禛作《食宪鸿秘》，顾仲作《养小录》，等等。

在清代，我国饮食文化的另一最辉煌成就是"四大菜系"，即苏、粤、川、鲁4种烹饪流派的形成。这一形成过程可追溯到先秦，但

古代宴会场景布置

■ 清代《诗友宴会图》局部

狮子头 传说狮子头做法始于隋朝。隋炀帝以扬州万松山、金钱墩、象牙林、葵花岗四大名景为主题命人做成了松鼠鳜鱼、金钱虾饼、象牙鸡条和葵花献肉四道菜；唐代郇国公韦陟的家厨韦巨元亦擅做松鼠鳜鱼、金钱虾饼、象牙鸡条、葵花献肉四道名菜，令座中宾客叹服，葵花献肉遂被改名为"狮子头"。

一直到清代中期以后才真正定型，由此构成了我国烹饪文化的典型地域特点，反映着地理、气候、物产、文化的差异。

苏菜狭义指以扬州为中心的江苏地方菜系，从广义上说也包括浙江等东南沿海地区的烹饪系统，又称"淮扬菜"。

苏菜有四大特点：

一是讲究清淡，但又淡而不薄，注意保持食料的原汁原味，善用清汤，甜咸适度，反对辛香料使用过多，调味过重以致掩盖了食料本味；

二是善以江湖时令活鲜为原料烹制特色菜肴，如蟹黄狮子头、清蒸鲥鱼、西湖醋鱼、鲜藕肉夹等，均为远近闻名的美味；

三是点心小吃精美，品种极多，尤善以米制成的各类糕团；

四是味兼南北，因而易被南方人和北方人接受。

相传有人吃了西湖醋鱼，诗兴大发，在菜馆墙壁上写了一首诗：

裙屐联翩买醉来，绿阳影里上楼台，
门前多少游湖艇，半自三潭印月回。
何必归寻张翰鲈，鱼美风味说西湖，
亏君有此调和手，识得当年宋嫂无。

诗的最后一句，指的是"西湖醋鱼"创制传说。

相传古时有宋姓兄弟两人，满腹文章，很有学问，隐居在西湖以打鱼为生。当地恶棍赵大官人有一次游湖，路遇宋兄之妻，顿生歹念，就害死了宋兄。宋家叔嫂两人一起上官府告状，但没有成功。

回家后，宋嫂要宋弟赶快收拾行装外逃，以免恶棍报复。临行前，嫂嫂烧了一碗鱼，加糖加醋，烧法奇特。宋弟问嫂嫂：今天鱼怎么烧得这个样子？嫂嫂说：鱼有甜有酸，我是想让你这次外出，千万

苏菜蟹黄狮子头

■ 苏菜松鼠鱼

不要忘记你哥哥是怎么死的,你的生活若甜,不要忘记老百姓受欺凌的辛酸之处,不要忘记你嫂嫂饮恨的辛酸。弟弟听了很是激动,吃了鱼,牢记嫂嫂的心意而去。

后来,宋弟取得功名回到杭州,报了杀兄之仇。可这时宋嫂已经逃遁而走,一直查找不到。有一次,宋弟出去赴宴,宴间吃到一道菜,味道就是他离家时嫂嫂烧的那样,连忙追问是谁烧的,才知道正是他嫂嫂的杰作。宋弟找到了嫂嫂很是高兴,就辞了官职,把嫂嫂接回了家,重新过起以捕鱼为生的渔家生活……

粤菜源于广东,特别是珠江三角洲地区,既是岭南政治、经济、文化中心,又是具有2000年历史的古老港口。粤菜不仅基于传统的潮汕食俗,而且也吸收了往来广东的外国人引进的异国风味,经过改良创造,逐渐形成了自成一家的粤菜体系。

龙虎斗 又名"豹狸烩三蛇""龙虎凤大烩""菊花龙虎凤"。相传有个名叫江孔殷的人,生于广东,在京为官。回到家乡后,经常研究烹饪,想创制新名菜。有一年,他七十大寿时,便尝试用蛇和猫制成菜肴,蛇为龙、猫为虎,因二者相遇必斗,故名曰"龙虎斗"。

粤菜有四大特点：

一是收料广博，追求海鲜、野味，一些其他菜系所不用的食材如蛇、龙虱等，均为粤菜之美味；

二是调料与烹饪技法出新，如蚝油、沙茶等地方调料、咖喱等外来调料均常用于菜肴烹制，独到的烹饪技法有焗、煸等；

三是重滑、爽，许多菜肴强调火候宁欠勿过，以免使食料变老烧焦，不喜用芡汁过多；

四是讲营养、重滋补，食疗是粤菜所突出强调的。

此外，粤菜非常重视早餐，粥品、点心也极有特色，尤其是粥品可称为"我国之冠"，常以老母鸡、猪骨、干贝、腐竹等熬成底粥，称为"味粥"，然后随时把味粥舀进小锅里，用鱼、虾、蟹、田鸡、肉丸、猪杂、牛肉、鸡肉、鸭肉及姜、葱、胡椒粉等调味料生滚成多种粥品，不仅在炎热季节易于补充人体所需水分，而且极易消化。

粤菜的著名菜肴有烤乳猪、龙虎斗、东江盐焗鸡、大良炒牛奶等。其中以"龙虎斗"的由来最具历史性：

相传春秋战国时，楚庄王的武将越焦起兵谋杀庄王，企图篡位。庄王被逼至荆州地区清河桥一带展开鏖战。越焦势大，庄王不敌，战况十分危急。忠于庄王的大将养由基赶来助战，最后双方以箭法决定胜负。于是一个桥东，一个桥西，越焦先射三箭，均被养由基躲过。轮到养由基向越焦发射时，采用虚实并举的方法，第一箭空射，第二箭

粤菜白斩鸡

麻婆豆腐 主要原料由豆腐构成，其特色在于麻、辣、烫、香、酥、嫩、鲜、活。材料主要有豆腐、牛肉碎、辣椒和花椒等。此菜大约在清代同治初年，由成都北郊万福桥一家名为"陈兴盛饭铺"的小饭店老板娘陈刘氏所创。因为陈刘氏脸上有麻点，人称陈"麻婆"，她发明的烧豆腐就被称为"麻婆豆腐"。

■ 川菜麻婆豆腐

近射，第三箭实射，直中越焦咽喉。越焦被射死后，庄王设宴为养由基庆贺。庆功席上出现了蛇和猫肉制成的一道菜，菜定名为"龙虎斗"。

川菜的发源地是巴蜀，巴蜀四季常青，物产极丰富。历史上由于蜀道之难，所以偏安一隅，避免了多次中原战乱的直接影响，经济较繁荣，也推动了饮食文化的发展。

川菜继承了先秦巴蜀菜的特点，融合了秦食的精华，战国后吸取了迁徙入川的诸羌支系带来的河湟风味，汉、氐、羌移民带来的西北风味及西迁百越人带来的岭南风味等，于唐宋时期发展成了中国颇有影响的大菜系。

川菜的特点是菜式繁多，一菜一格，百菜百味，麻辣醇香。川菜调味以麻辣著称，常用辣椒、花椒，这与气候有关。四川常年空气湿度大，二椒有除湿作

■ 川菜宫保鸡丁

用,所以深受巴蜀人钟爱。

川菜的辣味变幻无穷,分香辣、麻辣、酸辣、胡辣、微辣、咸辣等数种,做到了辣而不死,辣而不燥,辣得适口,辣得有层次,辣得有韵味。

川菜烹饪手法繁多,尤善小煎小炒、干烧干煸,著名菜点数不胜数,如樟茶鸭子、麻婆豆腐、宫保鸡丁、棒棒鸡丝、水煮牛肉、毛肚火锅、干烧鱼等。四川小吃也相当著名,如赖汤圆、夫妻肺片、龙抄手、担担面等,地方色彩浓郁。

关于宫保鸡丁的来历,一般认为由清朝四川总督丁宝桢所创。丁宝桢是贵州毕节人。清咸丰年间进士,曾任山东巡抚,后任四川总督。他一向很喜欢吃辣椒与猪肉、鸡肉爆炒的菜肴,据说他在山东任职时,就命家厨制作酱爆鸡丁及类似菜肴,很合胃口。

丁宝桢调任四川总督后,每遇宴客,他都让家厨

> **丁宝桢**(1820—1886),字稚璜。他为官做事重大义,知变通,重实效,约束部属甚为严厉,为政清廉。常捐赠薪俸给困苦者,然自身却因生活所需而负债累累,至死未能还清。丧归时,赖僚属集资方成行。以勇于任事、吏治严整闻名于世。

用花生米、干辣椒和嫩鸡肉炒制鸡丁，肉嫩味美，很受客人赞赏。后来由于他戍边御敌有功被朝廷封为"太子少保"，人称"丁宫保"，其家厨烹制的炒鸡丁，也被称为"宫保鸡丁"了。

鲁菜的发源地是山东半岛濒临黄、渤海的齐国故都临淄和鲁国故都曲阜。鲁菜继承发扬了齐都饮食传统和孔府菜特色，形成了在北方享有很高声誉的著名菜系。

鲁菜是四大菜系中最富有宫廷韵味的菜系。鲁菜庄重大方，厨艺精深；同时高级大菜颇多，用料考究，擅长用燕窝、鱼翅、鲍鱼、海参、鹿肉、蘑菇、银耳、哈什蟆等高档食料烹制厚味大菜。

另外，鲁菜在营养方面偏重高热量、高蛋白，如九转肥肠、脆皮烤鸭、脱骨烧鸡、炸蛎黄等，以满足北方寒冷地区人民的饮食需求。

鲁菜烹法精于炒、熘、烩、扒，并喜以汤调味，如用老母鸡、猪蹄等制成的汤料溅锅，或以奶作汤汁，等等。

九转肥肠是鲁菜的代表菜肴。相传，清光绪年间有一杜姓巨商，在济南开办"九华楼"酒店。此人特别喜欢"九"字，干什么都要取

鲁菜九转大肠

■ 鲁菜葱烧海参

"九"字，九转本是道家术语，表示经过反复炼烧之意。九华楼所制的"烧大肠"极为讲究，其功夫犹如道家炼丹之术，故取名为"九转大肠"。

鲁菜佳品"氽西施舌"淡爽清新、脆嫩。相传，清末文人王绪曾赴青岛聚福楼开业庆典，宴席将结束时，上了一道用大蛤腹足肌烹制而成的汤肴，色泽洁白细腻，鲜嫩脆爽。王绪询问菜名，店主回答尚无菜名，求王秀才赐名。王绪乘兴写下"西施舌"三个字。从此，此菜得名"氽西施舌"。

除苏、粤、川、鲁四大菜系外，素菜系在我国也有悠久的历史和广泛的影响，至清代已经发展成熟。

在我国古代，当人们遇到自然灾害或者人为祸患时，就有斋戒吃素的习俗，以表示警醒或惩戒自己，并向神灵祈祷。后来佛教的盛行，更促进了素菜系的形成，并倡导了食素风尚。

素菜用料广泛，明代刘若愚记载了宫中所用素菜

脆皮烤鸭 早在公元400多年的南北朝，《食珍录》中即有"炙鸭"字样出现，南宋时，"炙鸭"已为"市食"中的名品。其时烤鸭不但已成为民间美味，同时也是士大夫家中的珍馐。后来元将伯颜将烤鸭技术传到北方，烤鸭成为元宫御膳奇珍之一。清代乾隆皇帝以及慈禧太后，都特别爱吃烤鸭。后来逐步由皇宫传到民间。

的产地、品种，有云南的鸡㙡，五台山的天花羊肚菜、鸡腿银盘菇，东海的石花、海菜、龙须、海带、鹿角、紫菜，江南的莴笋、糟笋、香菌，辽东的松子，苏北的黄花，都中的山药，南都的薹菜，武当山的莺嘴笋、黄精，北京北山的榛、栗、核桃、木兰芽、蕨菜、蔓青，等等，应有尽有。

豆腐也是典型的素菜原料，同白菜并列为素菜的两大支柱。寺院的斋菜为素菜的佼佼者，"文思"豆腐、"如意"素鱼、"花开见佛"发糕、"人生本味"酸梅汤等素食名称显示了佛家的幽玄而美妙，耐人寻味。

民间素菜也很盛行，上海功德林，广州菜根香，泰山斗姆宫等都为后世著名的素食馆，其全素菜和仿荤菜均达到了很高水平。仿荤菜不仅外形可以假乱真，而且风味甚至"能居肉食之上"，妙不可言。历代王公贵族也有崇尚素菜之习，如清宫御膳房就专设"素局"，专做素菜。

我国饮食文化历史悠久，经历了几千年的历史发展，已成为中华民族的优秀文化遗产、世界饮食文化宝库中的一颗璀璨的明珠。我国饮食文化博大精深，博采众长，在清代则达到了高峰。

阅读链接

包括"茶文化""酒文化"和"食文化"在内的中国传统饮食文化在中国传统文化中占有特殊地位。由于饮食是人类生存的最基本需求之一，也由于我国自古以来注重现世的务实精神，使得饮食在我国历来受到特别的重视。在汉代，甚至出现了"民以食为天"的口号，后世广为流传。正是由于饮食在我国的特殊地位，才创造出广博、宏大、精美的饮食文化，我国也被世界人民誉为"当之无愧的美食王国"。

东方文明

筷子文化

筷子是我国古代人民发明的独步世界的进食用具,称为"箸"。箸是两根形状、规格、材质完全一致的小棍,具有正直、坚韧、诚朴的象征,而且两只箸之间无任何机械联系,而通过手指的操作,默契和谐,协同动作,这正是中华民族性格的物化形象。

我国凡从3岁儿童开始均会使用筷子,它的普及性是任何一个生活用具都无法比拟的。筷子传承着中华民族的特色文化,无论到何时何地,中国人进食用具都很难离开筷子。筷子可谓是我国国粹,在世界各国餐具中独树一帜,被西方人誉为"东方的文明"。

源于远古煮羹而食的筷子

在我国古代,筷子叫"箸",有着悠久的使用历史。《礼记》中曾说:"饭黍无以箸。"可见至少在殷商时代,华夏先民已经使用筷子进食了。

在我国殷商时代,已经有了象牙筷子。《韩非子·喻老》载:

原始人狩猎场景复原图

■ 原始人生活场景复原图

"昔者纣为象箸，而箕子怖。"纣就是殷纣王。当时是殷代末期，纣王用象牙做筷子，这是有文字记载的第一双象牙筷子。

在殷墟等商代墓葬中，发现商代甲骨文有"象"字，还有"茯象"和"来象"的记载。《吕氏春秋·古乐》中也有"商人服象"之句。据《本味篇》载："旄象之约"，就是说象鼻也是一种美食。由此可知殷商时代中原野象成群。正因商代有象群可以围猎，才有"纣为象箸"的可能。

但是，这也并不是我国的第一双筷子，而仅仅是第一双象牙筷子。我国的筷子还要向前推1000年，最早的是竹木筷而不是象牙筷。人类的历史，是进化的历史，随着饮食烹调方法的改进，其饮食器具也随之不断发展。

在原始社会时期，大家以手抓食，到了新石器时

殷墟 我国商代后期都城遗址，是我国历史上被证实的第一个都城，位于河南安阳殷都小屯村周围，横跨洹河两岸，殷墟王陵遗址与殷墟宫殿宗庙遗址、洹北商城遗址等共同组成了规模宏大、气势恢宏的殷墟遗址。商代从盘庚到帝辛，在此建都达273年。

姜尚画像

代，我们的祖先进餐大多采用蒸煮法，主食米豆用水煮成粥，副食菜肉加水烧成多汁的羹，食粥可以用匕，但从羹中捞取菜肉则极不方便。当时，我们祖先由于生活在原始森林里，于是就在原始森林里折下树枝，在陶锅里把煮熟得很烫的菜夹出来或捞出来。

《礼记·曲礼》对此记载说，"羹之有菜用梜，其无菜者不用梜。"郑玄注"梜，犹箸也。"又说："以土涂生物，炮而食之。"即把谷子以树叶包好，糊泥置于火中烤熟。而更简单的方法，是把谷粒置火灰中，不时用树枝拨动，使其受热均匀而后食之。

先人是在这一过程中得到的启发，天长日久，人们发现以箸夹取食物不会烫手，制作又很方便。于是，就产生了最原始的筷子。但当时有长有短，有粗有细。在捞来捞去的过程中间，逐步产生了固定的形制。

远古的时候，筷子多是就地取材的树枝或木棍、天然的动物骨角，原始社会末期是修削后的木筷或竹筷。

夏商时期，又出现牙筷、玉筷。等到了殷纣王"纣为象箸"的时候，筷子已经形成了粗细长短都相同的状态。

而有关筷子的起源，在我国民间有3个传说。商周时期大军事家姜子牙与筷子的传说流传于四川等地，说的是姜子牙只会直钩钓鱼，其他事一件也不会干，所以十分穷困。他老婆实在无法跟他过苦日子，就想将他害死另嫁他人。这天姜子牙钓鱼又两手空空回到家中，老婆说："你饿了吧？我给你烧好了肉，你快吃吧！"

姜子牙确实饿了,就伸手去抓肉。窗外突然飞来一只鸟,啄了他一口。他疼得"啊呀"一声,肉没吃成,忙去赶鸟。

当姜子牙第二次去拿肉的时候,鸟又啄他的手背。姜子牙犯疑了:"鸟为什么两次啄我,难道这肉我吃不得?"

为了试鸟,姜子牙第三次去抓肉,这时鸟又来啄他。姜子牙知道这是一只神鸟,于是装着赶鸟一直追出门去,直追到一个无人的山坡上。

神鸟栖在一枝丝竹上,并呢喃鸣唱:"姜子牙呀姜子牙,吃肉不可用手抓,夹肉就在我脚下……"

姜子牙听了神鸟的指点,忙折了两根细丝竹回到家中。这时老婆又催他吃肉,姜子牙于是将两根丝竹伸进碗中夹肉,突然看见丝竹"咝咝"冒出一股股青烟。

姜子牙(前1156—前1017),姜姓,吕氏,名尚,一名望,字子牙,别号飞熊,商朝末年人。姜子牙后曾辅佐了西周王,称"太公望",俗称"太公"。西周初年,被周文王封为"太师"。姜子牙是齐国的缔造者,齐文化的创始人,亦是我国古代的一位影响久远的杰出韬略家、军事家与政治家,儒、法、兵、纵横诸家皆奉他为本家人物,被尊为"百家宗师"。

■ 原始人生活场景浮雕

姜子牙陶俑

姜子牙假装不知放毒之事，对老婆说："肉怎么会冒烟，难道有毒？"说着，姜子牙夹起肉就向老婆嘴里送。老婆脸都吓白了，忙逃出门去。

姜子牙这时明白此丝竹是神鸟送的神竹，任何毒物都能验出来，从此每餐都用两根丝竹进餐。

此事传出后，姜子牙的老婆不但不敢再下毒，而且四邻也纷纷学着用竹枝吃饭。后来效仿的人越来越多，用竹筷吃饭的习俗也就一代代传了下来。

第二个传说与妲己有关，流传于我国江苏一带。说的是商纣王喜怒无常，吃饭时不是说鱼肉不鲜，就是说鸡汤太烫，有时又说菜肴冰凉不能入口。结果，很多厨师都被严惩。

纣王的宠妃妲己也知道纣王难侍奉，所以每次摆酒设宴，她都要事先尝一尝，免得纣王咸淡不可口又要发怒。

有一次，妲己尝到有几碗佳肴太烫，可是调换已来不及了，因为纣王已来到餐桌前。妲己急中生智，忙取下头上长长的玉簪将菜夹起来，吹了又吹，等菜凉了一些再送入纣王口中。纣王非常高兴。

后来，妲己即让工匠为她特制了两根长玉簪夹菜，这就是玉筷的雏形。以后这种夹菜的方式传到了民间，便产生了筷子。

第三个传说与治水英雄大禹有关，流传于东北地区。尧舜时代，洪水泛滥成灾，舜帝命禹去治理水患。大禹受命后，发誓要为民清除洪水之患,所以三过家门而不入。他日日夜夜和洪水搏斗,别说休息,就是吃饭、睡觉也舍不得耽误一分一秒。

有一次,大禹乘船来到一个岛上,饥饿难忍,就架起陶锅煮肉。肉在水中煮沸后,因为烫手无法用手抓食。大禹不愿等肉锅冷却而白白浪费时间,他要赶在洪水暴发之前治水,所以就砍下两根树枝把肉从热汤中夹出,吃了起来。

从此后,为了节约时间,大禹总是以树枝、细竹从沸滚的热锅中捞食。这样可省出时间来制伏洪水。如此久而久之,大禹练就了熟练使用细棍夹取食物的本领。

手下的人见大禹这样吃饭,既不烫手,又不会使手上沾染油腻,于是纷纷效仿,就这样渐渐形成了筷子的雏形。

> **大禹** 姒姓,夏后氏,名文命,字高密,史称"大禹""帝禹",为夏后氏首领、夏朝第一任君王。相传,禹治理黄河有功,受舜禅让继帝位。在诸侯的拥戴下,53岁的禹正式即王位,国号夏,因此后人也称他为"夏禹"。

■ 大禹治水壁画

> **《史记》** 是西汉时期司马迁撰写的我国第一部纪传体通史,是二十四史的第一部,全书分12本纪、10表、8书、30世家、70列传,共130篇,52万余字,记载了我国从传说中的黄帝到汉武帝太初四年(前107),长达两千多年的历史。是我国传记文学的典范。

筷子的发明和使用,对中华民族智慧的开发是有一定联系的。尽管是一双简单得不能再简单的筷子,但它能同时具有夹、拨、挑、扒、撮、撕等多种功能。同时,成双成对的筷子也蕴含着"和为贵"的中华传统文明。

《礼记·曲礼上》又载:"羹之有菜者用梜,无菜者不用梜。"梜也就是筷子。先秦时,菜除了生吃外,多用沸水煮食。按照当年礼制,箸只能用于夹取菜羹,饭是不能动箸的,否则被视为失礼。

西汉司马迁《史记》也有此说:"犀玉之器,象箸而羹。"所以当年箸的作用较单纯,仅是用来夹取菜羹而已,至于吃饭依然保持原始的习俗,抓而食之。

祖上传下来的规矩,谁也不敢更改,怕违反食俗礼制。尽管抓食不卫生,又麻烦,但他们还是墨守成规,每餐以箸夹菜,以手捏饭,数百年不曾改变。

■ 制作筷子蜡像

还有一个重要的原因，要是以箸吃饭，必须有较轻小的碗，但商周时的食器都比较笨重，难以用一只手来捧持，另一只手用来握箸。即使是较小的"豆"，也是以盛肉为主，具有盖和高足，无法端在人们手中。

人们以左手持饭，右手握箸夹菜，一日三餐皆要如此，会感到这样进膳既麻烦又不方便，饭前要洗手抓饭，饭后抓饭黏糊糊的手更要洗，有人在厌烦之际，忽然发觉荚箸不但有夹菜的作用，同时也有扒饭入口的功能！

■ 西周漆豆

人们终于意识到了以手抓食的种种弊端，而又欣喜地发现箸的优点和多功能，于是将墨守成规的进餐旧俗加以改革，改成完全以箸夹菜吃饭。

但筷箸的优越性和多功能是客观存在的。当我们祖先渐渐发现箸不但能夹，还能拨、挑、扒、撮、剥、戳、撕等，也就人人欣喜地以箸在餐桌上扮演了除舀汤外的一统天下的角色。

战国晚期的墓葬中，已很少发现盘、匜等礼器。先秦之人因以手抓饭，所以饭前必以盘、匜洗手。随着时代的进化，先民懂得以箸代替手扒饭后，洗手不再是吃饭必要的礼仪，故用盘、匜陪葬也逐渐减少。盥洗盘匜陪葬的消失，也可说明筷箸在战国晚期或秦

匜 我国先秦时期礼器之一，用于沃盥之礼，为客人洗手所用。最早出现于西周中期后段，流行于西周晚期和春秋时期。其形制有点类似于瓢，前有流，后有鋬。为了防止置放时倾倒，在匜的底部常接铸有三足、四足，底部平缓一些的无足。周朝沃盥之礼所用水器由盘、盉组合变为盘、匜组合。

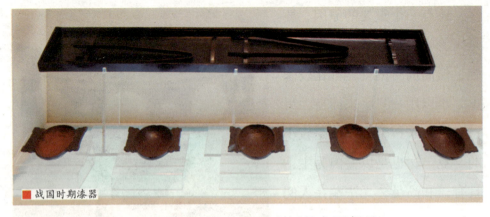

■ 战国时期漆器

始皇统一中国后,已成为华夏民族食菜和饭的主要餐具。

到了西汉初年,才出现圆足的平底小圆碗。从洛阳、丹阳和屯溪的西汉墓葬碗、盘来看,不少是釉陶,分量较轻而色泽皎洁。这种碗显然可配合筷箸吃饭使用,再从湖南长沙马王堆西汉初期墓葬出土的成套漆制耳杯和竹箸来看,可以肯定那时进餐全以筷箸来一统天下了。

阅读链接

大禹在治水中偶然产生使用筷箸的最初过程,使后世的人们相信这是真实的情形。它比姜子牙和妲己制筷子传说显得更纯朴和具有真实感,也符合事物发展规律。促成筷子诞生,最主要的契机应是熟食烫手。上古时代,因无金属器具,再因兽骨较短、极脆、加工不易,于是先民就随手采折细竹和树枝来捞取熟食。当年处于荒野的环境中,人类生活在茂密的森林草丛洞穴里,最方便的材料莫过于树木、竹枝。正因如此,小棍、细竹经过先民烤物时的拨弄,急取烫食时的捞夹,蒸煮谷黍时的搅拌,等等,筷子的雏形逐渐出现。这是华夏先民聪明智慧的体现。

筷子的材质与形态发展

筷子看起来简简单单，灵活小巧，却材质各异，种类繁多。东汉许慎《说文·竹部》："箸，饭攲也。从竹，者声。"攲是古代巧器。因此箸的本意指夹取食物的巧妙用具。年代最早的"箸"字出现在先秦石刻《诅楚文》中："箸诸石章，以盟大神之威神。"

到了春秋战国时期，由于青铜等冶金技术的发展，出现了庄重古朴的铜筷和铁筷，汉魏六朝，光亮秀丽的漆筷、精致名贵的银筷和金筷出现。后来，材质各异的筷子名目繁多，有象牙筷子、犀角筷子、乌木镶金筷子等。

我国历史上的筷子有100多款，常用的有木头的，竹子的。

■ 精美的筷子

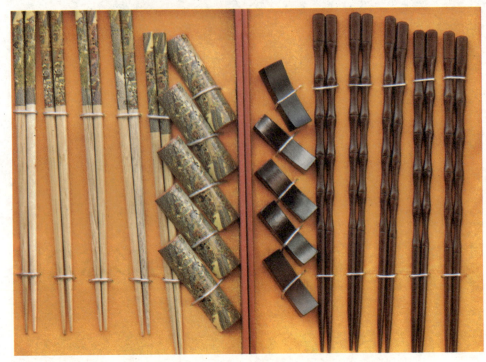

■ 竹木筷

按照主体的材质，我国古代的筷子分为四大类：竹木筷子、金属筷子、牙骨筷子和玉石筷子。

第一类最原始、最普及的筷子，还是竹木筷子，比如天竺筷子、楠竹筷子、湘妃竹筷子，这些都是竹子做的，最普通的是毛竹筷子。

古代竹筷子品种可谓千姿百态，有灰褐色条纹的棕竹筷子最高档，同时，紫竹筷子、湘妃竹筷子也是稀有品种。湖南的楠竹筷子放在清水中根根竖立不卧浮，有神奇筷子之称；而杭州西湖天竺筷子也成为这个风景名胜的一大特产。竹筷子还有便于雕刻的特点，四川江安竹雕筷子创制于明末清初。

木制筷子有好多种，比较有名的有楠木筷子、冬青木筷子和红木筷子。红木如紫檀木、酸枝木、花梨木、鸡翅木都可统称为"红木"。

湘妃竹 也称"斑竹"。传说，舜帝的两个妃子娥皇、女英千里寻追舜帝。到君山后，闻舜帝已崩，抱竹痛哭，流泪成血，落在竹子上形成斑点，故又名"泪竹"或"斑竹"。那种斑点有黑色，也有红色，因为有了这故事，竹子也被赋予了传奇色彩。

紫檀木名紫榆，木质甚坚，色赤，入水即沉。亦称"清龙木"，为世界上名贵木种之一。因生长缓慢，材质坚实，硬度大，韧性强，结构细致，纹理均匀，耐腐性强而闻名。

晋代崔豹所著《古今注》中记载："紫楠木，出扶南，色紫，亦谓之紫檀。"宋代赵汝适《诸蕃记》载："檀香出爪哇，其树如中国之荔枝，其叶亦然，土人砍之阴干，气清劲而易泄，热之能夺众香；色黄者谓之黄檀，紫者谓之紫檀，轻而脆者谓沙檀。"

酸枝木是热带常绿大乔木，从颜色分有红酸枝、黄酸枝和白酸枝之别，酸枝木色泽差异很大。通常以栗褐色近似紫檀，材质坚韧，纹理细密者为佳；木质颜色偏淡，木质纹理粗疏者次之，酸枝木后还被称为"紫榆"。

清代江藩者著的《舟车见闻录》中记载："紫榆

> **《古今注》** 晋崔豹撰。崔豹，字正熊，一作正能，惠帝时官至太傅。此书是一部对古代和当时各类的事物进行解说诠释的著作。共分三卷八类。上卷为舆服一，都邑二；中卷为音乐三，鸟兽四，鱼虫五；下卷为草木六，杂注七，问答释义八。

■ 檀木筷

> **《格古要论》**
> 我国最早的文物鉴定专著。明曹昭撰。全书共三卷十三论。上卷为古铜器、古画、古墨迹、古碑法帖四论；中卷为古琴、古砚、珍奇、金铁四论；下卷为古窑器、古漆器、锦绮、异木、异石五论。

来自海舶，似紫檀，无蟹爪纹。刳之其臭如醋，故名酸枝。"

酸枝初伐时，心材淡红色至赤色，经长时间放置，颜色逐渐转化为紫红色，光泽变为暗沉。酸枝木坚硬而重，可沉于水。经打磨可达到平整如镜，抚之细滑清凉，木纹美观，不易腐朽，经久耐用。因此适合制作筷子。

花梨木变称为"花榈木"。据唐代医学家陈藏器《本草拾遗》记载："榈木味辛、温、无毒。主破血、血块、冷嗽，并煮之热服。出安南及南海，人作床几。似紫檀而色赤；为枕，令人头痛，为热故也。"

明初王佑增订《格古要论》："花梨木出南番广东，紫红色，与降真香似，变有香，其花有鬼面者可爱，花粗而淡者低。心材呈大红，黄褐色和红褐色，颜色接近边缘越淡，纹理呈青色，灰色及棕红色等。坚硬，纹理精致美丽。"

鸡翅木产于东印度，我国海南岛、浙江、福建也有出产。为明代及清前期常用之名贵家具用材。明代

花梨木筷盒

曹昭《格古要论》载:"鸡翅木言其出西番,其木一半紫褐色,内有蟹爪纹,一半纯黑色如乌木,有距者价高。"其纹理有如鸡禽类之颈翅纹,有的如重叠火焰,有的如鹧鸪毛羽具排列整齐之白斑点,灿烂闪耀。

乌木为柿树科,产于热带地区,木质坚实细致,色黑。晋崔豹《古今注·草木》:"翳木出交州,色黑而有文,亦称之乌文木也。"明李时珍《本草纲目·木二乌木》:"出海南、云南、南番。叶似棕榈,其木漆黑,体重坚致。"

竹木筷

乌木质地细密坚实,坚脆沉重,光泽如漆的珍木。在很早以前就有做箸之记载,明代谷泰《博物要览》记:"乌木出海南、南番、云南,叶似棕榈,性坚,老者纯黑色,且脆,间道者嫩……作箸。"

乌木筷子在木质筷子中身价最高,质坚体重,不弯曲不变形,质地高雅,色泽黑亮,光润细腻,手感极好。

湖南长沙马王堆一号墓出土的3000多件精美遗物中,有一双竹箸,长17厘米,直径0.3厘米。这双2100多年前的西汉圆箸实物,作为陪葬品,可见其为人们在日常生活中不可或缺之物。

在清代的时候最热门的是乌木筷子,在曹雪芹《红楼梦》中,刘姥姥进大观园时,王熙凤原来给她用的是镶金的象牙筷子,刘姥姥用不来,就给她换了乌木的筷子,叫乌木三镶箸,这是最大众的筷子。

第二类金属筷,从青铜筷算起,有金筷、银筷、铜筷和铁筷等。

■ 明代金餐具

安徽贵池里山徽家冲窖藏中，有青铜箸一双。由于岁月的腐蚀，两支铜箸长短不齐，但相差无几，平均为20厘米，经考证为春秋晚期之物。春秋两汉间的各种箸中，多在17～18厘米之间，最长51厘米，多为木质。

春秋时代的箸，多为上下一般粗细的圆柱体，而汉代箸之形状大多为首粗下足略细的圆形。相传西汉时期有位武将被称为巨无霸，他以重约数斤的铁箸进食，以显示其臂腕有超人之力。

汉代箸不仅相当普及，并向多品种发展。唐代冯贽的《云仙杂记》载："向范待侍，有漆花盘，科斗箸，鱼尾匙。"

筷子在魏晋南北朝时有了很大的发展，在魏晋以前多为竹木箸、牙骨箸和铜箸，以后则逐渐被银筷取代。唐代名医陈藏器说："铜器上汗有毒，令人发恶疮内疸。"事实证明，铜氧化就会产生铜腥气，铁氧

宰相 是辅助帝王掌管国事的最高官员的通称。宰相最早起源于春秋时期。管仲就是我国历史上一位杰出的宰相。到了战国时期，宰相的职位在各个诸侯国都建立了起来。宰相位高权重，甚至受到皇帝的尊重。"宰"的意思是主宰，"相"本为襄礼之人，字意有辅佐之意。"宰相"联称，始见于《韩非子·显学》中。

化后锈迹斑斑，都难以进餐，故铁箸、铜箸渐渐为银箸所替代。

隋唐时期长安著名的李静训墓中，发现一双银箸，是我国发现最早的银箸。

在镇江东郊丁卯桥发现的950余件唐代银器中，银筷数量达40余双。银筷测毒说其实不可靠，但银筷有杀菌作用，1升水中只要含有微量的银离子，即可杀灭大部分细菌。

银为贵重金属，其价格仅次于金，而价格昂贵的金筷是皇宫贵族奢侈的象征，当年黄金餐具器皿为皇宫所垄断，北魏时，曾规定上自王公下至百姓，不许私养"金银工巧之人"，在当时私造金器者是犯法的。

史载唐玄宗曾赏赐宰相金箸一双。《开元天宝遗事》云："宋璟为宰相，朝野人心归美焉，时春御宴，帝以所用金箸令内臣赐璟。"当宋璟听说皇上赐他金箸，这位宰相十分惶恐，愣在丹陛前不知所措。

唐玄宗见状说："非赐汝金，盖赐卿以箸，表卿之直耳。"当宋璟知道是表彰他如同筷子一样耿直刚正时，这才受宠若惊地接过金箸。但是这位"守法持正"的老臣，并不敢以金箸进餐，仅仅是把金箸供在相府而已。

唐代银箸不但数量多，箸也长，最长者竟有33.1厘米，当年铸造如此长的大量银箸，亦反映出唐代的繁荣昌盛，民富国强。

银箸

自宋代起，箸已向工艺品方向发展。宋、辽、夏、元有不少箸遗留下来，质地多为银制和铜铸。若与唐代相比，相对较短，约为25厘米，最短者仅15厘米。江西鄱阳东湖发现的两双北宋银箸，长23厘米，箸上部有了新突破，改圆柱形为六棱形，其下端还是细圆柱形。

在四川阆中发现的南宋铜箸数量之多大大出乎意外，竟有244支，也就是122双，这批铜箸粗细不一，直径0.3～0.6厘米，长25厘米，器形首粗足细，中部有弦纹。

辽宁辽阳三道壕也发现金代铜箸1双，长26.8厘米，上部为六棱形，箸身有竹节纹饰。

到了元代，箸形又有新的变化，安徽合肥孔庙的110根银箸，首部呈八角形，长为26.5厘米。

从宋、辽、金、元各朝代的铜箸、银箸来看，其最大特征是器形多变，不像唐代以前的箸，多为素面圆柱体，甚为单调。

造箸的工匠们懂得，墨守成规难以有出路，他们需要展示自己的才华。在江苏无锡发现的元代4支银箸上，工匠竟然大胆地刻上了自己的姓名。

第三类是牙骨筷子。牙骨是指象牙以及野兽的骨头。野兽的骨头有牛骨头，有骆驼骨头。北方的居民

■ 北宋时期鎏金青铜筷子

阆中 古代巴人活动的中心地区之一，历史悠久，文化灿烂。战国中期曾为巴国国都。历代王朝都在这里设置郡、州、府、道。蜀汉名将张飞镇守阆中达7年之久；唐高祖之子滕王元婴、鲁王灵夔都曾封治阆中。是历代川北政治、经济、军事、文化中心。

大部分用骆驼骨头做筷子。南方居民则用大象的骨头、虬角、犀角、孔雀骨、鱼骨、珊瑚等做筷子。

还有用海龟甲壳制成的玳瑁筷子等。有些聪明的工匠用精雕细刻的功夫将牙骨巧妙地镶接，使之成为艺术品。

第四类是玉石筷子。玉质有汉白玉、羊脂玉，还有翡翠、水晶、寿山石筷子等。

在明代以前，无论是银、铜、竹、木、牙箸等，大多为圆柱体，也有六棱形，但四方形极少，可是明代箸却以首方足圆为特征。由前代的首粗足圆柱形箸改为首方足圆体，看起来变化并不大，但这一小小的改革有三大好处：

首先圆柱体筷箸容易滚动，而民间称之为四棱箸的首方足圆箸，不会滚动，设宴待客放在桌上很稳重。同时，四棱箸比圆形箸能更稳当地操纵，如吃拔丝类菜，方头筷子握在手中用力拨菜也不易打滑，吃面条也更得心应手。

其次，四棱方箸为能工巧匠在箸上题诗刻字雕花提供了发挥空间。圆柱体筷箸难以表现绘画刻字，方箸不但可以两支筷子相应拼组

明代玉筷子玉匙

清代皇宫餐具包金筷子

成画幅，也可10双筷箸排列组成更大的画面。

因此，箸首由圆体发展为方体，为生产更精美的工艺筷子奠定了基础。方箸既可以单面刻，也可双面刻，还可以四面刻，圆箸为此相形见绌。

北京定陵为明代神宗朱翊钧的陵墓，在其地宫中除了有宝石金钗、金壶、金爵、金冠、金匙、箸瓶架等，瓶架上还插有乌木镶金箸。此御箸也是首方足圆，不过四棱箸顶端镶有方金帽。

另在河南宁陵花冈明代的一艘木船中，也发现一支木箸，长达31厘米，方首圆足。可见，方首圆足款式为明代箸的流行样式。另外，还有许多非常罕见的棕竹牙帽箸、乳帽镶银象牙箸、乌木镶银箸、虬角镶金箸等。

清代的筷箸，其特点为制作工艺精巧美观。而竹木筷子镶银者特别多。清代筷箸既有上下双镶箸，也有三镶箸。《红楼梦》第四十回中写道："凤姐手里拿着西洋布手巾，裹着一把乌木三镶银箸，按席摆下。"所谓"三镶"就是顶镶银帽、足镶银套、中部镶银环。不过到了清代末期，"中环"不再时兴，式样以镶银链为多。

明清时代，各种筷箸已由单纯的餐具发展为精美的工艺品。筷子的雕饰从古代刻画短线纹、涡纹发展到题诗刻联,从绘画、烙画发展到镶嵌、雕镂等,形式多样,异彩纷呈。

清袁枚在《随园食单》中说:"美食不如美器,斯语是也。"在清代,在云南武定县出了一个制作烙画筷子的名艺人武恬,他能在长不盈尺的筷子上烙画唐代画家阎立本的《凌烟阁功臣图》《瀛洲十八学士图》,所绘人物须眉衣饰,栩栩如生,其技艺号称天下无双,出自他亲手制作的工艺筷子亦是身价百倍。

北京的象牙筷子,浅刻仕女、花鸟或风景,饰以彩绘,华贵艳丽。桂林的烙画筷,烙印象鼻山、芦笛岩、独秀峰等景,白绿相间,清丽大方。

清代四川江安的竹黄筷子驰名中外,1919年曾在巴拿马国际博览会上夺得优胜奖章。竹黄筷子创制于明末清初,以节长壁厚之楠竹为原料,经煮沸、制坯、露晒、打磨等多道工艺再精雕细刻而成。所刻狮头竹筷,有单狮、双狮、踏宝狮、子母狮等80多个品种。

据说,制作一双传统狮头簧筷,单是两个狮头,有时竟要雕上300至400刀才能完成。其做工之细,技艺之精,委实令人叹服!这些筷画、筷雕,构成了我国工艺美术殿堂中独具特色的一朵奇葩。

阅读链接

殷勤问竹箸,甘苦乐先尝。
滋味他人好,乐空来去忙。

宋代文人程良规的这首诗,是对筷子奉献精神的生动描绘。筷子作为我国饮食文化内容之一,其历史源远流长。随着历史的发展,筷子也由简单的饮食工具发展成为兼实用性、观赏性于一体的工艺品。筷子已成为洞悉我国饮食文化发展脉络的一面镜子,在世界饮食文化中产生了深远的影响。

蕴含丰富中国文化的筷子

我国是筷子的发源地,华夏民族以筷子进餐至少有3000多年的历史了,是世界上使用筷子进食的母国。在民间,筷子不但被当作进食的工具,还被视为吉祥之物,出现在各民族的婚庆、丧葬等礼仪中。当仔细品味筷子的妙用时,更增添对祖先的崇拜之情。

筷子还包含着我国最原始的太极阴阳和周易八卦理论。筷子直而长,两根为一双。用筷子夹菜不是两根同时动,而是一根主动,一根被动;一根在上,一根在下。两根筷子组合成为一个太极,主动的一根为阳,被动的一根为阴;在上的那根为阳,在下的那根为阴,这就是两仪之象。

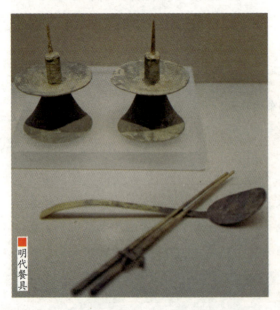

明代餐具

■ 清代官员用餐场景

"阴阳互动，可得用矣；阴阳分离，此太极不存。这就是对立统一，阴阳互根。"两根筷子可以互换，主动的不是永远主动，在下的不是永远在下，此为阴阳互变。

我们使用的筷子，一头方一头圆。方象征着地，圆象征着天。方形属坤卦，圆形为乾卦，如此乾坤之象现矣。坤卦有柄象，"柄"即把手的意思；乾卦象征着天，象征着第一，常言"民以食为天"，大概言由此出。

手拿筷柄，用筷头夹菜，坤在上而乾在下，这就是"地天泰"卦，和顺畅达，当然吉祥；反之，如果手拿筷头，用筷柄夹菜，乾在上而坤在下，这就是"天地否"卦，"否"则闭塞不通。

使用筷子时，筷子很自然地把人的五指分成三部分，拇指、食指在上，无名指、小指在下，中指在

太极 我国文化史上的一个重要概念、范畴，古代哲学用以说明世界本原的范畴。出于《周易·系辞上》："易有太极，是生两仪，两仪生四象，四象生八卦。"物极则变，变则化，所以变化之源是太极。太极与八卦有着非常密切的联系。太极是阐明宇宙从无极而太极，以至万物化生的过程。

■ 古代人使用筷子吃饭雕塑

中。这样天、地、人三才之象成，三才之道存于其中。

无名指、小指在下象征着地道。无名指、小指较弱，其位又在下，须相互依倚，象征着广大民众，无职无权，须互敬互爱，彼此扶持，同声相应，同气相求。象征着为人处世，孤木难支，人无辅助难以成功。

拇指、食指在上象征着天道。五指之中食指为要，曲伸开合最灵巧，把握方向最准确。拇指象征着监管、象征着法律、象征着民心、象征着自然规律。食指灵巧，拇指粗笨，灵巧为用，粗笨制约。故天道尚变，但不可乱变。天本健行，但天道不言。

在五指之中，中指最长，其在人位，象征着人为主体，为万物之灵长。然居于两筷之间，则象征着中层领导，下有人民，上有朝廷；也象征着人在中年，上有高堂应尽孝，下有弱子要抚养……中年虽不易，中年最辉煌。

从古代人对筷子的记述、描写中，也可以看出筷子中所蕴含的丰富中华文化。

筷子有多种名称，先秦时期称"梜"，也作"筴"。郑玄注释："梜，犹箸也，今人谓箸为梜提。"汉代著名史学家太史公司马迁著《史记》时，称商纣时期的筷子为"箸"，古写为"木箸"。

三才 是《周易》最早最明确最系统最深刻地提出了"天、地、人"三才之道的伟大学说。这个学说早就深入中华民族之心，贯穿于中华民族的人伦日用之中，牢固地培育了中华民族乐于与天地合一、与自然和谐的精神，对天地与自然持有极其虔诚的敬爱之心。

在楚汉相争年代，高阳酒徒郦食其向刘邦献"强汉弱楚"计，谋士张良知道后即顺手拿起刘邦刚放下的筷子，在餐桌上以箸为图，说出郦食其的错误，并献出自己的剪楚兴汉的战略良策。这就是《汉书·张良传》记载的"臣请借前箸以筹之"的故事，后世成语"借箸代筹"即由此而来。

从两汉开始，又出现了"筯"字。如唐代李白《行路难·投筯抒忿》诗曰：

金樽清酒斗十千，玉盘珍馐直万钱。
停杯投筯不能食，拔剑四顾心茫然。

杜甫《丽人行》诗云：

犀箸厌饮久未下，
銮刀缕切空纷纶。

诗中"犀箸"，当指犀牛角制的筷子。从诗句中可以知道，唐代"筯"与"箸"通用。

唐代著名诗人杜牧"借箸"论元载中道："牧羊驱马虽戎服，白发丹心尽汉臣。唯有凉州歌舞曲，流传天下乐闲人。"

北宋书法家米芾《与伯先帖》中也有："三吴有丈夫，气欲吞海

> **张良**（约前250—前186），字子房，是秦末汉初谋士、大臣，与韩信、萧何并列为"汉初三杰"。汉初高祖刘邦在洛阳南宫评价他说："夫运筹帷幄之中，决胜于千里之外，吾不如子房。"表现出张良的机智谋划、文韬武略。

■ 旧时民俗雕塑

墨玉筷子

水。开口论世事，借箸对天子。"

南宋女词人朱淑贞《咏箸》曰："两个娘子小身材，捏着腰儿脚便开。若要尝中滋味好，除非伸出舌头来。"前两句将筷子拟人化，形象生动有趣，后两句似乎又寄寓着这位宋代女诗人抑郁不得志而又无可奈何的心情。

元代的周驰，在《咏箸》中，通过箸的外形特征和功能，抒发了虽遭谗而不废其"直"的情怀：

矢来形何短，筹分色尽红。
骈头斯效力，失偶竟何功。
比数盘盂侧，经营指掌中。
蒸豚挑项膏，汤饼伴油葱。
正使遭谗口，何尝废直躬。
上前如许借，犹足沃渊衷。

明代诗人程良规《咏竹箸》诗中有："殷勤向竹箸，甘苦尔先尝。滋味他人好，尔空来去忙。"借箸喻人，亦别有意味。

相传，明朝开国元勋刘伯温初见明太祖朱元璋时，朱元璋刚好在吃饭，即以筷子为题让他作诗，以观其志。刘伯温见太祖所用筷子乃湘妃竹所制，即吟道："一对湘江玉并肩，二妃曾洒泪痕斑。"他见朱元璋面露不屑之色，遂高声续吟："汉家四百年天下，尽在留侯一箸间。"诗借楚汉相争时张良曾"借箸"替刘邦筹划战局，道出自己之政治抱负，最终博得明太祖赏识。

但"箸"的名称，并非保持到底，终于在明代发生了变化。明代藏书家陆容《菽园杂记》云：

龙箸

> 民间俗讳，各处有之，而吴中为甚。如舟行讳"住"，讳"翻"，以"箸"为"快儿"。

因为吴中船民和渔民特别忌讳"箸"，他们最怕船"住"，船停住了，行船者也就没生意，他们更怕船"蛀"，木船"蛀"了漏水如何捕鱼。在这种谐音的思想指导下，故见了"箸"反其道叫"快子"，以图吉利。

明人李豫亨在《推蓬寤语》中说得更明白：

> 世有讳恶字而呼为美字者，如立箸讳滞，呼为快子。今因流传已久，至有士大夫间亦呼箸为快子者，忘其始也。

虽然明代已有人称"箸"为"快"，但清代康熙帝并不承认民间将快加了竹字头的"筷"字。《康熙字典》中仅收录"箸"字而不收"筷"字。

但皇帝也难以抵挡民间怕犯忌、喜口彩的潮流。在《红楼梦》第四十回,在贾母宴请刘姥姥一段中曹雪芹三处称"箸",两次呼"筯",而四次直接写明"筷子"。筷子多为竹木所制,久而久之,后人就把"快"加了个竹字头,称作"筷子"了。

在我国3000年的国粹华章里,筷子一直寓意吉祥,在睿智流畅的东方气质里,筷子一直兼容时尚的潮流美学被列入婚礼嫁妆,以祝福新人。如在我国传统文化里,两双筷子意味成双成对,八双筷子祝福大吉大发,十双寓意团团圆圆、十全十美。因此,"龙凤双筷"在人们心目中,不仅是一种婚嫁用品,更带有珠联璧合、成双成对、快生贵子、快乐幸福之美好寓意。

"击箸和琴"是宋人何芫在《春诸记闻》卷八中记载的一则佳话:南朝刘宋时的柳恽一次赋诗,正在酝酿之时,用笔敲琴,门客中有人"以箸和之",奏出的哀韵使柳恽大为惊讶,于是"制为雅音"。

说书表演

借筷子为乐器的例子在我国文艺舞台上屡见不鲜。清音是流行于四川的曲艺品种之一,系清乾隆年间从民间小调发展而成,多由一个人表演,演员左手打板,右手便是执竹筷敲打竹板进行演唱。

另外,民间还有用筷子敲击碟子的舞蹈,碟声悦耳,舞姿优美,别有韵味。在杂技节目中,亦有借用筷子为表演道具的。在传统的戏曲舞台上,也能觅其踪影。

竹木筷

民间还流传着一首以筷子为谜底的灯谜诗，饶有风趣。诗曰：

姊妹两人一般长，厨房进出总成双。
酸咸苦辣千般味，总是她们先来尝。

另外，从筷子的使用方法讲究和禁忌中，也包含着中华文明悠久而深厚的内涵。

筷子正确的使用方法是用右手执筷子，大拇指和食指捏住筷子的中上端，另外3根手指自然弯曲扶住筷子，并且筷子的两端一定要对齐。用餐前筷子一定要整齐地码放在饭碗的右侧，用餐后则一定要整齐地竖向码放在饭碗的正中。

自古以来，我国人民使用筷子，有12种使用忌讳。

第一种叫"三长两短"：这意思就是说在用餐前或用餐过程当中，将筷子长短不齐地放在桌子上。这种做法是大不吉利的，通常叫它"三长两短"。

目连戏 原名弋阳腔，发源于弋阳江地区，因名弋阳腔，简称"阳腔"，所以又称"高淳阳腔目连戏"，曾经流传于江西、安徽、江苏、浙江等省，是我国唯一的历史宗教戏。目连戏是以《目连僧救母》而得名，是我国最古老的汉族戏曲剧种，堪称"戏剧鼻祖"。

在我国民间，"三长两短"的意思是代表死亡或意外事故。这是因为，在我国过去认为人死以后是要装进棺材的，在人装进去以后，还没有盖棺材盖的时候，棺材的组成部分是前后两块短木板，两旁加底部共3块长木板，5块木板合在一起做成的棺材正好是三长两短，所以说这是极为不吉利的事情。

而"三长两短"还有代表意外事故的一种说法，是指把一个人完整地分开为两条胳膊和两条腿，外加上躯干，刚好四长一短！缺失任何部位都可谓之"三长两短"！

第二种禁忌是"仙人指路"：这种做法也是极为不能被人接受的，这种拿筷子的方法是，用大拇指和中指、无名指、小指捏住筷子，而食指伸出。这在国人眼里叫"骂大街"。

■ 清人用餐

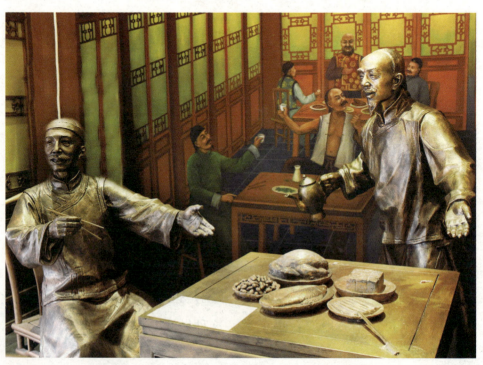

这是因为，在吃饭时食指伸出，总在不停地指别人，而一般伸出食指去指对方时，大都带有指责的意思。所以说，吃饭用筷子时用手指人，无异于指责别人，这同骂人是一样的，是不能够允许的。还有一种情况也是这种意思，那就是吃饭时同别人交谈并用筷子指人。

第三种禁忌是"品箸留声"：这种做法也是不行的，其做法是把筷子的一端含在嘴里，用嘴来回去嘬，并不时地发出咝咝声响。这种行为被视为是一种下贱的做法。因为在吃饭时用嘴嘬筷子的本身就是一种无礼的行为，再加上配以声音，更是令人生厌。所以出现这种做法都会被认为是缺少家教，同样不能够允许。

第四种称"击盏敲盅"：这种行为被看作是乞丐要饭，其做法是在用餐时用筷子敲击盘碗。因为过去只有要饭的才用筷子击打要饭盆，其发出的声响配上唱出的莲花落曲子，使行人注意并给予施舍。这种做法被视为极其下贱的事情，被他人所不齿。

第五种是"执箸巡城"：这种做法是手里拿着筷子，做旁若无人状，用筷子来回在桌子上的菜盘里寻找，不知从哪里下筷为好。此种行为是典型的缺乏修养的表现，且目中无人，极其令人反感。

第六种称为"迷箸刨坟"：这是指手里拿着筷子在菜盘里不住地扒拉，以求寻找猎物，就像盗墓刨坟的一般。这种做法同"迷箸巡城"相近，都属于缺乏教养的做法，令人生厌。

第七种禁忌叫"泪箸遗珠"：实际上这是用筷子往自己盘子里夹菜时，手里不利落，将菜汤流落到其他菜里或桌子上。这种做法被视为严重失礼，同样是不可取的。

第八种称之为"颠倒乾坤"：这就是说用餐时将筷子颠倒使用，这种做法是非常被人看不起的，正所谓饥不择食，以至于都不顾脸面了，将筷子倒使，这是绝对不可以的。

第九种名曰"定海神针"：在用餐时用一只筷子去插盘子里的菜

品，这也是不行的，这是被认为对同桌用餐人员的一种羞辱。

　　第十种禁忌被叫作"当众上香"：往往是出于好心帮别人盛饭时，为了方便省事把一副筷子插在饭中递给对方。这会被人视为大不敬，因为我国传统是为死人上香时才这样做，如果把一副筷子插入饭食中，无异是被视同于给死人上香一样，所以说，把筷子插在碗里是最不礼貌的。

　　第十一种禁忌往往不被人们所注意，被称为"交叉十字"：在用餐时将筷子随便交叉放在桌上。这是不对的，因为古人认为在饭桌上打叉子，是对同桌其他人的侮辱。除此以外，这种做法也是对自己的不尊敬，因为过去吃官司画供时才打叉子，这也等于诅咒自己。

　　最后一种称"落地惊神"：是指失手将筷子掉落在地上，这是严重失礼的一种表现。因为我国民间认为，祖先们全部长眠在地下，不应当受到打搅，筷子落地就等于惊动了地下的祖先，这是大不孝，所以这种行为也是被禁止的。

　　这12种筷子的禁忌，是我国自古以来日常生活当中所应当注意的。作为礼仪之邦，通过对一双小小筷子的用法，就能够看到我们中华民族那深厚的文化积淀。

阅读链接

筷子是我国独特的饮食文化，象征着古老而悠久的中华文明，浓缩了中华民族5000年的历史。这两根小玩意儿，一旦能熟练操纵，使用起来灵巧无比，是古老东方文明的代表，是华夏民族智慧的结晶。有人认为，因为我国的食物精美细巧，筷子是适应了这种情况而发明的。但也有人持相反的观点，认为正由于筷子的精巧，才使我国食物发展得如此精美。因此有一点可以肯定，我国的食物是精美的，我国的筷子是细巧的，两者的结合，可以说是完美无缺。华夏民族发明和使用了世界上独一无二的筷子，在人类文明史上是值得骄傲和推崇的科学发明。

别具风采的
衣食生活

中国酒道

酒历史酒文化的特色

悠悠酒香

酒的源流

我国制酒源远流长,品种繁多,名酒荟萃,与中华文化密切相关。史前时期,原始部落的人们采集的野果在经过长期的贮存后发酵,然后形成酒的气味。经过最初的品尝后,他们认为,发酵后果子流出的水也很好喝,于是,就开始了酿造美酒,从而使我国酒文化蕴含着远古意蕴。

酒的发明者,人们共推我国上古以及夏代时的仪狄、杜康以及商代的伊尹,他们对其有过巨大贡献。夏商时期酒文化的萌芽,说明古代农业生产有了很大的发展,也证明了当时酿酒工艺的进步。

神农氏与黄帝发现酒源

我国上古时期,有一位伟大的部落首领,叫神农氏。由于当时五谷和杂草长在一起,谁也分不清,神农氏就想出了一个办法,自己亲自尝百草,分辨出哪些是可吃的粮食,为百姓充饥;哪些是可治病的草药,为百姓治病。

神农尝百草

神农氏开始了他的伟大实践。在尝百草期间,神农氏发现了谷物种子,他将手中的种子放在洞穴里储存,不小心被雨水浸泡了。

谷物种子经过自然发酵,流淌出了一种液体,并且还能饮用,当时称为"酹"。

有一次,神农氏来到株洲境内的一座山前,山峰下有一眼泉水,泉水潺潺流淌。泉眼旁山花烂漫，长着许多红色、有刺、无毛的野果。

神农氏尝了尝甘甜的泉水，又品尝了这种红色野果，顿觉心旷神怡，精力充沛。于是，他就用泉水泡这种野果，然后将野果浸泡后流出的液体洞藏起来，日日饮用，可医治百病。

从此，人们将这眼泉水称为"神农泉"，将这种能泡酒的野果称为"神农果"。

神农氏被后世尊称为"炎帝"，他和黄帝是我们中华民族的共同祖先。上古时期的很多发明创造，都出现在炎帝和黄帝时期。

■ 神农采药图

相传黄帝要选用祭祀上天和招待各部落首领的物品，炎帝敬献"鬯"，黄帝问这是何物，炎帝答说这是鬯，是用五谷中的黍米酿造的。

炎帝请黄帝为此物赐名，黄帝听说此物生长在黄河两岸的黄土地，乃赐名为"黄酒"。后经多次试验，终于形成了酿造黄酒的技法。

自从黄酒成功酿造后，中华民族的子孙就用黄酒作为祭祀、庆功庆典以及招待尊贵上宾的圣物，世代相沿。黄酒是我国历史上最古老的谷物酿造酒。

在我国最早的诗歌总集《诗经》中有"秬鬯一卣"的记载。秬，是黑黍；鬯，是香草。秬鬯，是古

神农氏 我国古代的神话人物。姜水流域姜姓部落首领。他制耒耜，种五谷。织麻为布，民着衣裳。制作陶器，改善生活。因功绩显赫，以火德称氏，故为炎帝，尊号神农，并被后世尊为我国农业之神。他与黄帝结盟并逐渐形成了华夏族。人们也因此称作了"炎黄子孙"。

■ 黄帝画像

黄帝（前2717—前2599），古华夏部落联盟首领。以统一华夏部落与征服东夷、九黎族而统一中华的伟绩载入史册。在位期间，播百谷草木，大力发展生产，始制衣冠、建舟车、制音律、创医学等。黄帝是"五帝之首"，被尊为中华民族的人文初祖。

人用黑黍和香草酿造的酒，用于祭祀降神。

黄帝和蚩尤发生大战时，黄帝的队伍来到西龙山下。此时正逢盛夏，烈日当空，队伍兵乏马困。黄帝便命人去找水，但是过了大半天也没有找到。

黄帝一着急，"呼"的一下从石头上站起来了，忽然觉得刚才坐的这块石头特别冰凉，周身的汗水霎时全部消失了，反而冷得浑身打战。

黄帝弯下腰，用力将这块大石头搬起。谁料，石头刚刚搬开一条缝，一股清澈透明的泉水就从石头缝里冒出来。黄帝大喊："有水了！"

士兵们一听有水了，赶忙前来帮助黄帝将这块石头搬开，水流更大了。士兵们顾不得一切，有的用双手捧水喝，有的就地趴下喝。水越流越大，很快就解决了全军战士的口干舌燥。军队喝足了水，解了渴，而且觉得肚子也像吃饱了饭。人们都感到奇怪，但谁也解释不了。

这时，突然又传来了军情紧急报告，说是蚩尤军队又追上来了，来势凶猛，看样子要和黄帝军队在西龙山下决一死战。

黄帝问明了情况，命令大将应龙、力牧集合军队，把蚩尤军队引向东川，那里没有水源。黄帝和风后亲自带领了一支精悍军队，翻山埋伏，截断蚩尤军队的退路。经过激战，蚩尤溃不成军，除少数人逃跑外，几乎全军覆没。

为了纪念这次胜利，黄帝命仓颉把西龙拐角山下这股泉水命名为"救军水"。

不知又过了多少年，发生了一次大地震，"救军水"一下子断流了，当时的先民都觉得奇怪。人们到处奔走相告，有人还求神打卦。

唯有酿酒的大臣杜康，整天趴在"救军水"泉边，面对干涸的水泉，忧心忡忡："救军水"酿出来的酒不光是好喝，还能治病。现在水源断了，从哪里再寻找这么好的水酿酒呀！

黄帝知道了此事，也觉得是一大损失，就请来挖井能手伯益，挖井寻找"救军水"的水脉。经过一个

伯益 又作伯翳、柏翳、柏益、伯鹥等，出生于山东西南部中原地区。传说他能领悟飞禽语言，被尊称为"百虫将军"。在他的带领下，我国早期先民学会了建筑房屋，凿挖水井。因此被我国民间尊称为"土地爷"，并受到不同形式的供奉。

■ 古人酿酒场景

古代酿酒画像砖

多月时间,井里出水了。人们饮用后,都说这是"救军水"的味道,甘甜味美。

杜康又用此水酿酒,酿出来的酒比原来的味道更好,气味芳香,很有劲。在伯益的提议下,黄帝就把这口井命名为"拐角井"。

这些传说都说明,在炎帝和黄帝时期,人们就已开始酿酒。此外,汉代成书的《黄帝内经·素问》中也记载了黄帝与岐伯讨论酿酒的情景,书中还提到一种古老的酒"醴酪",即用动物的乳汁酿成的甜酒。由此可见,我国酿酒技术有着悠久的历史。

阅读链接

传说由神农氏发明的"神农酒",在古代长久流传下来,在宋代已大有名气。传宋太祖赵匡胤戎马一生,龙体欠佳,御医就让他每日饮三杯神农酒,结果身体很快恢复。

967年,宋太祖降旨在炎陵县鹿原坡大兴土木,兴建了神农庙。自此而始,后人便于每年的农历九月初九在神农庙里朝拜神农始祖,以祈求幸福安康,并向炎帝敬酒三杯,以示感恩和纪念。在我国南方的湘、鄂、赣、闽、粤、桂地区,沿袭着常年用谷酒或米酒配制中药材浸制药酒的传统。

仪狄与杜康发明酿酒术

上古时期，大禹因为治水有功而被舜禅让为天下之主，但是因为操劳国事，他十分劳累，巨大的压力使他吃不下饭也睡不着觉，逐渐瘦弱下来。

禹的女儿眼看着父王每天繁忙国事，甚是心疼，于是请服侍禹膳食的女官仪狄来想办法。仪狄领命后不敢怠慢，立即想办法寻找可口的食物给禹王补身体。

这一天，仪狄到深山里打猎，希望猎得山珍美味。这时，她却意外地发现了一只猴子在吃一潭发酵的汁液，原来这是桃子流出来的汁

大禹画像

液。猴子喝了之后，便醉倒了，而且看上去它显得十分满足的样子。

仪狄十分好奇，她也想亲自品尝品尝。仪狄尝了之后，感到全身热乎乎的，很舒服，而且整个人筋骨都活络起来了。仪狄不由得高兴起来：想不到这种汁液可以让人忘却烦恼，而且睡得十分舒服，简直是神仙之水啊！

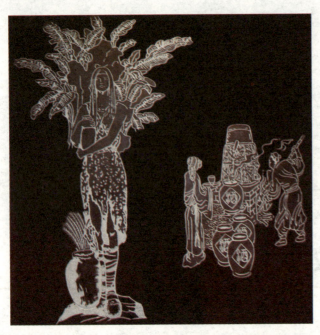

■ 仪狄造酒浮雕

仪狄赶紧用陶罐将汁液装好，拿来给禹王饮用。大禹被这香甜浓纯的味道深深地吸引住了，胃口大开，一时间觉得精神百倍，体力也逐渐恢复了。

仪狄因为受到禹王的肯定，便决心研究造酒技术。在精卫、小太极和大龙的帮忙下，仪狄终于完成了第一次造酒，大家都兴奋地急着想品尝。

仪狄首先喝了一口，她喝了之后差点没吐出来，因为喝起来就像馊水一样。原来是汁液还没有经过发酵这个步骤，所以第一次造酒失败了。

但是仪狄不气馁，在大家的帮助下，经过不停的试验，终于酿制出美味的酒液来。

在一次盛大的庆功宴会上，大禹吩咐仪狄将所造的酒拿来款待大家，大家喝了后，都觉得是人间美味，越喝越多，感觉就像腾云驾雾一样舒服。

吕不韦（？—前235），战国末期卫国著名商人，后为秦国丞相，政治家、思想家，卫国濮阳，今河南滑县人。吕不韦是当时的大商人，故里在城南大吕街，他往来各地，以低价买进，高价卖出，所以积累起万贯家产，以"奇货可居"闻名于世。他曾辅佐秦庄襄王登上王位，任秦国相13年，其门客有3000人。

大禹王也十分高兴，封仪狄为"造酒官"，命令她以后专门为朝廷造酒。

仪狄造酒的故事被后来的古籍记载下来。战国时期的吕不韦在《吕氏春秋》中说："仪狄作酒。"而汉代经学家刘向的《战国策》记载得较为详细：

> 昔者，帝女令仪狄作酒而美，进之禹，禹饮而甘之，曰："后世必有饮酒而亡国者。"遂疏仪狄而绝旨酒。

精卫 古代神话中所记载的一种鸟，相传是炎帝的女儿。由于在东海中溺水而死，所以死后化身为鸟，名叫精卫，常常到西山衔木石以填东海。精卫累死后，有海鸥、海燕等许多类小鸟开始继承精卫的精神，每天都要在大海上飞翔，衔石投海。

不管怎样，仪狄作为一位负责酿酒的官员，完善了酿造酒的方法，终于酿出了质地优良的酒醪，此酒甘美浓烈，从而成为酒的原始类型。

与仪狄同一时期，还有杜康酿酒的传说。杜康曾经为大禹治水献出过奇方妙策，大禹建立夏王朝后，就让他担任庖正，管理着全国的粮食。

有一天，禹王传旨令杜康上朝。杜康匆匆来到宫中，正要叩拜禹王，却听见禹王打雷似的吼道："把杜康捆起来！"

杜康不知自己身犯何罪，正待问个明白，却见自己属下管粮库的仆从黄浪说："杜庖正，蒲四仓一库粮食霉坏了！都怪您拿走库房钥匙，几个月竟

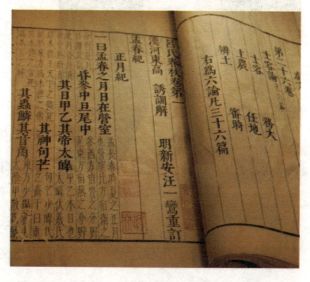

■ 古籍《吕氏春秋》中对"仪狄作酒"有记载

忘了还给小人。"

杜康一听，对禹王说："启奏陛下，小臣前天在花园偶然捡到库房钥匙，即刻找来黄浪责问，他谎说两个时辰前丢失。臣万没料到事已至此。罪在臣尽职不细。"

黄浪分辩道："禹王在上，我黄浪身居杜庖正手下仆从，若是我丢了钥匙，他能轻饶于我？若钥匙在我手中，发现霉粮禀报大王，岂不是自投罗网？"

杜康气得说不出话来。

禹王听黄浪滔滔不绝，见杜康怒而不语，以为杜康无理可辩，便喝令一声："把杜康推出去斩首。"

卫士们推着杜康来到刑场，举起大刀正要劈将下去，却听得一声大喝："刀下留人！"

卫士们一惊，抬眼看去，原来是德高望重的造酒官仪狄。她来到杜康身边，问了曲直原委，气喘喘、急匆匆地到宫中去了。

杜康塑像

仪狄到宫中，对禹王说："杜康素怀大志，德才兼备，倘若仓促处斩杜康，必有三大不利：一则伤了人才；二则百官寒心；三则万一事有出入，岂不有损禹王的清名？"

此时，禹王盛怒已过，又见仪狄说得有理，待要收回成命，又怕百官耻笑自己轻率，便下令道："免杜康一死，重责二十，逐还乡里。命黄浪取代庖正。"

临行前，杜康到了粮库跟

■ 仪狄造酒浮雕

前,只见霉粮已经清出库外。他抓起一把发芽霉烂的大麦和黍米,反复观看,心似刀扎一般疼痛。

忽然,杜康闻到霉粮中一股奇异的香味扑鼻而来,若有所思。这时仪狄前来送行,他送给杜康一个刻字骨片,上边刻着这样几个字:"鹰非鸡类,伤而勿哀,心存大众,励精勿衰。"

仪狄的鼓励,把杜康一颗冰凉的心说得热乎起来。他装了几包霉粮,回到了家乡。

杜康自回到家中,便闭户不出,想着自己尽职不细,造成霉粮,心内疚惭。他舀来霉粮,放在身边,反复探究香味的来由,思考着挽救损失的办法。

隔壁李大伯见杜康闭户不出,特地前来探望,一进门,二话未说却惊异地问:"杜康,你从哪儿搞来了神水?"

杜康莫名其妙地摇了摇头。李大伯笑着说:"骗不了我!骗不了我!这神水闻起来香,喝起来甜,能治病消灾,一进门我就闻见它的气味了。"

黍 我国古代主要粮食及酿造作物,列为五谷之一。黍米是我国北方地区特有的品种,而品质当属山西省北部地区的最好。当地民间百姓将黍米磨成面粉,再制成炸糕,用来款待亲友和客人,从而成了本地最有特色的传统风味食品。

古代酿酒坊

听了李大伯的话,杜康把霉粮指给大伯看。李大伯抓起一把,闻了闻,更为惊怪,皱着眉头说:"这才奇了,霉粮的气味,咋和神水的香味一样呢?"

李大伯就说出了一段奇遇:有一天,李大伯去北山砍柴,砍了半天,口渴得要命,这时,他在一棵果树下发现有个凹槽,盛了半槽水。李大伯一口气喝了个饱,抬起头时,感到口里润滑如玉,水中有奇特的香味,低头看时,凹槽里沉着几颗霉烂的果子。第二天,李大伯路过此地,又去喝,一连喝了几天,不仅浑身来劲,还把多年腹胀的老病根给除了。他想,这一定是自己一生纯正,老天爷特意赐舍的神水。

杜康听罢老伯的叙述,却生出了一个念头来:霉烂的果子泡在槽里盛积的雨水中能生出神水,霉粮泡在清水里行不行呢?

杜康舀来一罐清水,倒进霉粮,放在阴凉干燥处,眼巴巴地等待着神水的出现。好多天过去了,罐子里飘不出香味。杜康又变着法儿试制,都没有结果。这时他神情十分沮丧,恨自己无能呀!

杜康在家中实在坐不住了，就到村东头的沟里去散心。无意中，他发现一眼奇特的泉水。别的泉水都结了坚冰，唯独这眼泉水却洁净透明，隐隐喷动，更奇怪的是，泉水里还散着一股淡淡的清香。

杜康又惊又喜，他从家取来罐子，打一罐泉水回家，将霉粮掺进泉水罐，放在热炕上，白天守着看，晚上贴着眠。

过了几天，霉粮发生了变化，香味也在变浓。半月之后，一股浓香弥漫了室内，飘在了院中，飞过墙去，招来了李大伯。

李大伯兴冲冲地喝了一口，顿觉柔润甘甜，回味无穷，便不迭声地夸赞道："好神水！好神水！"

这件事一经传开，立时轰动了康家卫一带百八十里的地方，人们都传说着杜康制出了神水，能消灾治病，神通非凡。每日间求神水的人络绎不绝，一个小小康家卫显得十分红火。

这时，杜康觉得对这神水能不能多喝心中无数，便想亲自尝尝。他端来一碗神水，一气喝下，只觉得浑身清爽，精神倍增；又舀来一碗，仰头喝完，更觉得清香满口；再舀来一碗喝完，却感到头重脚轻，天旋地转，向床上一躺，就不省人事了。

杜康倒在床上不久，一个乡邻前来要神水。进得草堂，叫了几声杜康，见杜康死睡不应，又用手去推，发现杜康脸色惨白，来人吓得放声痛哭。哭声惊动了四邻八舍，不大工夫，人们就挤满一院。

这一哭却把杜康吵醒了，他伸胳膊展腿地动了几下，一骨碌爬起来，揉了揉眼，仿佛睡了一个熟觉。人们问清原因，方才放心。

弄清了神水的用量，杜康又忙碌着研制新的酿造办法。正当杜康愁于霉粮快用

杜康泉

■ 西周虢季铜圆壶酒

完时，李大伯拿来好的黍米，要杜康把发酵粮掺在一起制神水。

杜康经过试验，果然制出了好神水，又试了几次，一次比一次放的发酵粮少，制出的神水也越来越美。

杜康又用发酵粮做引子，引子快完时，再掺进发芽的大麦和黍米，做成引子，这样一来，引子不断，神水不绝。

这一天，大禹早朝，只见黄浪抱出一个罐子，口称数日辛劳，制成玉液神水，除病消灾，功力神异，特向禹王进献。

禹王大喜，接过罐子，启开封盖，果然异香扑鼻，弥漫宫廷，群臣敬羡不已。只有仪狄心生疑团。

禹王举罐喝了一口，连声夸奖道："好神水！好神水！"于是，他乘一时高兴，咕咚咕咚地喝起来，不一会儿，就把一罐神水喝光了。等到放下罐子，却见他面红耳赤，眼中充血，口里不住地乱语。

仪狄忙叫宫卫搀扶禹王至后宫休息。约莫过了两个时辰，禹王又气冲冲地回到宫中，愤怒地责骂黄浪弄来什么毒药，要毒害他。黄浪吓得六神无主，慌急中招出他差人取来的是杜康造的神水。

禹王一听神水是杜康所造，便喝令宫卫去抓杜

大麦 我国古老的作物。据考证，早在新石器时代中期，古羌族就已在黄河上游开始栽培，距今已有5000年的历史。大麦具有早熟、耐旱、耐盐、耐低温冷凉、耐瘠薄等特点，因此栽培非常广泛。

康。仪狄立即跪奏,把杜康造神水的经过说了个一清二楚,又说神水性烈,不宜多饮,饮多了就会失态。仪狄是禹王最信得过的大臣,听了这番叙说,他才释了疑团,下令请杜康速速进宫叙话。

杜康叩拜禹王,禹王走下王位,搀起杜康,懊悔地说:"卿素心清雅,其诚感天。昔日使卿蒙受冤屈,皆为我之过也!今为酉日,卿冤案已平,神水亦应更香。为了表彰卿之忠诚,我欲将三点水旁加酉的'酒'字赐为神水之名,不知卿意如何?"

杜康忙说:"禹王褒奖,杜康受之有愧,愿以有生之年,多造好酒,以报禹王浩荡天恩。"禹王见杜康决心已定,也不好强留。

后来,杜康回到家乡,终年造酒,遂使酒的质量越来越好。

杜康百年之后,家乡的人却传说杜康并没有死,只是因造酒劳累过度,睡着后好久未醒。

传说仙童玉女们垂涎酒香,悄悄从梦中把杜康带到天上。等杜康睡醒来,又要重返人间,玉帝却强留不放,命他做瑶池宫经济总管。杜康却只想造酒。玉帝无奈,只好让他重操旧业,继续造酒。果然,杜康在天堂又造出了瑶池玉液的好酒来。

阅读链接

在我国古书《世本》中,有"仪狄始作醪,变五味"的记载。仪狄是夏禹时代司掌造酒的官员,相传是我国最早的酿酒人,女性。东汉许慎《说文解字》中解释"酒"字的条目中有:"杜康作秫酒。"《世本》也有同样的说法。更带有神话色彩的说法是"天有酒星,酒之作也,其与天地并矣"。

这些传说尽管各不相同,大致说明酿酒早在夏朝或者夏朝以前就存在了,夏朝距今4000多年,而夏代古墓或遗址中均发现有酿酒器具。这一发现表明,我国酿酒起码在5000年前已经开始,而酿酒之起源当然还在此之前。

夏商酒文化开始萌芽

远古时期的酒,是未经过滤的酒醪,呈糊状和半流质,对于这种酒,不适于饮用,而是食用。食用的酒具一般是食具,如碗、钵等大口器皿。

远古时代的酒器制作材料主要是陶器、角器、竹木制品等。夏代酒器的品类较之前人有了很大的发展,但颇显单调,主要是陶器和青铜器,少数为漆器。

夏代陶制酒器器形已相当丰富,有陶觚、爵、尊、罍、鬶、盉。不过,这时帝王贵族使用的饮酒器,开始出现了青铜器,如铜爵、斝和漆觚等。

从二里头夏代遗址发现的铜器

夏朝青铜爵

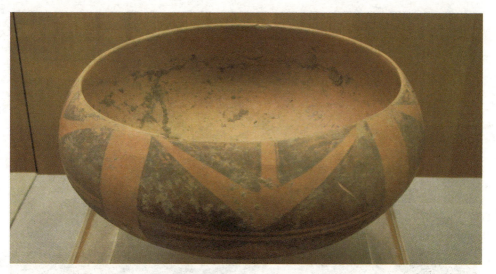

■ 远古时期的酒具

来看,很多都是酒器。其中有一种叫作"爵",其制造技术很复杂,有一个很长的流和尾,腹部底下有3个足,腰部细而内收,底部是平平的。是我国已知最早的青铜器,在中华历史上具有重要的地位。

当时乡人于农历十月在地方学堂行饮酒礼。在开镰收割、清理禾场、农事既毕以后,辛苦了一年的人们屠宰羔羊,来到乡间学堂,每人设酒两樽,请朋友共饮,并把牛角杯高高举起,相互祝愿大寿无穷,当然也预祝来年丰收大吉,生活富裕。

到了商代,酒已经非常普遍了,酿酒也有了成套的经验。我国最古老的史书《尚书·商书·说命下》中说:

若作酒醴,尔惟曲蘖;若作和羹,尔为盐梅。

曲,酒母。曲蘖,就是指制酒的酒曲。意思是

罍 是商朝晚期至东周时期大型的盛酒和酿酒器皿,有方形和圆形两种形状,其中方形见于商代晚期,圆形见于商朝和周朝初年。从商到周,罍的形式逐渐由瘦高转为矮粗,繁缛的图案渐少,变得素雅。

爵 我国古代一种用于饮酒的容器,多发现于商代和西周的青铜礼器中。后演变为君主国家贵族封号,爵位、爵号,是古代皇帝对贵戚功臣的封赐,周代有公、侯、伯、子、男5种爵位。

■ 古代酒具

说，要酿酒，必须用酒曲。

用蘖法酿醴在远古时期也可能是我国的酿造技术之一，商代甲骨文中对醴和蘖都有记载。这就是后世啤酒的起源。

酒的广泛饮用引起了商王朝的高度重视。伊尹是商汤王的右相，助汤王掌政十分有功，德高望重。汤王逝世，太甲继位，伊尹为商王朝长治久安而作《伊训》，力劝太甲认真继承祖业，不忘夏桀荒淫无度而导致夏亡的教训，教育太甲，常舞则荒淫，乐酒则废德。陶制酒器在商代除了精美的原始白酒器外，一般是中小贵族及民间使用，当时帝王和大贵族使用的酒器主要是青铜酒器。

在商代，由于酿酒业的发达，青铜器制作技术提高，我国的酒器达到前所未有的繁荣，出现了"长勺氏"和"尾勺氏"这种专门以制作酒具为生的氏族。

传说，周公长子伯禽，受封于鲁国，分到了"殷

《伊训》商代老臣伊尹所作，旨在对新王太甲进行教育。伊尹训示太甲：你要秉承先王大德，把大爱施与亲人，把尊敬施与长上，把这一政策从王的身边，推行到全国各地。伊尹强调，你积德不管多小，那是全国的幸运；你缺德不管多隐蔽，那将导致商朝的灭亡。

民六族",即条氏、徐氏、萧氏、索氏、长勺氏、尾勺氏。

民间传说,长勺氏的冶炼技术传承来自太上老君,是他把精湛的冶炼技术传给了长勺氏,又经长勺氏的历代发展,铸造技术越来越精湛。

由于长勺氏和尾勺氏制作酒器的技术高超,当时上至达官贵人,下至黎民百姓,都使用他们生产的酒具和水器,水器是用来舀食物、舀水的生活用具,如长把勺子、碗、瓢等。

但是,由于当时的盛酒器具和饮酒器具多为青铜器,其中含有锡,溶于酒中,使商朝的人饮后中毒,身体状况日益衰弱。同时,当朝的执政者并不能都接受教训,到了商纣王时,仍然嗜酒,传说纣王造的酒池可行船,这最终导致了商朝的灭亡。

商代酒器发展较快,品类迅速增多,以陶器和青铜器为主,另有少量原始瓷器、象牙器、漆器和铅器等做辅助。器形有陶觚、爵、尊、罍、盉、斝、铜觚、爵、尊、罍、卣、斝、盉、瓿、方彝、壶、杯子、挹等。

殷商时代祭祀的规模很宏大。在《殷墟书契前编》中有一条卜辞,即"祭仰卜,卣,

盉 是古代盛酒器,是古人调和酒和水的器具,用水来调和酒味的浓淡。盉的形状较多,一般是圆口,深腹,有盖,前有流,后有鋬,下有三足或四足,盖和鋬之间有链相连接。青铜盉出现在商代早期,盛行于商晚期和西周,流行到春秋战国。

商代酒器青铜觚

古代祭祀用的酒具

弹鬯百，牛百用"。一次祭祀要用100卣酒、100头牛。祭祀用的卣约盛3斤酒，百卣即300斤。

祭祀天地先王为大祭，添酒3次；祭祀山川神社为中祭，添酒2次；祭祀风伯雨师为小祭，添酒1次。元老重臣则按票供酒，国王及王后不受此限。

酒器的丰富和祭祀用酒，体现了夏商酒文化开始萌芽，并且说明了当时的农业生产有了很大的进步和发展。

阅读链接

尊和罍一样，为盛酒之器。由于在商代及西周初年，人们普遍使用尊这种酒器，以至于使尊和酒紧密地联结在一起，在后世文章中常出现"尊酒"之称。

唐代诗人韩愈《赠张籍》云："尊酒相逢十载前，君为壮夫我少年；尊酒相逢十年后，我为壮夫君白首。"宋代诗人陆游《东园晚步》诗有句道"痛饮每思尊酒窄"，尊酒连称，指酒宴或酒量。清初诗人钱谦益《饮酒七首》之二云："岂知尊中物，犹能保故常。""尊中物"即指酒，与"杯中物"同义。

酒之蕴含

酒道兴起

西周时期酿酒技术的逐步成熟和酒道礼仪的形成，在尊老重贤的中华传统中有着深远的意义。春秋战国时期，由于物质财富大为增加，从而为酒文化的进一步发展提供了物质基础。

秦汉统一王朝的建立，促进了经济的繁荣，酿酒业兴旺起来。从提倡戒酒，减少五谷消耗，到加深了对酒的认识，使酒的用途扩大，构成了调和人伦、愉悦神灵这一汉人酒文化的精神内核。魏晋南北朝时期，饮酒风气极盛，酒的作用潜入人们的内心深处，使酒文化具有了新的内涵。

周代形成的酒道礼仪

周成王姬诵执政时，由于他年少，便由周公旦辅政。周公旦励精图治，使西周王朝的政治、经济和文化事业都得到了空前的发展。当时的酒业也迅速发展起来。

尹吉甫画像

西周酿酒业的发展首先体现在酒曲工艺的加工上，据周代著作《书经·说命篇》中说："若作酒醴，尔惟曲蘖。"说明当时曲蘖这个名称的含义也有了变化。

西周时制的散曲中，一种叫黄曲霉的菌已占了优势。黄曲霉有较强的糖化力，用它酿酒，用曲量较之过去有所减少。

由于黄曲霉呈现美丽的黄色，周代王室认为这种颜色很美，所以用黄色布制作了一种礼服，就叫"曲衣"，以至于黄色成为后世帝王的专用颜色。

西周时期，有个叫尹吉甫的，他是西周宣王姬静的宰相，是一位军事家、诗人、哲学家。他在成为周宣王的大臣之前是楚王的太师。一日朝堂之上，楚王派尹吉甫作为使者向周宣王进贡。于是，尹吉甫就带上一坛家乡房陵产的黄酒献给周宣王。

当时的房陵已经掌握了完整的小曲黄酒的酿造技术，当尹吉甫将房陵黄酒呈上殿后，开坛即满殿飘香。周宣王尝了一口，不禁大赞其美，遂封此酒为封疆御酒。并派人把房陵这个地方每年供送的黄酒用大小不等的坛子分装，储藏慢用。

从此，黄酒不仅拥有了御赐"封疆御酒"的殊荣，还被周王室指定为唯一的国酒。

西周时不仅酒的酿造技术达到相当的水平，而且已经有了煮酒、盛酒和饮酒的器具，还有专造酒具的"梓人"。

西周早期酒器无论器类和风格都与商代晚期相似，中期略有变化，晚期变化较大，但没有完全脱离早期的影响，仍以青铜酒器为大宗，原始瓷酒器略有

■ 酿酒发酵池

酒曲 是在经过强烈蒸煮的白米中，移入曲霉的分生孢子，然后进行保温，米粒上便会茂盛地生长出菌丝，这就是酒曲。关于酒曲的最早文字是周代著作《书经·说命篇》中的"若作酒醴，尔惟曲糵"。酒曲的生产技术在北魏时的《齐民要术》中第一次得到全面总结，在宋代已达到极高的水平。

发展，漆酒器品类较商代晚期为多。

在北京房山琉璃河西周燕国贵族墓地中发现有漆罍、漆觚等酒器，色彩鲜艳，装饰华丽，器体上镶嵌有各种形状的蚌饰，是我国最早的螺钿漆酒器，堪称西周时期漆酒器中的珍品。

西周时期的酒器

为了酿好和管好酒，西周还设置了"酒正""酒人"等，以此来掌酒之政令。同时还制定了类似工艺、分类的标准。周代典章制度《周礼·天官》中记载酒正的职责：

> 酒正……辨五齐之名，一曰泛齐，二曰醴齐，三曰盎齐，四曰醍齐，五曰沈齐。辨三酒之物，一曰事酒，二曰昔酒，三曰清酒。

"五齐"是酿酒过程的5个阶段，在有些场合下，又可理解为5种不同规格的酒。

"三酒"大概是西周王宫内酒的分类。"事酒"是专门为祭祀而准备的酒，有事时临时酿造，故酿造期较短，酒酿成后，可立即饮用，无须经过贮藏；"昔酒"则是经过贮藏的酒；"清酒"大概是最高档的酒，一般经过过滤、澄清等步骤。这说明酿酒技术已较为完善。

反映秦汉以前各种礼仪制度的《礼记》中，记载了被后世认为是酿酒技术精华的一段话：

仲冬之月，乃命大酋，秫稻必齐，曲蘖必时，湛炽必洁，水泉必香，陶器必良，火齐必得，兼用六物，大酋监之，无有差忒。

"六必"字数虽少，但所涉及的内容相当广泛全面，缺一不可，是酿酒时要掌握的六大原则问题。

到了东周时期，酒器中漆器与青铜器并重发展。青铜酒器有尊、壶、缶、鉴、扁壶、钟等，漆酒器主要有耳杯、樽、卮、扁壶。另有少量瓷器、金银器，陶酒器则较少见了。

周代实行飨燕礼仪制度，这一制度在周公旦所著的《周礼》中就有详细规定。飨与燕是两种不同的礼节。飨是以酒食款待人；燕是天子宴请诸侯，或诸侯之间的互相宴请，大多在太庙举行。待客的酒一桌两壶，羔羊一只。宾主登上堂屋，举杯祝贺。规模宏大，场面严肃。

这种宴请的目的，其实并不在吃肉喝酒，而是天子与诸侯联络感情，体现以礼治国安邦之意。

"燕"通"宴"，燕礼就是宴会，主要是君臣宴礼，在寝宫举行。烹狗而

漆器 用漆涂在各种器物的表面上所制成的日常器具及工艺品、美术品等。我国从新石器时代起就认识了漆的性能并用以制器，历经商周直至明清，我国的漆器工艺不断发展，达到了相当高的水平，是我国古代在化学工艺及工艺美术方面的重要发明。

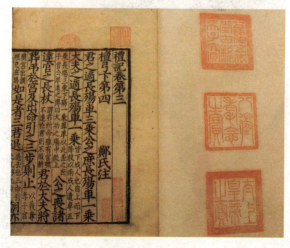

■ 古籍《礼记》中记载了酿酒技术

> **豆** 我国先秦时期的食器和礼器。像高脚盘，作为礼器常与鼎、壶配套使用，构成了一套原始礼器的基本组合，成为随葬用的主要器类。用豆之数，常以偶数组合使用。大汶口遗址出土过流行于春秋战国时期的陶豆。开始用于盛放谷物，后用于盛放腌菜、肉酱等调味品。

食，酒菜丰盛，尽情吃喝，场面热烈。一般酒过三巡之后，可觥筹交错，尽欢而散。

在地方一级，还有一种叫乡饮酒礼，也是从周代开始流行的。乡饮酒礼是地方政府为宣布政令、选拔贤能、敬老尊长、甄拔长艺等举行的酒会礼仪。一般在各级学校中举行。主持礼仪的长官站在校门口迎接来宾，入室后按长幼尊卑排定座次，开始乡饮酒礼。

在敬酒献食过程中，首先要饮一种"元酒"，是一种从上古流传下来的粗制黄酒，以此来警示人们不能忘记先辈创业的艰辛。之后，才能饮用高档一点的黄酒。

周代乡饮习俗，以乡大夫为主人，处士贤者为宾。饮酒，尤以年长者为优厚。《礼记·乡饮酒义》中说：

■ 东周时期青铜酒器

> 乡饮酒之礼：六十者坐，五十者立侍以听政役，所以明尊长也。六十者三豆，七十者四豆，八十者五豆，九十者六豆，所以明养老也。

引文中的"豆"，指的是一种像高脚盘一样的盛肉类食物的器皿。这段话的意思是说，乡饮酒的礼仪，60岁的坐下，50岁的站立陪侍，来听候差使，这是用

古代用来宴饮的黄酒

以表明对年长者的尊重。给60岁的设菜肴三豆，70岁的四豆，80岁的五豆，90岁的六豆，这是用以表明对老人家的优待。

乡饮酒礼的意义要在于序长幼，别贵贱，以一种普及性的道德实践活动，成就敬长养老的道德风尚，达到德治教化的目的。周代形成的乡饮酒礼，是尊老敬老的民风在以酒为主体的民俗活动中有生动显现，也是酒道礼仪形成的重要标志，对后世产生了深远影响。

阅读链接

黄酒是我国汉族的民族特产，从汉代到北宋，是我国传统黄酒的成熟期。黄酒属于酿造酒，它与葡萄酒和啤酒并称为世界三大酿造酒，在世界上占有重要的一席。酿酒技术独树一帜，成为东方酿造界的典型代表和楷模。

事实上，黄酒是我国古代唯一的国酒。周代之后，历代皇帝遵循古传遗风，在飨燕之礼的基础上，又增加了许多宴会，如元旦大宴、节日宴、皇帝诞辰宴等。地点改在园林楼阁之中，气氛也轻松活泼了许多。而宴会上使用的酒只有黄酒。

春秋战国时的酒与英雄

春秋战国时期,由于铁制工具的使用,生产技术有了很大的改进。当时的农民生产积极性高,"早出暮归,强乎耕稼树艺,多取菽粟",致使财富大为增加,为酒文化的进一步发展提供了物质基础。

春秋时期,越王勾践被吴王夫差战败后,为了实现"十年生聚,

■周代盛酒用的瓷盂

十年教训"的复国大略，下令鼓励人民生育，并用酒作为生育的奖品：生丈夫，二壶酒，一犬；生女子，二壶酒，一豚。豚就是猪。

勾践以酒奖励生育，有两方面的作用：一是作为国君的恩施，使百姓感激国君，听从国君；二是作为对产妇的一种保健用品，帮助催奶和恢复产妇的体能，有利于优育。因此，以酒作为产妇的保健用品一直沿用至今。

■ 越王勾践塑像

公元前473年，勾践出师伐吴雪耻，三军出行之日，越国父老敬献一坛黄酒为越王勾践饯行，祝越王旗开得胜，勾践"跪受之"，并投之于上流，令军士迎流痛饮。士兵们感念越王的恩德，同仇敌忾，无不用命，奋勇杀敌，终于打败了吴国。

秦相吕不韦的《吕氏春秋》也记载了这件事。越王勾践以酒来激发军民斗志的故事，千百年来一直为酒乡人所传颂。

酒是高尚的材料，是美妙而奇特的物质，它有精神产品的作用，能在人们的社会生活中显现出特殊的作用。古人常拿它作激励斗志的物品。同是浙江的另一酒乡嘉善，也有一个与酒有关的故事：

相传在春秋战国时期，吴国大将伍子胥曾驻扎嘉善一带，并自南至北建立了几十里防线，准备与越国

《吕氏春秋》
亦称《吕览》，是秦国丞相吕不韦集合门客共同编撰的一部杂家名著。注重博采众家学说，以儒、道思想为主，并融合进墨、法、兵、农、纵横、阴阳等各家思想。吕不韦自己认为其中包括了天地万物古往今来的事理，所以号称《吕氏春秋》。

进行一场大战。

嘉善处在吴越之间,是有名的鱼米之乡,而酒是当地的特产。每次出征或前线凯旋,将士们都喜欢豪饮。日久天长,营盘外丢弃的桃汁酒瓶堆积如山,蔚然成景。嘉善县城南门的瓶山是其中最为著名的一处,后被邑人列为"魏塘八景"之一。

此外,在北宋《酒谱》中还记载:战国时,秦穆公讨伐晋国,来到河边,秦穆公打算犒劳将士,以鼓舞将士,但酒醪却仅有一盅。有人说,即使只有一粒米,投入河中酿酒,也可使大家分享。于是秦穆公将这一盅酒倒入河中,三军饮后都醉了。

从商周至春秋战国时期,特别是北方的游牧民族,酒器主要以青铜制品为主,酿酒技术已有了明显的提高,酒的质量随之也有了很大的提高。

当时饮酒的方法是:将酿成的酒盛于青铜垒壶之

> 《酒谱》成书于宋仁宗时期,杂取有关酒的故事、掌故、传闻计14题,包括酒的起源、酒的名称、酒的历史、名人酒事、酒的功用、性味、饮器、传说、饮酒的礼仪,关于酒的诗文等,内容丰实,多采"旧闻",且分类排比,一目了然,可以说是对北宋以前我国酒文化的汇集。

■ 青铜斛酒杯

中,再用青铜勺挹取,置入青铜杯中饮用。

河南平山战国中山王的墓穴中,发现有两个装有液体的铜壶,这两个铜壶分别藏于墓穴东西两个库中。外形为一扁一圆。东库藏的扁形壶,西库藏的圆形壶。两个壶都有子母口及咬合很紧的铜盖。该墓地势较高,室内干燥,没有积水痕迹。

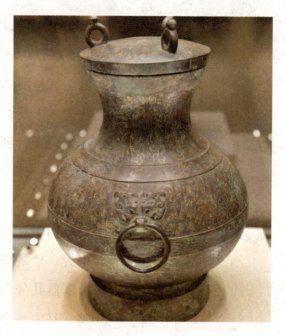

■ 中山王墓出土的青铜壶

将这两个壶的生锈的密封盖打开时,发现壶中有液体,一种青翠透明,似现在的竹叶青;另一种呈黛绿色。两壶都锈封得很严密,启封时,酒香扑鼻。

中山王墓穴的这两种古酒储存了2000多年,仍然不坏,有力地证明了战国时期,我国的酿酒技术已经发展到了一个很高的水平,令人惊叹不已。

春秋战国时期的文学作品中,对酒的记载很多。如孔子《论语》:"有酒食先生馔,曾是以为孝乎。"《诗经·小雅·吉日》:"以御宾客且以酌醴。"醴是一种甜酒。

在春秋时代,喝酒开始讲究尊贵等级。《礼记·月令》:"孟夏之月天子饮酎用礼乐。"酎是重酿之酒,配乐而饮,是说开盛会而饮之酒。

酎是三重酒。三重酒是指在酒醪中再加两次米曲或再加两次已酿好的酒,酎酒的特点之一是比一般的

禁 我国古代承酒樽的器座,可分为长方形与方形,有足与无足。其中,有足的称为"禁",无足的称为"斯禁"。起于西周初年,灭于战国时代。之所以称"禁",盖因周人总结夏商两代灭亡之因,均在嗜酒无度。

交杯酒 我国婚礼程序中的一个传统礼俗，在古代又称为"合卺"。卺的意思本来是一个瓠分成两个瓢，古语有"合卺而酳"，以一瓠分为二瓢谓之卺，婿之与妇各执一片以酒漱口，合卺又引申为结婚的意思。

酒更为醇厚。湖南长沙马王堆西汉古墓出土的《养生方》中，酿酒方法是在酿成的酒醪中分3次加入好酒，这很可能就是酎的酿法。

在《礼记·玉藻》中记载："凡尊必尚元酒，唯君面尊，唯飨野人皆酒，大夫侧尊用棜，士侧尊用禁。"尚元酒，带怀古之意，系君王专饮之酒。当时的国民分国人和野人，国人指城郭中人；野人是指城外的人。可见当时让城外的人民吃一般的饭菜、喝普通的酒。木棜、禁是酒杯的等级。

当时青铜器共分为食器、酒器、水器和乐器四大部，共50类，其中酒器占24类。按用途分为煮酒器、盛酒器、饮酒器、贮酒器。此外还有礼器。形制丰富，变化多样，基本组合主要是爵与觚。

■ 封装好的葡萄酒

盛酒器具是一种盛酒备饮的容器。其类型很多，主要有尊、壶、区、卮、皿、鉴、斛、觥、瓮、瓿、彝。每一种酒器又有许多式样，有普通型，有取动物造型的。以尊为例，有象尊、犀尊、牛尊、羊尊、虎尊等。

饮酒器的种类主要有觚、觯、角、爵、杯、舟。不同身份的人使用不同的饮酒器，如《礼记·礼器》篇明文规定："宗庙之祭，尊者举觯，卑者举角。"湖北随州曾侯乙墓出土的铜鉴，可置冰贮酒，故又称为"冰鉴"。

温酒器，饮酒前用于将酒加热，配以勺，便于取酒。温酒器有的称为"樽"。

战国时期，人们结婚就已经有喝交杯酒的习俗，如战国楚墓中彩绘联体杯，即为结婚时喝交杯酒使用的"合卺杯"。

周代燕国酒器旋纹觯

春秋战国时期，酒令就在黄河流域的宴席上出现了。酒令分俗令和雅令。猜拳是俗令的代表，雅令即文字令，通常是在具有较丰富的文化知识的人士间流行。酒宴中的雅令要比乐曲佐酒更有意趣。文字令又包括字词令、谜语令、筹令等。

阅读链接

春秋战国时期的饮酒风俗和酒礼有所谓"当筵歌诗""即席作歌"。从射礼转化而成的投壶游戏，实际上是一种酒令。当时的酒令，完全是在酒宴中维护礼法的条规。在古代还设有"立之监""佐主史"的令官，即酒令的执法者，他们是限制饮酒而不是劝人多饮的。

随着历史的发展，时间的推移，酒令越来越成为席间游戏助兴的活动，以致原有的礼节内容完全丧失，纯粹成为酒酣耳热时比赛劝酒的助兴节目，最后归结为罚酒的手段。

秦汉时期酒文化的成熟

秦始皇建立秦王朝后，社会生产力迅速发展，农业生产水平得到大幅度提高，为酿酒业的兴旺提供了物质基础。

秦始皇为了青春永驻、长生不老，派御史徐福带领童男童女500人，前往东海蓬莱仙岛求取长生不老丹。同时，他还相信以粮食精华制成的酒可以养生获得长寿。

春秋时期的青铜爵

陕西西安车张村秦阿房宫遗址发现有云纹高足玉杯，高14.5厘米。青色玉，杯身呈直口筒状，近底部急收，小平底。杯身纹饰分3层，上层饰有柿蒂、流云纹，中层勾连卷云纹，下层饰流云、如意纹。足上刻有丝束样花纹。

这件云纹高足玉杯虽无复

杂奇特之处，但它发现于秦始皇藏宝储珍规模庞大的宫殿阿房宫遗址中，是秦始皇或其嫔妃们用过的酒杯，其价值非同一般。

到了汉代，酒的酿造技术已经很成熟。汉代以前的酒曲主要是散曲，到了汉代，人们开始较多地使用块曲即饼曲。后来，制曲又由曲饼发展为大曲、小曲。由于南北地区气候、原料的差异，北方用大曲，即麦曲；南方用小曲，即酒药。

■ 秦始皇举杯祭拜以求仙药

唐代徐坚若的《初学记》是最初记载红曲的文献，其记载说明汉末我国陇西一带已有红曲。红曲的生产和使用是制曲酿酒的一项大发明，标志着制曲技术的飞跃。

在汉代及其以前的很长一段时间里，有一套完整的酿酒工艺路线。如在山东诸城凉台的汉代画像石中有一幅《庖厨图》，图中的一部分为酿酒情形的描绘，把当时酿酒的全过程都表现出来了。

在《庖厨图》中，一人跪着正在捣碎曲块，旁边有一口陶缸应为浸泡的曲末，一人正在加柴烧饭，一人正在劈柴，一人在甑旁拨弄着米饭，一人负责将曲汁过滤到米饭中去，并把发酵醪拌匀的操作。有两人负责酒的过滤，还有一人拿着勺子，大概是把酒液装入酒瓶。下面是发酵用的大酒缸，都安放在酒垆之中。

《庖厨图》中还表现了大概有一人偷喝了酒，

阿房宫 是我国历史上第一个统一的多民族国家秦帝国修建的新朝宫。秦始皇于公元前212年开始建造，意在建成后，成为秦王朝的政治中心，被誉为"天下第一宫"。阿房宫是我国首次统一的标志性建筑，也是华夏民族开始形成的实物标识。

■《庖厨图》画像石

被人发现后正在挨揍。酒的过滤大概是用绢袋,并用手挤压。过滤后的酒放入小口瓶,进一步陈酿。画面逼真,引人遐想。

秦汉时期,随着酿酒业的兴旺,出现了"酒政文化"。朝廷屡次禁酒,提倡戒酒,以减少五谷的消耗,但是饮酒已经深入民间,因此收效甚微。

汉代,民众对酒的认识进一步加深,酒的用途扩大。调和人伦、愉悦神灵和祭祀祖先,是汉代酒文化的基本功能,以乐为本是汉人酒文化的精神内核。

秦汉以后,酒文化中"礼"的色彩越来越浓,酒礼严格。从汉代开始,把乡饮酒礼当成一种推行教化举贤荐能的重要活动而传承不辍,直至后世。

当时的贵族和官僚将饮酒称为"嘉会之好",每年正月初一皇帝在太极殿大宴群臣,"杂会万人以上",场面极为壮观。太极殿前有铜铸的龙形铸酒器,可容40斛酒。当时朝廷对饮酒礼仪非常重视,"高祖竟朝置酒,无敢喧哗失礼者"。

汉代乡饮仪式仍然盛行,仪式严格区分长幼尊卑,升降拜答都有规定。按照当时宴饮的礼俗主人居中,客人分列左右。大规模宴饮还分堂上堂下以区分贵贱,汉高祖刘邦原配夫人吕雉的父亲吕公当年宴饮,"进不满千钱者坐之堂下"。由此可以看出当时

五谷 古代所指的五种谷物。"五谷"在古代有多种不同的说法,最主要的有两种:一种指稻、黍、稷、麦、菽;另一种指麻、黍、稷、麦、菽。两者的区别是:前者有稻无麻,后者有麻无稻。古代经济文化中心在黄河流域,稻的主要产地在南方,而北方种稻有限,所以五谷中最初无稻。

礼仪制度的严格。

这种聚会有举荐贤士以献王室的意义,所以一般选择吉日举行。每年三月学校在祭祀周公、孔子时也要举行盛大的酒会。

当时的乡饮仪式非常受重视,伏湛为汉光武时的大司徒,曾经奉汉光武帝之命主持乡饮酒礼。

按照汉代的礼俗,当别人进酒时,不让倒满或者一饮而尽,通常认为是对进酒人的不尊重。据说大臣灌夫与田蚡有矛盾,灌夫给他倒酒时被田蚡拒绝了,灌夫因此骂座。

同时,饮酒大量被认为是豪爽的行为,有"虎臣"之称的盖宽饶赴宴迟到,主人责备他来晚了,盖宽饶曰:"无多酌我,我乃酒狂。"

还有汉光武帝时的马武,为人嗜酒,豁达敢言,据说他经常醉倒在皇帝面前。

汉代开始有了外来的酒品。公元前138年,西汉外交家张骞奉汉武帝之命出使西域,从大宛带来欧亚种葡萄,此种葡萄是在全世界广为种植的葡萄品种。

据《太平御览》记载,汉武帝时期,"离宫别观傍尽种葡萄",此时,葡萄的种植和葡萄酒的酿造都达到了一定规模。

西汉中期,中原地区的农民已得知葡萄可以酿酒,并将欧亚种葡萄引进中原。他们在引进葡萄的同时,还招来了

大司徒 我国古代官名。《周礼》以大司徒为地官之长。汉元寿年间改丞相为大司徒。东汉时期改称为司徒。北周依据《周礼》而置六官,为地官府之长,以卿任其职。

■ 汉代酒器

汉代酿酒画像砖

酿酒艺人。自西汉开始,我国有了西方制法的葡萄酒。

唐代诗人刘禹锡有诗云:"为君持一斗,往取凉州牧。"说的正是这件事。可见凉州葡萄酒的珍贵。

葡萄酒的酿造过程比黄酒酿造要简化,但是由于葡萄原料的生产有季节性,终究不如谷物原料那么方便,因此,汉代葡萄酒的酿造技术并未大面积推广。

由于酿酒原料的丰富,汉代酒的种类众多,有米酒、果酒、桂花酒、椒花酒等。河北满城的刘胜墓中有"稻酒十石""黍上尊酒十五石"等题字的陶缸,说明酒的种类很多。

汉景帝时的穆生不嗜酒,元王每置酒常为穆生设醴。这里的醴就是一种米酒。

酒在汉代,还有一个别名叫"欢伯",此名出自汉代焦延寿的《易林·坎之兑》。他说,"酒为欢伯,除忧来乐。"其后,许多人便以此为典,作诗撰文。如宋代杨万里在《和仲良春晚即事》诗之四中写道:"贫难聘欢伯,病敢跨连钱。"金代元好问在《留月轩》诗中写道:"三人成邂逅,又复得欢伯;欢伯属我歌,蟾兔为动色。"

"杯中物"这一雅号,则始于东汉名士孔融名言"座上客常满,樽中酒不空"。因饮酒时,大都用杯盛着而得名。

两汉时期,饮酒逐渐与各种节日联系起来,形成了独具特色的饮酒日。

对于普通百姓来说,婚丧嫁娶,送礼待客,节日聚会是畅饮的大好时机,体现了酒在当时的重要性。

在汉代酒还用作实行仁政的工具。汉文帝即位后下诏说:朕初即位,大赦天下,每百户赐给牛一头,酒10石,特许百姓聚会饮酒5天。按照汉代律法规定,3人以上无故群饮酒罚金4两。这是国家对百姓的一种赏罚。

酒还用来犒赏军士,刘邦当年进入关中与父老约法三章,"秦民大喜,争持羊酒食献享军士"。汉武帝初置四郡保边塞,"两千石治之,咸以兵马为务酒礼之会,上下通焉,吏民通焉"。

孔融(153—208),字文举,山东曲阜人,东汉文学家,家学渊源,是孔子的二十世孙。少有异才,勤奋好学,与平原陶丘洪、陈留边让并称"俊秀"。献帝即位后任北军中侯、虎贲中郎将、北海相,称孔北海。"建安七子"之首。

■ 古代酿酒用的木桶

病则饮酒

当时男女宴饮时可以杂坐，刘邦回故乡时，当地的男女一起在宴会上，"日乐饮极欢"。西汉时供人宴饮的酒店叫"垆"，雇佣干活的店员叫"保佣"。当时司马相如与卓文君就在临邛开了一家酒店，当街卖酒。

酒在汉代用于医疗，有"百药之长"的称号。当时有菊花酒、茉莉花酒等药酒。长沙马王堆汉墓出土的《养生方》和《杂疗方》中记载了利用药物配合治疗的药酒的方剂。东汉医学家张仲景的《伤寒论》和《金匮要略》中也有大量的记载。

东汉末年的建安年间，大臣曹操将家乡亳州的"九酝春酒"以及酿造方法献给汉献帝刘协，御医认为有健身功效，自此"九酝春酒"成为历代贡品。

"春酒"，即春季酿的酒。"九酝"，即九"酿"，分9次将酒饭投入曲液中。北魏贾思勰《齐民要术》中称，分次酿饭下瓮，初酿、二酿、三酿，最多至十酿，直至发酵停止酒熟止。先酿的发酵对于后酿的饭起着酒母的作用。"九酝春酒"即是用"九酝法"酿造的春酒。一般每隔三天投一次米，分9次投完9斛米。

这"九酝春酒"到了后世,更成了中华名酒古井贡酒。曹操那时就认识到了饮酒"差甘易饮,不病",而且还曾"青梅煮酒论英雄",所以他可谓将酒文化发挥到极致的先驱。

"九酝春酒"是酿酒史上甚至可以说是发酵史上具有重要意义的补料发酵法。这种方法后世称为"喂饭法"。在发酵工程上归为"补料发酵法"。补料发酵法后来成为我国黄酒酿造的最主要的加料方法。

汉代之酒道,饮酒一般是席地而坐,酒樽放在席地中间,里面放着挹酒的勺,饮酒器具也置于地上,故形体较矮胖。

当时在我国的南方,漆制酒具流行。漆器成为两汉、魏晋时期的主要类型。漆制酒具,其形制基本上继承了青铜酒器的形制,有盛酒器具、饮酒器具。

饮酒器具中,漆制耳杯是常见的。在湖北省云梦睡虎地11座秦墓中,出土漆耳杯114件,在长沙马王堆一号墓中也出土耳杯90件。

东汉前后,瓷酒器出现。与陶器相比,不管是酿造酒具还是盛酒或饮酒器具,瓷器的性能都超越陶器。

阅读链接

汉代酿酒开始采用的喂饭法发酵,是将酿酒原料分成几批,第一批先做成酒母,在培养成熟阶段,陆续分批加入新原料,扩大培养,使发酵继续进行的一种酿酒方法。喂饭的方法在本质上来说,也具有逐级扩大培养的功能。《齐民要术》中记录的神曲的用量很少,正说明了这一点。

采用喂饭法,从酒曲功能来看,说明酒曲的质量提高了。这可能与当时普遍使用块曲有关。块曲中根霉菌和酵母菌的数量比散曲中的相对要多。由于这两类微生物可在发酵液中繁殖,因此曲的用量没有必要太多,只需逐级扩大培养就行了。

魏晋时期的名士饮酒风

秦汉年间提倡戒酒,到魏晋时期,酒才有了合法地位,酒禁大开,允许民间自由酿酒,私人自酿自饮的现象相当普遍,酒业市场十分兴盛。魏晋时出现了酒税,酒税成为国家的财源之一。

魏文帝曹丕喜欢喝酒,尤其喜欢喝葡萄酒。他不仅自己喜欢葡萄酒,还把自己对葡萄和葡萄酒的喜爱和见解写进诏书,告之于群臣。他在《诏群臣》中写道:

> 中国珍果甚多,且复为说葡萄。当其朱夏涉秋,尚有余暑,醉酒宿醒,掩露而食。甘而不饴,酸而不脆,冷而不寒,味长汁多,除烦解渴。又酿以为酒,甘于曲蘖,善醉而易醒。道之固已流涎咽唾,况亲食之邪。他方之果,宁有匹之者。

作为帝王,在给群臣的诏书中,不仅谈吃饭穿衣,更大谈自己对

葡萄酒酿造传统工艺塑像

葡萄和葡萄酒的喜爱，并说只要提起"葡萄酒"这个名，就足以让人垂涎了，更不用说亲自喝上一口，此举可谓空前绝后。

因为魏文帝的提倡和身体力行，魏国的酿酒业得到了恢复和发展，使得在后来的晋朝及南北朝时期，葡萄酒成为王公大臣、社会名流筵席上常饮的美酒，葡萄酒文化日渐兴起。

西晋文学家、书法家陆机在《饮酒乐》中写道：

葡萄四时芳醇，琉璃千钟旧宾。
夜饮舞迟销烛；朝醒弦促催人。
春风秋月恒好，欢醉日月言新。

西晋哲学家、医药学家葛洪的《肘后备急方》中，有不少成方都夹以酒。葛洪主张戒酒，反而治病又多用酒，是否有些矛盾？其实不然，他主张用酒要适量，以度为宜。

魏晋之际，大氏族中很多人为了回避现实，往往纵酒佯狂。当时会稽为大郡，名士云集，风气所及，酿酒、饮酒之风盛起。人们借助

■ 竹林七贤

嵇康（224—263），字叔夜，三国时期著名思想家、音乐家、文学家、玄学家，又通绘画、书法。与阮籍等竹林名士共倡玄学新风，为"竹林七贤"的精神领袖。他曾娶曹操曾孙女为妻，官曹魏中散大夫，世称嵇中散。

于酒，抒发对人生的感悟、对社会的忧思、对历史的慨叹。酒的作用潜入人们的内心深处，酒的文化内涵随之扩展。

在魏晋时期，出现了有名的"竹林七贤"，即嵇康、阮籍、山涛、向秀、刘伶、王戎和阮咸。这7位名士处在魏晋易代之际，因对现实不满，隐于竹林，他们几乎都是嗜酒成瘾，纵酒放任。

"竹林七贤"中最狂饮的当属刘伶，他将饮酒可谓发挥到了一个顶峰。刘伶不仅人矮小，而且容貌极丑陋。但是他性情豪迈，胸襟开阔，不拘小节，平常不滥与人交往，沉默寡言，对人情世事一点都不关心，只与阮籍、嵇康很投机，遇上了便有说有笑。

据《晋书·刘伶传》记载，刘伶经常乘着鹿车，手里抱着一壶酒，命仆人提着锄头跟在车子的后面跑，并说道："如果我醉死了，便就地把我埋葬

了。"他嗜酒如命,放浪形骸由此可见。

有一次,刘伶喝醉了酒,跟人吵架,对方生气地卷起袖子,挥拳要打他。刘伶镇定地说:"你看我这细瘦的身体,哪有地方可以安放老兄的拳头?"对方听了不禁笑了起来,无可奈何地把拳头放下了。

刘伶有一次酒瘾大发,向妻子讨酒喝,他妻子把酒倒掉,砸碎酒具,哭着劝他:"你酒喝得太多了,不是保养身体的办法,一定要把它戒掉。"

刘伶说:"好!我不能自己戒酒,应当祈祷鬼神并发誓方行,你就赶快去准备祈祷用的酒肉吧。"

妻子信以为真,准备了酒肉。而刘伶跪着向鬼神祈祷说:"天生刘伶,以酒为名,一次能饮十斗,再以五斗清醒,女人说出的话,切切不可便听。"说罢便大吃大喝起来,一会儿便醉倒了,害得妻子痛心大哭。因此,后人多把酣饮放纵的人比作刘伶。

据北魏《洛阳伽蓝记·城西法云寺》中记载,北魏时的河东人有个叫刘白堕的人善于酿酒,在农历六月,正是天气特别热的时候,用瓮装酒，在太阳下暴晒。经过10天的时间，瓮中的酒味道鲜美令人醉，一个月都不醒。京师的权贵们多出自郡登藩，相互馈赠此酒都得逾越千里。因为酒名远扬，所以号"鹤觞"，也叫"骑驴酒"。

有一次，青州刺史毛鸿宾带着酒到藩地，路上遇到了盗贼。这些盗贼饮了酒之后，就醉得不省人事了，于是全部被擒获。因此，当时的人们就戏说："不怕张弓拔刀，就怕白堕春醪。"从此后，后人便以"白堕"作为酒的代称了。

魏晋时期，开始流行坐床，酒具变得较为瘦长。此外，魏晋南北朝时出现了"曲水流觞"的习俗，把酒道向前推进了一步。

曲水流觞，出自晋朝大都市会稽的兰亭盛会，是我国古代流传的一种高雅活动。兰亭位于浙江绍兴，晋朝贵族高官在兰亭举行盛会。农历三月，人们举行祓禊仪式之后，大家坐在河渠两旁，在上流放置

酒杯，酒杯顺流而下，停在谁的面前，谁就取杯饮酒，赋诗。

东晋永和九年，即353年农历三月初三上巳日，晋代有名的大书法家、会稽内史王羲之偕军政高官、亲朋好友谢安、孙绰等42人，在兰亭修禊后，举行饮酒赋诗的"曲水流觞"活动。

当时，王羲之等人在举行修禊祭祀仪式后，在兰亭清溪两旁席地而坐，将盛了酒极轻的羽觞放在溪中，由上游浮水徐徐而下，经过弯弯曲曲的溪流，觞在谁的面前打转或停下，谁就得即兴赋诗并饮酒。

在这次游戏中，有11人各成诗两篇，15人各成诗一篇，16人作不出诗，各罚酒3觥。王羲之将大家的

祓禊 古代祭名，源于古代"除恶之祭"。古代于春秋两季，有至水滨举行祓除不祥的祭礼习俗，或濯于水滨，或秉火求福。春季常在三月上旬的巳日，并有沐浴、采兰、嬉游、饮酒等活动。三国魏以后定为三月初三，称为"祓禊"。

■ 曲水流觞图

诗集起来，用蚕茧纸、鼠须笔挥毫作序，乘兴而书，写下了举世闻名的《兰亭集序》，被后人誉为"天下第一行书"，王羲之也因之被人尊为"书圣"。

晋时，出现了一种新的制曲法，即在酒曲中加入草药。晋代人嵇含的《南方草木状》中，就记载有制曲时加入植物枝叶及汁液的方法，这样制出的酒曲中的微生物长得更好，用这种曲酿出的酒也别有风味。后来，我国有不少名酒酿造用的小曲中，就加有中草药植物，如白酒中的白董酒、桂林三花酒、绍兴酒等。

魏晋南北朝时，绍兴黄酒中的女儿红已有名，这时期很多著作为绍兴黄酒流传后世打下了基础。嵇含的《南方草木状》不只记载了黄酒用酒曲的制法，还记载了绍兴人为刚出生的女儿酿制花雕酒，等女儿出嫁再取出饮用的习俗。

阅读链接

在南北朝时，绍兴黄酒的口味也有了重大变化，经过一千多年的演进，绍兴黄酒已由越王勾践时的浊醪，演变为一种甜酒。南朝梁元帝萧绎所著的《金缕子》，书中提到"银瓯一枚，贮山阴甜酒"，其中山阴甜酒中的山阴即今之绍兴。

绍兴酒有悠久的历史，历史文献中绍兴酒的芳名屡有出现。尤其是清人梁章钜在《浪迹三谈》中说，清代时喝到的绍兴酒，就是以这种甜酒为基础演变的。而后世的绍兴酒都略带甜味，由此可知绍兴酒的特有风味在南北朝时就已经形成。

借酒感怀 诗酒流芳

唐代是我国历史上酒与文人墨客的大结缘时期。唐代诗词的繁荣，对酒文化有着促进作用，出现了辉煌的"酒章文化"，酒与诗词、酒与音乐、酒与书法、酒与美术、酒与绘画等，相融相兴，沸沸扬扬。

宋代酒文化比唐代酒文化更丰富，更接近后世的酒文化。元代的酒品更加丰富，有马奶酒、果料酒和粮食酒几大类，而葡萄酒是果实酒中最重要的一种。

唐代酿酒技术的大发展

隋文帝统一全国后，经过短暂的过渡，就是唐代的"贞观之治"及100多年的盛唐时期。唐代吸取隋短期就遭灭亡的教训，采取缓和矛盾的政策，减轻赋税，实行均田制和租庸调制，调动了广大农民的生产积极性。再加上兴修水利、改革生产工具，使全国农业、手工业发展非常迅速。

唐代由于疆土扩大，粮食的储积，自然为发展酿酒业提供了前提。再加上唐代文化繁荣，喝酒已不再是王公贵族、文人名士的特权，老百姓也普遍饮酒。

唐高祖李渊、唐太宗李世民都十分钟爱葡萄酒，唐太宗还喜欢自己动手酿制葡萄酒，

李世民画像

◼ 古代酿酒工艺落缸

酿成的葡萄酒不仅色泽很好，味道也很好，并兼有清酒与红酒的风味。

据唐代刘肃《大唐新语》记载，唐高祖李渊有一回请客，桌上有葡萄。别人都拿起来吃，只有侍中陈叔达抓到手里便罢，一颗葡萄也舍不得吃。

李渊不禁询问其缘由，陈叔达顿时泪眼迷离，称老母患口干病，就想吃葡萄，但"求之不得"。李渊被其孝心所打动，于是赐帛百匹，让他"以市甘珍"。帛在当时是非常珍贵的，需要用帛换葡萄，而且被称为"甘珍"，足见当时葡萄是多么珍贵。

当时，在长安城东至曲江一带，都有胡姬侍酒之肆，出售西域特产葡萄酒。胡姬，原指胡人酒店中的卖酒女，后泛指酒店中卖酒的女子。在我国魏晋、南北朝一直到唐代，长安城里有许多当垆卖酒的胡姬，她们个个高鼻美目，身体健美，热情洋溢。李白的《少年行》中就有"笑入胡姬酒肆中"的描述。

唐太宗执政时期，他在640年命交河道行军大总

帛 我国战国以前称丝织物为"帛"。战国时就已经有生丝织成的"帛"。单根生丝织物为"缯"，双根为"缣""绢"为更粗的生丝织成。据考古资料，在殷周古墓中就发现丝帛的残迹，可见那个时候的丝织技术就相当发达。

■ 储藏葡萄酒的酒窖

管侯君集率兵平定高昌。唐军破了高昌国以后，收集到马乳葡萄的种子在宫苑中种植，并且还得到了酿酒的技术。

唐太宗把酿酒的技术做了修改后，酿出了芳香酷烈的葡萄酒，赐给大臣们品尝。这是史书第一次明确记载内地用西域传来的方法酿造葡萄酒的档案。

唐时，我国除了自然发酵的葡萄酒，还有葡萄蒸馏酒，也就是白色白兰地，即出现了烧酒。烧酒是为了提高酒度，增加酒精含量，在长期酿酒实践的基础上，利用酒精与水的沸点不同，蒸馏取酒的方法。蒸馏酒的出现，是酿酒史上一个划时代的进步。

唐太宗在破高昌国时，得到过西域进贡的蒸馏酒，故有"唐破高昌始得其法""用器承取滴露"的记载，说明唐代已出现了烧酒。

唐代，国境的西北和西南两大地区几乎同时出现

白兰地 以水果为原料，经发酵、蒸馏制成的酒。通常所称的白兰地专指以葡萄为原料，通过发酵再蒸馏制成的酒。而以其他水果为原料，通过同样的方法制成的酒，常在白兰地酒前面加上水果原料的名称以区别其种类。

白酒蒸馏技术。因此，在唐代文献中，出现了"烧酒""蒸酒"之名。

唐代武德年间，有了"剑南道烧春"之名，据当时的中书舍人李肇在《唐国史补》中记载，闻名全国的有13种美酒，其中就有"荥阳之土窖春"和"剑南之烧春"。

"春"是原指酒后发热的感受，在唐代普遍称酒为"春"。早在《诗经·豳风·七月》中就有"十月获稻，为此春酒，以介眉寿"的诗句，故人们常以"春"作为酒的雅称，因此"剑南之烧春"指的就是绵竹出产的美酒。

779年，"剑南烧春"被定为皇室专享的贡酒，记于《德宗本纪》，从而深为文人骚客所称道。

相传，大诗人李白为喝此美酒，曾在绵竹把皮袄卖掉买酒痛饮，留下"士解金貂""解貂赎酒"的佳话。至今，绵竹一带还流传着李白解貂赎酒的故事。

鹅黄酒，传承于唐宋时期。酒体呈鹅黄色，醇和甘爽，绵软悠长，饮后不口干，不上头，清醒快。唐代大诗人白居易有"炉烟凝麝气，酒色注鹅黄""荔枝新熟鸡冠色，烧酒初开琥珀香"之绝美的诗句。

古代酿酒发酵工艺

唐代成都人雍陶有诗云："自到成都烧酒熟，不思身更入长安。"可见当时的西南地区已经生产烧酒，雍陶喝到了成都的烧酒后，连长安都不想去了。

从蒸馏工艺上来看，唐开元

> **陈藏器**（约687—757）唐代中药学家，四明（今浙江宁波）人。自幼聪慧过人，8岁起随父辈涉外采药，当时就能辨识百草，并且对许多相似药草过目不忘。一生致力钻研本草，调配了大量行之有效的茶疗秘方。纵观我国茶疗文化历史长河，陈藏器犹如一颗明星，照亮后世，造福万年。

年间，唐代中药学家陈藏器《本草拾遗》中有"甄气水""以气乘取"的记载。

此外，在隋唐时期的遗物中，还出现了只有15～20毫升的小酒杯，如果没有烧酒，肯定不会制作这么小的酒杯。这些都充分说明，唐代不仅出现了蒸馏酒，而且还比较普及。

唐代是一个饮酒浪漫豪放的时代，也是一个酒业发展的繁荣时代。唐代生产的成品酒大致可以分为米酒、果酒和配制酒三大类型。其中谷物发酵酒的产量最多，饮用范围也最广。

唐代的米酒按当时的酿造模式，可分为浊酒和清酒。浊酒的酿造时间短，成熟期快，酒度偏低，甜度偏高，酒液比较浑浊，整体酿造工艺较为简单；清酒的酿造时间较长，酒度较高，甜度稍低，酒液相对清澈，整体酿造工艺比较复杂。

■ 酿酒蒸馏工艺

■ 储藏白酒的坛子

浊酒与清酒的差异自魏晋以来就泾渭分明，人们划分谷物酒类均以此为标准。在《三国志·魏书·徐邈传》中有这样的记载："平日醉客，谓酒清者为圣人，浊者为贤人。"

唐代时，白酒指的是浊酒。清酒的酒质一般高于浊酒。唐代的酿酒技术虽然比魏晋时有了很大提高，但是对浊酒与清酒的区分未变。

唐时，米酒的生产以浊酒为主，产量多于清酒。浊酒的工艺较为简单，一般乡镇里人都能掌握。唐代诗人李绅的《闻里谣效古歌》："乡里儿，醉还饱，浊醪初熟劝翁媪。"罗邺《冬日旅怀》中有"闲思江市白醪满"之诗句。浊醪、白醪，均指浊酒。

浊酒的汁液浑浊，过滤不净，米渣又漂在酒水上面犹如浮蚁，因而唐人多以"白蚁""春蚁"等来

李绅（772—846），字公垂，唐赵国公、诗人。与元稹、白居易交游甚密，他一生最闪光的部分在于诗歌，他是在文学史上产生过巨大影响的新乐府运动的参与者。著有《悯农》诗两首，脍炙人口，妇孺皆知，千古传诵。

形容浊酒。如白居易《花酒》："香醅浅酌浮如蚁。"翁绶《酒》："无非绿蚁满杯浮。"陆龟蒙《和袭美友人许惠酒以诗征之》："冻醪初漉嫩和春，轻蚁漂漂杂蕊尘。"这些诗句都描写了浊酒的状态。

在唐代文学作品中常见"白酒"一词，但指的不是白色酒，也不是后世概念上的白酒，而是浊酒。唐人常以酿酒原料为酒名，凡用白米酿制的米酒，就称之为"白酒"，或称"白醪"。

■ 古代的白酒

李频《游四明山刘樊二真人祠题山下孙氏店》："起看青山足，还倾白酒眠。"司马扎《山中晚兴寄裴侍御》："白酒一樽满，坐歌天地清。"袁皓《重归宜春偶成十六韵寄朝中知己》："殷勤倾白酒，相劝有黄鸡。"吟咏的均为白米酿造的酒。

清酒因酿造工艺复杂，所以酿造者较少。不过唐诗中对清酒仍有描述。如刘禹锡《酬乐天偶题酒瓮见寄》："瓮头清酒我初开。"曹唐《小游仙诗》："洗花蒸叶滤清酒。"

"清"是唐人判别酒质的一个重要标准，"好酒浓且清"，酒清者自然为上品。诗仙李白有名句"金樽清酒斗十千，玉盘珍馐直万钱"。虽有些夸张，但却说明清酒的贵重。白居易甚至赞叹清酒液体透明，

刘禹锡（772—842），字梦得，曾任唐朗州司马、连州刺史、夔州刺史、和州刺史、主客郎中、礼部郎中、苏州刺史等职，最后一任是太子宾客，故后世题他的诗文集为《刘宾客集》。被誉为中唐"诗豪"，是中唐杰出的政治家、哲学家、诗人和散文家。

有"樽里看无色,杯中动有光"之语。清酒大概从唐代传到日本后,成为日本清酒。

至中唐,随着经济中心的南移,南方经济迅速发展,出现了红曲酿酒的迹象。红曲是一种高效酒曲,它以大米为原料,经接曲母培养而成,含有红曲霉素和酵母菌等生长霉菌,具有很强的糖化力和酒精发酵力,这是北方粟米、麦麸所无法比拟的。

唐人酿酒通常重视用曲的作用,酿酒用"酿米一石,曲三斗,水一石"。酿酒投料的比例基本上沿袭《齐民要术》所载的北朝酿酒法。发酵时间从数日至数月不等。这种短期发酵只能用于酒度较低的浊酒。

唐代文学家陆龟蒙《酒瓮》描写了曲蘗的发酵过程。诗曰:

> 候暖曲蘗调,覆深苫盖净。
> 溢出每淋漓,沉来还灂滢。

当然,唐人也经常酿制一些酝期较长的优质酒。唐初诗人王绩《看酿酒》说"从来作春酒,未省不经年",就强调了延长酿酒发酵期。酝期的延长,说明在发酵技术上有所提高。

红曲酿造压榨出酒液装入酒坛、酒瓮"收酒"后,由于酒液内仍然保留着许多酒渣,因而会

陆龟蒙(?—881),字鲁望,唐朝文学家、农学家、藏书家。年轻时豪放,通"六经"大义,尤精《春秋》。他与皮日休为友,世称"皮陆",诗以写景咏物为多,是唐代隐逸派诗人的代表。

■ 宫廷专供酒

罗隐（833—909），字昭谏，唐末五代时期的一位著名的道儒兼修的道家学者，著有《谗书》及《太平两同书》等。罗隐的思想属于道家，力图糅合道儒两家思想而提炼出了一套供统治者所采用的"太平匡济术"，是黄老思想复兴发展的历史产物。

导致酒液变酸，味道钻鼻折肠、嗅觉难闻。唐人想出了运用加灰法解决这一难题，即在酿酒发酵过程中最后时，往酒醪中加入适量石灰以降低酒醪的酸度，避免出现酒酸后果。

发酵酒成熟后，酒醪与酒糟混于一体，必须通过取酒这一环节，才能收取纯净的酒。唐人取酒方法，一是器具过滤，用竹篾编织过滤酒醪的酒器非常简易；二是槽床压榨。槽床又叫糟床、酒床。酒瓮发酵好的酒醪，要连糟带汁倾入槽床，压榨出后流滴接取酒液。

晚唐道家学者罗隐《江南》有云"夜槽压酒银船满"，陆龟蒙《看压新醅寄怀袭美》"晓压糟床渐有声"，指的都是这种槽床压榨。李白《金陵酒肆留别》诗曰："风吹柳花满店香，吴姬压酒劝客尝。"其中"压酒劝客"就是将酒糟压榨掉，再请客人喝。杜甫《羌村三首》诗曰："赖知禾黍收，已觉糟床注。"糟床就是用来压榨过滤酒糟的。

过滤后的生酒或称为"生醅"，即可饮用。但生酒中会继续产生酵变反应，导致酒液变质。为此，唐人给生酒进行加热处理，这是古代酿酒技术的一大突破。

早在南北朝以前，酿酒业中

■ 酿酒发酵工艺

■ 酿酒发酵工艺

未认真采用加热技术,因而酒类酸败的现象很常见。至唐代,人们掌握了酒醅加热技术后,酒质不稳定情况大为改观,从此生酒与煮酒有了明显区别,新酒煮醅由此有了"烧"的工艺,烧酒由此产生。

在唐代,酒还有了"曲生""曲秀才"的拟称。据郑綮在《开天传信记》中记载,唐代道士叶法善,居住在玄真观。有一天,有10余位朝中的官员来拜访。大家纷纷解开衣带准备逗留休息一番,坐下来好好地喝喝酒。

突然,有一个少年傲慢地走了进来,自称是"曲秀才",开始高声谈论,令人感到吃惊。过了好一会儿,少年起身,如风一般旋转起来,不见人影。

叶法善以为是妖魅,等待曲生再来时,秘密地用小剑击打之。曲生即化为酒瓶,里面装满了美酒。客人们大笑着饮起酒来,酒味甚佳。

后来,人们就以"曲生"或"曲秀才"作为酒的别称了。

秀才 原本指称才能秀异之士,并不限于饱读经书。及至汉晋南北朝,秀才变成荐举人才的科目之一。唐初科举考试科目繁多,秀才只是其中一科,不久即废。与此同时,秀才也习惯地成了读书人的通称。

历史上嘉善一带的酒作坊，制作黄酒一般选用地下水或泉水。有酒坊制酒取水必到汾湖中央的深水区，而且要在漩涡处舀取。

传说，汾湖底下有多口泉眼，且泉水常年涌出。酿酒业有"水为血，曲是骨"的比喻，而嘉善黄酒的制作历来非常注重用水。后来，"嘉善黄酒"与"绍兴黄酒"成了我国黄酒制造业的并蒂之花。

早在西周时期就已称为"封疆御酒"的房陵黄酒，到了唐代就更加兴盛了。唐中宗李显曾在房陵居住14年，随行的720名宫廷匠人对房县民间酿酒的方法进行改进而成。李显登基后，封房陵黄酒为"黄帝御酒"，故又称"皇酒"。

房陵黄酒属北方半甜型，色玉白或微黄，酸甜可口。黄酒在当地人家中一年四季常备不缺，婚丧嫁娶必不可少。

唐时的饮酒之道，饮酒大多在饭后，正所谓"食毕行酒"，饱食徐饮、欢饮，既不易醉，又能借酒获得更多的欢聚尽兴的乐趣。

唐时，酒肆日渐增多，酒令风行，酒文化融入了当世民众的日常生活中。

烧酒制作工艺

唐人崇尚"美酒盛以贵器"。在唐代时，酒器有了一定的发展，唐代的酒杯形体比过去要小得多，这主要适应当时出现的蒸馏酒。

唐代的酒器

唐末出现的一种瓷质酒器，喇叭口，短嘴，嘴外削成六角形；腹部硕大，把手宽扁。晚唐执壶颈部加高，嘴延长，孔加大，椭圆形腹上有4条内凹和直线，美观而实用。

同时，唐代由于内地引进了桌子，也就出现了一些适于在桌上使用的酒具，如注子，唐人称为"偏提"，形状似后世的酒壶，有喙、柄，既能盛酒，又可注酒于酒杯中，因而取代了以前的樽、勺酒具。

阅读链接

唐代是我国酒文化的高度发达时期，酿酒技术比前代更加先进，酿造业"官私兼营"，酒政松弛，官府设置"良酿署"，是国家的酒类生产部门，既有生产酒的酒匠，也有专门的管理人员。唐代的许多皇帝也亲自参与酿造，唐太宗曾引进西域葡萄酒酿造工艺，在宫中酿造，"造酒成绿色，芳香浓烈，味兼醍醐"。

这些都反映了唐代酿酒技术的高度发达，以及与之相伴的唐代酒风的唯美主义倾向和乐观昂奋的时代精神。唐代酒文化是留给后世的宝贵财富。

唐代繁荣的诗酒文化

唐代独特的酒文化最具文学色彩便是诗,最流行的饮品便是酒,从而形成了亦诗亦酒的"诗酒文化"。在这之中,大诗人李白以其恃才傲物、洒脱不羁的性格,显露出"平视王侯,笑傲群伦"的气概,他的名篇《将进酒》,可以充分体现出唐代的诗酒文化:

君不见黄河之水天上来,奔流到海不复回。
君不见高堂明镜悲白发,朝如青丝暮成雪。
人生得意须尽欢,莫使金樽空对月。
天生我材必有用,千金散尽还复来。
烹羊宰牛且为乐,会须一饮三百杯。
岑夫子,丹邱生,将进酒,杯莫停。
与君歌一曲,请君为我侧耳听:
钟鼓馔玉何足贵,但愿长醉不复醒。
古来圣贤皆寂寞,惟有饮者留其名。

陈王昔时宴平乐，斗酒十千恣欢谑。
主人何为言少钱，径须沽取对君酌。
五花马，千金裘，呼儿将出换美酒，
与尔同销万古愁。

这首诗，除了前两句之外，都没有离开"酒"字，其中很多句子成为千古名句。

除了典型的诗仙李白外，其他诗人作品中也体现出唐代的诗酒文化。与李白齐名的大诗人杜甫，他的酒诗中最著名的是《饮中八仙》诗，写出了长安城善于饮酒的贺知章、李琎、李适之、崔宗之、苏晋、李白、张旭、焦遂，从王公宰相一直说到布衣平民：

知章骑马似乘船，眼花落井水底眠。
汝阳三斗始朝天，道逢曲车口流涎，
恨不移封向酒泉。

刺绣饮中八仙

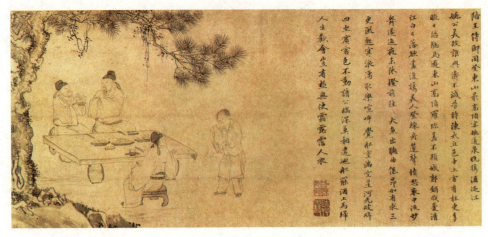

■ 唐诗人携酒宴饮

左相日兴费万钱，饮如长鲸吸百川，
衔杯乐圣称世贤。
宗之潇洒美少年，举觞白眼望青天，
皎如玉树临风前。
苏晋长斋绣佛前，醉中往往爱逃禅。
李白一斗诗百篇，长安市上酒家眠。
天子呼来不上船，自称臣是酒中仙。
张旭三杯草圣传，脱帽露顶王公前，
挥毫落纸如云烟。
焦遂五斗方卓然，高谈雄辩惊四筵。

王翰（687—726），唐朝边塞诗人。字子羽，并州晋阳（今山西太原）人。登进士第，举直言极谏，调昌乐尉。初为汝州长史，改仙州别驾。日与才士豪侠饮乐游畋，其诗题材大多是吟咏沙场少年、玲珑女子以及欢歌饮宴等，表达对人生短暂的感叹以及及时行乐的旷达情怀。诗音如仙笙瑶瑟，妙不可言。

杜甫写8个人醉态各有特点，纯用漫画素描的手法，写他们的平生醉趣，充分表现了他们嗜酒如命、放浪不羁的性格，生动地再现了盛唐时代文人士大夫乐观放达的精神风貌。

盛唐时，人们不仅喜欢喝酒，而且喜欢喝葡萄酒。因为唐时人们主要喝低度的米酒，但当时普遍饮用的低度粮食酒，无论从色、香、味等方面，都无法与葡萄酒媲美，这就给葡萄酒的发展提供了空间。

盛唐社会稳定，人民富庶，因此帝王、大臣又都喜饮葡萄酒。唐代的凉州葡萄酒声名远扬，香飘海内外。关于凉州美酒的名诗、名词、名篇便由此而生。其中，最著名的莫过于王翰的《凉州词》：

> 葡萄美酒夜光杯，欲饮琵琶马上催。
> 醉卧沙场君莫笑，古来征战几人回？

在众多的盛唐边塞诗中，这首《凉州词》最能表达当时那种涵盖一切、睥睨一切的气势，以及充满着必胜信念的盛唐精神气度。此诗也作为千古绝唱，永久地载入我国乃至世界酒文化史册。

此外，大诗人白居易《六年冬暮赠崔常侍晦叔》中"香开绿蚁酒，暖拥褐绫裘"；还有于816年作于江州的五绝《问刘十九》："绿蚁新醅酒，红泥小火炉。晚来天欲雪，能饮一杯无。"都描述了冬夜饮酒之妙味。

白居易《戏招诸客》中还有"黄醅绿醑迎冬熟，绛帐红炉逐夜开"，其中"黄醅绿醑"都是酒，诸如此类以酒待客的诗，在白居易的作品中比较常见。

在唐代，酒令也发展得更加丰富多彩，白居易便有"筹插红螺

白居易（772—846），字乐天，号香山居士，又号醉吟先生，唐代伟大的现实主义诗人，与李白、杜甫并称为"唐代三大诗人"。白居易与元稹共同倡导新乐府运动，世称"元白"，与刘禹锡并称"刘白"。白居易的诗歌题材广泛，形式多样，语言平易通俗，有"诗魔"和"诗王"之称。

■白居易画像

碗，觥飞白玉卮"之咏。

杜牧的七绝《江南春》，一开头就是"千里莺啼绿映红，水村山郭酒旗风"。千里江南，黄莺在欢乐地歌唱，丛丛绿树映着簇簇红花，傍水的村庄、依山的城郭、迎风招展的酒旗，尽在眼底。

王维的《送元二使安西》："渭城朝雨浥轻尘，客舍青青柳色新。劝君更尽一杯酒，西出阳关无故人。"写出了借酒送别的场景。

罗隐的《自遣》："得即高歌失即休，多愁多恨亦悠悠。今朝有酒今朝醉，明日愁来明日愁。"写出了人生患得患失不如一醉解千愁的心理。

此外，李商隐的《龙池》中的"龙池赐酒敞云屏，羯鼓声高众乐停"；高适的《夜别韦司士》中的"高馆张灯酒复清，夜钟残月雁归声"；司空曙的"知有前期在，难分此夜中。无将故人酒，不及石尤风"；寒山的"满卷才子诗，溢壶圣人酒……此时吸两瓯，吟诗五百首"；张说的"醉后乐无极，弥胜未醉时。动容皆是舞，出语总成诗"；诸如此类等等，都在诗文中体现出酒，让后人感受到了唐朝诗酒文化的博大精深。

诗酒的兴盛是唐代酒文化繁荣的表现形式，品酒与品诗词的意境相似，需要一颗平静如水的心，把酒谈诗，穿梭于悠悠历史的长河之中，是何等的惬意与舒畅！

阅读链接

唐代是我国酒文化的高度发达时期，"酒催诗兴"是唐朝文化的重要体现。在杜甫的1400多首诗文中，谈到饮酒的共有300首；李白的1050首诗文中，谈到饮酒的共有170首；后世所存的5万多首唐诗中，直接咏及酒的诗就逾6000首，其他还有更多的诗歌间接与酒有关。

可以说，唐诗中有一半以上是酒催生出来的。酒催发了诗人的诗兴，从而内化在其诗作里，酒也就从物质层面上升到精神层面，酒文化在唐诗中酝酿充分，品醇味久。

异彩纷呈的宋代造酒术

宋代社会发展，经济繁荣，酿酒工业在唐代的基础上得到了进一步的发展。上至宫廷，下至村寨，酿酒作坊，星罗棋布。

宋代的宫廷酒也叫"内中酒"，实际上宫廷酒是从各地名酒之乡调集酒匠精心酿制而成的，有蒲中酒、苏合香酒、鹿头酒、蔷薇露酒

宋代酿酒工艺图

■ 古老的酒坊

和流香酒、长春法酒等。

宋代张能臣曾著《酒名记》，是我国宋代关于蒸馏酒的一本名著，列举了北宋名酒223种，是研究古代蒸馏酒的重要史料。

《酒名记》中的酒名，甚为雅致，具有博大精深的文化气息。如后妃家的酒名有香泉酒、天醇酒、琼酥酒、瑶池酒、瀛玉酒等；亲王家及驸马家的酒名有琼腴酒、兰芷酒、玉沥酒、金波酒、清醇酒等。

宋代在京城实行官卖酒曲的政策，民间只要向官府买曲，就可以自行酿酒。所以京城里酒店林立，酒店按规模可分为数等，酒楼的等级最高，宾客可在其中饮酒品乐。

当时京城有名的酒店称为"正店"，有72处，其他酒店不可胜数。由于买酒竞争激烈，酒的质量往往是立足之本。如《酒名记》中罗列的市店和名酒：丰乐楼"眉寿酒"、忻乐楼"仙醪酒"、和乐楼"琼浆

> 朱肱（1050—1125），字翼中，号无求子，晚号大隐翁。1088年中进士。他曾在杭州开办酒坊，有着丰富的酿酒经验。他所著《酒经》载有酒曲13种，除传统罨曲外，还出现了风曲和曝曲，作曲全部改用生料，且多加入各种草药，表明北宋时制曲工艺技术比魏晋南北朝时要进步得多。

酒"、遇仙楼"玉液酒"、会仙楼"玉醑酒"等。

宋代除了京城外,其他城市实行官府统一酿酒、统一发卖的榷酒政策。酒按质量等级论价,酒的质量又有衡定标准。每一个地方都有代表性名酒。

宋代是齐鲁酿酒业的高潮时期,酒的品种和产量都达到当时全国一流水准,而且名酒辈出,各州皆是。张能臣《酒名记》列举的北宋名酒中齐鲁酒就占了27种。如青州、兖州的莲花清酒,潍州的重酿酒,登州的朝霞酒,德州的碧琳酒,等等。另外,宋代齐鲁还酿制了许多药酒,如雄黄酒、菊花酒、空青酒等。

北宋和南宋官府都曾组织过声势浩大、热闹非凡的评酒促销活动。南宋时京都临安有官酒库,每年清明前开煮,中秋前新酒开卖,观者如潮。

宋代的黄酒酿造,不但有丰富的实践,而且有系统的理论。在我国古代酿酒著作中,最系统、最完整、最有实践指导意义的酿酒著作,是北宋末期朱肱的《北山酒经》。《北山酒经》全书分上、中、下3卷。上卷为总论,论酒的发展历史;中卷论制曲;下卷记造酒。是

宋代集市壁画

我国古代较早全面、完整地论述有关酒的著述。

宋代各种水果广泛应用于酿酒之中，葡萄酒是对唐代葡萄酒的继承和发展。当时荔枝是一种高档水果，用荔枝酿成的酒，更是果酒中的佼佼者。

与南宋同期的金国文学家元好问在《蒲桃酒赋》的序中有这样的故事：山西安邑多葡萄，但大家都不知道酿造葡萄酒的方法。有人把葡萄和米混合加曲酿造，虽能酿成酒，但没有古人说的葡萄酒"甘而不饴，冷而不寒"风味。有一户人家躲避强盗后从山里回家，发现竹器里放的葡萄浆果都已干枯，盛葡萄的竹器正好放在一个腹大口小的陶罐上，葡萄汁流进陶罐里。闻闻陶罐里酒香扑鼻，拿来饮用，竟然是葡萄美酒。

这说明葡萄酒的酿造简单，即使不会酿酒的人也能在无意中酿造出葡萄酒。

宋代的其他名酒还有浙江金华酒，又名"东阳酒"，北宋田锡《曲本草》对此酒倍加赞赏。瑞露酒产于广西桂林，南宋诗人范成大曾经写道："及来

> **元好问**（1190—1257），字裕之，号遗山，唐诗人元结的后裔。他是我国金末元初最有成就的作家和历史学家，是文坛的盟主，宋金对峙时期北方文学的主要代表，又是金元之际在文学上承前启后的桥梁，被尊为"北方文雄""一代文宗"。

■ 宋代酿酒工艺图

桂林，而饮瑞露，乃尽酒之妙，声振湖广。"

宋代红曲问世，红曲酒随之发展起来，其酒色鲜红，是宋代制曲酿酒的一个重大发明，有消食活血、健脾养胃、治赤白痢、利尿的功效。

宋代，绍兴酒正式定名，并开始大量进入皇宫。宋代把酒税作为重要的财政收入，在官府的倡导下绍兴酿酒事业更上一层楼。

■ 宋代进酒图

南宋建都临安，酒的消费量大涨，卖酒成了一个十分挣钱的行业。由于大量酿酒，糯米价格上涨，南宋初绍兴的糯米价格比粳米高出一倍。糯米贵了，农民就改种粳稻了。当时绍兴农田种糯米的竟占3/5，到了连吃饭的粮食都置于不顾的地步。这种情况延续到明代，以至于出现"酿日行而炊日阻"的形势。

在宋代各类文献记载中，"烧酒"一词出现得更为频繁。大宋提刑官宋慈在《洗冤录》卷四记载："虺蝮伤人……令人口含米醋或烧酒，吮伤以吸拔其毒。"这里所指的烧酒，应是蒸馏烧酒。

北宋田锡在《曲本草》记载说："暹罗酒以烧酒复烧二次，入珍贵异香，其坛每个以檀香十数斤的烟熏令如漆，然后入酒，蜡封，埋土中两三年绝去烧气，取出用之。"从文中可知，暹罗酒是经过反复

范成大（1126—1193），字致能，号石湖居士，江苏苏州人。南宋诗人。他从江西派入手，后学习中、晚唐诗，继承了白居易、王建、张籍等诗人新乐府的现实主义精神，终于自成一家。风格平易浅显、清新妩媚。诗题材广泛，以反映农村社会生活内容的作品成就最高。他与杨万里、陆游、尤袤合称南宋"中兴四大诗人"。

2~3次的蒸馏而得到的美酒，度数较高，饮少量便醉。

要想得到白酒必须有蒸馏器，这是获得白酒的重要器具之一。蒸馏方法就是原料经过发酵后，再用蒸馏技术取得酒液。

我国的蒸馏器具有鲜明的民族特征。其釜体部分，用于加热，产生蒸汽；甑体部分，用于醅的装载。在早期的蒸馏器中，可能釜体和甑体是连在一起的，这较适合于液态蒸馏。

蒸馏器的冷凝部分在古代称为"天锅"，用来盛冷水，汽则经盛水锅的另一侧被冷凝；酒液收集部分，位于天锅的底部，根据天锅的形状不同，酒液的收集位置也有所不同。如果天锅是凹形，则酒液汇集在天锅正中部位之下方；如果天锅是凸形，则酒液汇集在甑体环形边缘的内侧。

宋人张世南的《游宦纪闻》卷五，记载了蒸馏器在日常生活中的应用情况。这种蒸馏器用于蒸馏花露，可推测花露在器内就冷凝成液态了，说明在甑内还有冷凝液收集装置，冷却装置可能已包括在这套装置中。

宋代蒸馏酒的兴起，我国酿酒历史完成了自然发酵、人工酿造、蒸馏取液三个发展阶段，为后世酿酒业的兴旺奠定了基础。

阅读链接

宋代有许多关于酒的专著，北宋朱肱的《北山酒经》，是古代学术水平最高的黄酒酿造专著，最早记载了加热杀菌技术；宋代张能臣的《酒名记》，是古代记载酒名最多的书；宋代窦苹的《酒谱》，是古代最著名的酒百科全书。

特别值得提出的是，后世一些名酒，如西凤酒、五粮液、汾酒、绍兴酒、董酒等，大多可在宋代酒诗中找到，或以原料称之，或以色泽呼之，或以产地名之，或以制法言之。这些酒诗，在中华酒文化发展史上有重要的研究价值。

元代葡萄酒文化的鼎盛

元代勃兴于朔北草原,由于这里地势高寒,蒙古族饮酒之风甚盛,酒业大有发展,酒品种类增加。元代的酒品种,比起前代来要丰富得多。就其使用的原料来划分,就有马奶酒、果料酒和粮食酒几大类,而葡萄酒是果实酒中最重要的一种。

元代蒙古族人宴饮时喝马奶酒

丘处机（1148—1227），字通密，道号长春子，山东栖霞人。宋元之际著名全真道掌教真人，思想家、道教领袖、政治家、文学家、养生学家和医药学家，为南宋、金朝、蒙古帝国统治者以及广大人民群众所共同敬重，并因远赴西域劝说成吉思汗"一言止杀"而闻名世界。

元朝执政者十分喜爱马奶酒和葡萄酒。据《元史·卷七十四》记载，元世祖忽必烈至元年间，祭宗庙时所用的牲齐庶品中，酒采用"潼乳、葡萄酒，以国礼割奠，皆列室用之"。"潼乳"即马奶酒，这无疑提高了马奶酒和葡萄酒的地位。

在当时元大都宫城制高点的万岁山广寒殿内，还放着一口可"贮酒三十余石"的黑玉酒缸，名为"渎山大玉海"。它用整块杂色墨玉琢成，周长5米，四周雕有出没于波涛之中的海龙、海兽，形象生动，气势磅礴，重达3500千克，可贮酒30石。

据传这口大玉瓮是元始祖忽必烈在1256年从外地运来，置在琼华岛上，用来盛酒，宴赏功臣。元世祖还曾于1291年在宫城中建葡萄酒室储藏葡萄酒，专供皇帝、诸王、百官饮用。

元代皇帝赏赐臣属常用葡萄酒。左丞相史天泽率

葡萄酒储酒坛

大军攻宋，途中生病，忽必烈"遣侍臣赐以葡萄酒"。

当时，佳客贵宾宴饮饯行也常用葡萄酒款待，仅元代道人李志常的《长春真人西游记》中提到用葡萄酒款待长春真人丘处机的记载，就有8次之多。

元代皇室饮用的葡萄酒由新疆供给。新疆是盛产葡萄酒之地，除河中府外，还有忽炭、可失合儿国、邪米思干大城、大石林牙、鳖思马大城、和州、昌八剌城和哈剌火州等地皆酿造葡萄酒。据《元史·顺帝纪》记载：

制作马奶酒的工具

> 西番盗起，凡二百余所，陷哈剌火州，劫供御葡萄酒，杀使臣。

在元政府重视、各级官员身体力行、农业技术指导具备、官方示范种植的情况下，元代的葡萄栽培与葡萄酒酿造有了很大的发展。葡萄种植面积之大、地域之广、酿酒数量之巨，都是前所未有的。当时，除了河西与陇右地区大面积种植葡萄外，北方的山西、河南等地也是葡萄和葡萄酒的重要产地。

为了保证官用葡萄酒的供应和质量，元政府还在太原与南京等地开辟官方葡萄园，并就地酿造葡萄酒。其质量检验的方法也很奇特：每年的农历八月，将各地官酿的葡萄酒取样，运到太行山辨其真伪。真的葡萄酒倒入水即流，假的葡萄酒遇水即被冰冻。

元代，葡萄酒还在民间公开出售。据《元典章》记载，大都地区

■ 葡萄酒酿造工艺

郑允端（1327—1356），字正淑，出生儒学世家，郑氏曾富雄一郡，人们称之为"花桥郑家"。郑允端颖敏工诗词，嫁同郡施伯仁，夫妻相敬如宾，暇则吟诗自遣，后人称之为"女中之贤智者"。其文学批评和文学创作实践业绩皆十分可观。

"自戊午年至元五年，每葡萄酒一十斤数勾抽分一斤""乃至六年、七年，定立课额，葡萄酒浆只是三十分取一"。大都地区出产葡萄，民间销售的葡萄酒很有可能是本地产的。

元代，葡萄酒深入千家万户之中，成为人们设宴聚会、迎宾馈礼以及日常品饮中不可缺少的饮料。

据记载，元代有一个以骑驴卖纱为生计的人，名叫何失，他在《招畅纯甫饮》中有"我瓮酒初熟，葡萄涨玻璃"的诗句。何失尽管家里贫穷，靠卖纱度日，但是他还是有自酿的葡萄酒招待老朋友。

终生未仕、云游四方的天台人丁复在《题百马图为南郭诚之作》中有"葡萄逐月入中华，苜蓿如云覆平地"的诗句。

元人刘诜多次被推荐都未能入仕，一辈子为穷教师，在他的《葡萄》诗中有"露寒压成酒，无梦到凉州"的诗句，说明他也自酿葡萄酒，感受凉州美酒的绝妙滋味。

年仅30而卒的女诗人郑允端，则在《葡萄》诗中写道："满筐圆实骊珠滑，入口甘香冰玉寒。若使文园知此味，露华不应乞金盘。"文园，指的是汉文帝的陵园孝文园。

元政府对葡萄酒的税收扶持，以及葡萄酒不在酒禁之列的政策，使葡萄酒得以普及。同时，朝廷允许民间酿葡萄酒，而且家酿葡萄酒不必纳税。当时，在政府禁止民间私酿粮食酒的情况下，民间自种葡萄、自酿葡萄酒十分普遍。

据《元典章》记载，元大都葡萄酒系官卖，曾设"大都酒使司"，向大都酒户征收葡萄酒税。大都坊间的酿酒户，有起家巨万、酿葡萄酒多达百瓮者。可见当时葡萄酒酿造已达到相当的规模。

> **汉文帝**（前202—前157），刘恒，是汉高祖第四子，公元前180年，刘恒在太尉周勃、丞相陈平等大臣拥护下入京为帝，是为汉文帝。汉文帝即位后，励精图治，兴修水利，衣着朴素，废除了肉刑，使汉朝进入了强盛安定时期。当时百姓富裕，天下小康。汉文帝与其子汉景帝统治时期被合称为"文景之治"。

■ 葡萄酒蒸馏工艺

> 周权（1275—1343），字衡之，号此山，周权生得仪表堂堂，气度不凡，又因才华出众，曾受到提举，赴开化任教谕。持所作走京师，学官长袁桷称之为磊落湖海之士，谓其诗意度简远，议论雄深。后回归江南，更专心于诗，唱和日多。

元代酿造葡萄酒的办法与前代不同。以前中原地区酿造葡萄酒，用的是粮食和葡萄混酿的办法，元代则是把葡萄捣碎入瓮，利用葡萄皮上带着的天然酵母菌，自然发酵成葡萄酒。这种方法后来在中原等地普遍采用。

元代中期，诗人周权写了一首名为《葡萄酒》的诗，描绘的就是这种自然发酵酿造葡萄酒的方法：

累累千斛昼夜春，列瓮满浸秋泉红。
数宵酝月清光转，浓腴芳髓蒸霞暖。
酒成快泻官壶香，春风吹冻玻璃光。
甘逾瑞露浓欺乳，曲生风味难通谱。

周权在诗中详细、贴切描述葡萄酒酿制过程，并且有"纵教典却鹔鹴裘，不将一斗博凉州"的诗句。

元代后期，曾在朝廷中任职的杨说："尚酝蒲萄酒，有至元、大德间所进者尚存。""尚酝"即大都尚酝局，掌酿造诸王、百官酒醴。可知尚酝局中收藏不少贮存期长达半个世纪甚至更久的地方上进贡的葡萄酒。

元代葡萄酒文化逐渐融入文化艺术各个领域。除了大量的葡萄酒诗外，在绘画、词曲中都有表现。比如元末诗人、养生家丁

■ 酿酒工具

鹤年有《题画葡萄》：

西域葡萄事已非，
故人挥洒出天机。
碧云凉冷骊龙睡，
拾得遗珠月下归。

"元四家"中的黄公望也是"酒不醉，不能画"。此外，鲜于枢的《观寂照葡萄》，傅若金的《题墨蒲桃》《题松庵上人墨蒲桃二首》《墨葡萄》，张天英的《题葡萄竹笋图》，吴澄的《跋牧樵子葡萄》，等等，不胜枚举，可见在元代画葡萄和在葡萄画上题诗确实很流行。

在元代众多的葡萄画中，最有名的则要数著名画家温日观的葡萄了。关于温日观作葡萄画的方法，元代曾任浙江儒学提举的郑元佑在《重题温日观葡萄》中有生动的描写：

故宋狂僧温日观，醉凭竹舆称是汉。
以头濡墨写葡萄，叶叶支支自零乱。

温日观作画的方法很奇特，他先用酒把自己灌醉，然后大呼小叫地将头浸到盛墨汁的盆子里，再以自己的头当画笔画葡萄。

有关葡萄和葡萄酒的内容，在元散曲中也多有反

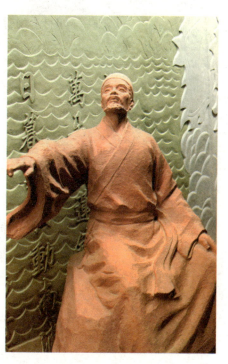

■ 丁鹤年雕塑

丁鹤年（1335—1424），字永庚，号友鹤山人。元末明初诗人、养生家，京城老字号"鹤年堂"创始人。有《丁鹤年集》传世。著名孝子，以73岁高龄为母守灵达17载，直到90岁去世。《四库全书》中收录有《丁孝子传》和《丁孝子诗》。

> 映。如杜仁杰在他著的《集贤宾北·七夕》中写道：
>
> 团圞笑令心尽喜，食品愈稀奇。新摘的葡萄紫，旋剥的鸡头美，珍珠般嫩实。欢坐间夜凉人静已，笑声接青霄内。
>
> 元代著名剧作家关汉卿在《朝天子·从嫁媵婢》中写道："旧酒投，新醅泼，老瓦盆边笑呵呵。"此乃关汉卿曲中的放达境界。
>
> 元散曲家张可久存留散曲800多篇，为元人中最多者。他的作品中也有涉及葡萄酒的，且多为清丽秀美之作。他在《山坡羊·春日》中写道：
>
> 芙蓉春帐，葡萄新酿，一声金缕樽前唱。锦生香，翠成行，醒来犹问春无恙，

《饮膳正要》

元忽思慧所撰，全书共3卷。卷一讲的是诸般禁忌，聚珍品馔。卷二讲的是诸般汤煎、食疗诸病及食物相反中毒等。卷三讲的是米谷品、兽品、禽品、鱼品、果菜品和料物等。该书是我国甚至是世界上最早的饮食卫生与营养学专著，对传播和发展我国卫生保健知识起到了重要作用。

■ 忽必烈以上等好酒招待马可·波罗

花边醉来能几场。妆，黄四娘。狂，白侍郎。

此外，张可久在歌唱杭州西湖风光的《湖上即席》中写道：

元代宴饮壁画

六桥，柳梢，青眼对春风笑，一川晴绿涨葡萄，梅影花颠倒。药灶云巢，千载寂寥，林逋仙去了。九皋，野鹤，伴我闲舒啸。

另外，在《酒边索赋》《水晶斗杯》《次韵还京乐》等散曲中也提及葡萄与葡萄酒。

在元代，盛葡萄酒的容器、酒具种类很多，有樽、甍、瓮、琉璃盅等。但在内蒙古地区，主要用鸡腿瓶，因辽、金、元各代墓葬中出土鸡腿瓶甚多。鸡腿瓶因瓶身细高形似鸡腿而得名。由于蒸馏技术的发展，元朝开始生产葡萄烧酒，即白兰地。

意大利人马可·波罗在元政府供职17年，他所著的《马可·波罗游记》记录了他本人在供职17年间的所见所闻，其中有不少关于葡萄园和葡萄酒的记载。比如在描述"太原府王国"时则这样记载：

太原府国的都城，其名也叫太原府，那里有好多葡萄园，制造很多的酒，这里是契丹省唯一产酒的地方，酒是从这地方贩运到全省各地。

元代酒瓶酒杯

元代酿酒的文献资料较多，大多分布于医书、烹饪饮食书籍、日用百科全书、笔记中，主要著作有成书于1330年忽思慧的《饮膳正要》，成书于元代中期的《居家必用事类全集》，元末韩奕的《易牙遗意》和吴继刻印的《墨娥小录》，等等。

《饮膳正要·饮酒避忌》由大医家、营养学家忽思慧撰。他在书中说："少饮尤佳，多饮伤神损寿。"书中还记述了制作药酒的方法。如：虎骨酒"以酥炙虎骨捣碎酿酒，治骨节疼痛风痒冷痹痛"；枸杞酒"以甘州枸杞依法酿酒，补虚弱，长肌肉，益精气，去冷风，壮阳道"；等等。烧酒创于元代，根据就在这里。

总之，元代葡萄种植业发展和饮用葡萄酒普及，酝酿出浓郁的葡萄酒文化，而葡萄酒文化又浸润着整个社会生活，对后世影响深远。

阅读链接

从元代开始，烧酒在北方得到普及，北方的黄酒生产逐渐萎缩。南方人饮烧酒者不如北方普遍，在南方黄酒生产得以保留。明代医学家、药物学家李时珍在《本草纲目》中记载："烧酒非古法也，自元始创之。"

元代酒窖的确认，是李渡烧酒作坊遗址考古的重大突破。江西李渡酒业有限公司在改造老厂房时，发现地下的元代酿酒遗迹，为我国蒸馏酒酿造工艺起源和发展研究提供了实物资料。专家认为，它完全能说明元代烧酒生产的工艺流程。

酒道嬗变

酒的风俗

明清两代可以说是我国历代行酒道的又一个高峰，饮酒特别讲究"陈"字，以陈作酒之姓，"酒以陈者为上，越陈越妙"。此外，酒道推向了一个修身养性的境界，酒令五花八门，所有世上的事物、人物、花草鱼虫、诗词歌赋、戏曲小说、时令风俗无不入令，且雅令很多，把我国的酒文化从高雅的殿堂推向了通俗的民间，从名人雅士的所为普及为里巷市井的爱好。把普通的饮酒提升到讲酒品、崇饮器、行酒令、懂饮道的高尚境地。

丰富多彩的明代酿酒

明王朝建国后,对发展农业生产十分重视,采取了与民休息的政策,调动了农民的生产积极性,明初至中期,农业、手工业发展迅速,经济发展促进了商业繁荣。与此同时,科学文化也有较大发展。

仿明代酒馆

■ 明代酒坊场景

这些条件,都为酒的酿造业提供了雄厚的物质基础。

明代,饮酒之风日盛。生来嗜酒的朱元璋得天下后不久,一改之前行军时对酒的禁令,并下令在南京城内外建酒楼十余座。

同时,因江南首富沈万三的慷慨解囊,大举修筑京都城墙,并从全国征集工匠逾10万之众,设十八坊于城内,这十八坊中包括白酒坊及其后的糟坊。后犹嫌不足,又增设糟坊,南京后世仍有糟坊巷的存留。

白酒坊由沈万三亲自操持,为半官方性质的大型工坊。这是一座专用于酿造蒸馏酒的工坊,也就是制造与后世相近的白酒。白酒坊的设立,和之前已有的宫廷酿造不同,它以皇帝指派工程而彪炳于史。

这一时期,南京的官营酒楼、酒肆比比皆是。起初,官营酒楼的主营对象被规定是四方往来商贾,一般百姓难以问津。到明代中后期,饮酒之风开始盛行

沈万三(1330—1376),又名沈万山、沈秀,本名富,字仲荣,世称"万三"。为明初苏州富商,富可敌国。民间传说沈万三致富的原因是因为"聚宝盆",说沈氏获得了一只聚宝盆,不管将什么东西放在盆内,都能变成珍宝。

于各阶层之中。

富贵之家自不必说，普通人家以酒待客也成惯俗，甚至无客也常饮，故有"贫人负担之徒，妻多好饰，夜必饮酒"之说。至于文人雅集，无论吟诗论文，还是谈艺赏景，更是无酒不成会。

明代南京官营酒楼鼎盛期间，酒的品类可谓相当丰富，按照酿造者的不同，大致可分以下4种：一是宫廷中由酒醋面局、御酒房、御茶房所监酿之大内酒；二是光禄寺按照大内之方所酿造之内法酒；三是士大夫家的家酿；四是民间市肆酿制之酒。

宫廷所用之酒多由太监监造，其主要品种有满殿香、秋露白、荷花蕊、佛手汤、桂花酝、竹叶青等，其名色多达六七十种。

明代洪武年间开始允许私营酿酒业的存在，许多品质优秀的黄酒如雨后春笋般呈现在世人面前。明代，后世众多知名黄酒开始发端，呈现出"百酒齐放"之异彩。

金坛封缸酒始于明代，据说当年明太祖朱元璋曾驻跸金坛顾龙山，当地百姓献上以糯米酿造的酒，这种酒就是封缸酒的雏形。朱元

封缸酒

璋饮后大悦，于是命当地官员将饮剩的酒密封埋入地下。

若干年后，朱元璋消灭群雄，登基为帝，金坛当地官员将当年饮剩的酒进贡给朱元璋。经过埋地密封多年的酒更加甘醇，朱元璋遂为之命名"封缸酒"，并列为贡酒，又称"朱酒"。

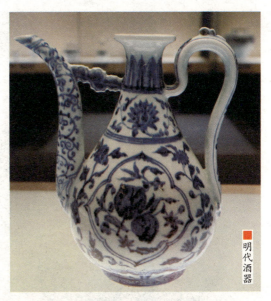
明代酒器

金坛封缸酒主要选用洮湖一带所产优质糯米为原料，该米色白光洁，味蕴性黏，香味四溢。

封缸酒的酿制精湛。首先将糯米淘洗、蒸熟、淋净，然后加入甜酒药为糖化发酵剂，在糖分达到一定要求时，再掺入50度小曲酒，立即封缸。经过较长时间的养醅后，再压榨、陈酿，成为成品。其色泽自然，不加色素，澄清明澈，久藏不浊，醇稠如蜜，馥郁芳香。

明代中期，巴陵地区，即洞庭湖一带的"怡兴祥"酿酒作坊酿制的花雕黄酒，深受当时人们的喜爱。

花雕是绍兴酒的代名词，为历代名人墨客所倾倒的传统名酒。"花雕嫁女"是最具绍兴地方特色的传统风俗之一。

早在晋代，上虞人嵇含最初记录了花雕，他在《南方草木状》中详录说：南方人生下女儿时，便开始大量酿酒，等到冬天池塘中的水干涸时，将盛酒的坛子封好口，埋于池塘中。哪怕到夏日积水满池塘时，也不挖出来。只有当女儿出嫁时，才将埋在原池塘中的酒挖出来，用来招待双方的客人。这种酒称为"女酒"，回味极好。

埋于地下的陈年女酒，由于其储存的包装物为经雕刻绘画过的酒坛，故称"花雕"。女酒花雕是家中女儿出嫁时宴请之美酒，是家中

■ 乌镇三白酒

女儿长大成人的见证。饮花雕之际乃嫁女之时，这是喜事、美事、福事、乐事。

明中期以后，大酿坊陆续出现，绍兴县东浦镇的"孝贞"，湖塘乡的"叶万源""田德润"等酒坊，都创设于明代。"孝贞"所产的竹叶青酒，因着色较淡，色如竹叶而得名，其味甘鲜爽口。湖塘乡的"章万润"酒坊很有名，坊主原是"叶万源"的开耙技工，以后设坊自酿，具有相当规模。

明隆庆、万历以后，士大夫家中开局造酒蔚然成风。原因是市场所沽之酒不尽符合士大夫清雅的品饮要求。南京民间市肆中所售本地及各地名酒更是繁多，已形成一定的市场交易规模。

在嘉善民间，流传着明代画家、监察御史姚绶爱喝"三白酒"的故事：

姚绶辞官返乡后，居住在嘉善大云的大云寺，前来求画的人不少。来的都是客，他用大云农家酿制的一种土酒"三白酒"招待。

有一年，一位从京城来的客人探望姚绶，姚绶陪他坐在一条小船上，在十里蓉溪上游览。清清的河水，泛起花纹般的微波；水草细长，顺流俯伏，仿佛孩子们的头发在清澈的水里摊开了一样。渔夫驾一叶

竹叶青酒 我国传统保健名酒。以汾酒为"底酒"，保留了竹叶的特色，再添加10余种名贵中药材以及冰糖、雪花白糖、蛋清等配伍，精制陈酿而成，使该酒具有性平暖胃、舒肝益脾、活血补血、顺气除烦、消食生津等多种功效。

小舟，头戴竹笠，腰间拴着竹篓，手握细长的竹篙，吆喝鸬鹚去捕鱼。

蓉溪的美景让这位客人陶醉，更使这位客人陶醉的是三白酒。当他喝了三白酒后，连声说"好酒！好酒！"回京时特地向姚绶要了一坛，带回去献给皇帝。

皇帝品尝后，果然觉得不错，大加赞赏，并问这位大臣："此酒何名，来自何处？"大臣如实相告。皇帝传旨，让姚绶从家乡大云进贡几十罐。可是圣旨到达时，姚绶已经作古了。

辛苦了一年的农民，丰收后见到囤里珍珠般的新米，都会按捺不住心头的喜悦，做一缸三白酒庆祝一下好收成。后来，这更演变成了民间的一种习俗。

三白酒以本地自产的大米为主要原料，首先将大米用大蒸笼蒸煮成饭，盛在淘箩里用冷水淋凉。然后把酒曲拌入饭中，并搅拌均匀，再倒入大酒缸，捋平，在中央挖一个小潭，放上竹篓后将酒缸加盖密

姚 绶（1422—1495），明代官员、书画家。字公绶，号谷庵，少有才名，专攻古文辞，诗赋茂畅。长山水、竹石，宗法元人，受吴镇影响较深。他与杜琼、刘珏、谢缙等明代早期文人画家，为明代中期吴门派的勃兴，起到了承前启后的作用。

■ 三白酒

乌镇三白酒坊

封,并用稻草盖在大缸四周以保持适宜的温度。几天后,酒缸中间小潭内的竹篓已积满酒酿,此时就将凉开水倒入缸中,淹没饭料,再把酒缸盖严。一周后就可开盖,取出放入蒸桶进行蒸馏,从蒸桶出来的蒸汽经冷却,流出来的就是三白酒了,至此三白酒便酿成了。

每当阳春三月,油菜花盛开时;或是农历十月,丹桂飘香,新糯米收获后,乌镇的农家也要酿制三白酒。

在春天油菜花盛开时酿制的三白酒,称为"菜花黄";在桂花飘香时做的酒,农家则称为"桂花黄"。三白酒用蒸好的纯糯米饭加酒曲发酵,酒色青绿不浑,装坛密封,可数年不变质。

三白酒,嘉兴当地又名"杜塔酒"。"杜塔"是嘉兴方言,"自己做"的意思。逢年过节或有客来,农家就用三白酒来招待客人,自己做的酒表达了农家的真诚和实在,大家一定要一醉方休才行。

明朝时白酒流行,因其稍饮辄醉,更显饮酒者的豪气,大受当时各个阶层民众的欢迎。

由于酿酒的普遍,明政府不再设专门管酒务的机构,酒税并入商税。据《明史·食货志》记载,酒按照"凡商税,三十而取一"的标准征收。如此一来，极大地促进了蒸馏酒和绍兴酒的发展。相比之下，葡萄酒因失去了优惠政策的扶持，其发展受到了影响。

尽管在明朝葡萄酒不及白酒与绍兴酒流行，但是经过1000多年的发展，早已有了相当的基础。

在民间文学中，葡萄酒也有所反映。如在冯梦龙收集整理的《童痴一弄·挂枝儿·情谈》中，就描写了明朝人对葡萄的喜爱之情：

> 圆纠纠紫葡萄闻得恁俏，红晕晕香疤儿因甚烧？扑簌簌珠泪儿不住在腮边吊。曾将香喷喷青丝发，剪来系你的臂，曾将娇滴滴汗巾儿，织来束你的腰。这密匝匝的相思也，亏你淡淡地丢开了。

"挂枝儿"是明代后期流行的一种曲调，《童痴一弄·挂枝儿》是用"挂枝儿"曲调演唱的小曲，在明代后期非常流行。在民间小曲中都把葡萄编进去了，可见葡萄在当时比较容易获得，酿制和饮用葡萄酒也并非难事。

乌镇三白酒坊

葡萄酒

明朝李时珍所撰《本草纲目》，总结了我国16世纪以前中药学方面的光辉成就，内容极为丰富，对葡萄酒的酿制以及功效也做了细致的研究和总结。李时珍记录了葡萄酒三种不同的酿造工艺：

第一种方法是不加酒曲的纯葡萄汁发酵。《本草纲目》认为："酒有黍、秫、粳、糯、粟、曲、蜜、葡萄等色，凡作酒醴须曲，而葡萄、蜜等酒独不用曲。""葡萄久贮，亦自成酒，芳甘酷烈，此真葡萄酒也。"

第二种方法是要加酒曲的，"取汁同曲，如常酿糯米饭法。无汁，用葡萄干末亦可。"

第三种方法是葡萄烧酒法："取葡萄数十斤，同大曲酿酢，取入甑蒸之，以器承其滴露。"

在《本草纲目》中，李时珍还提到葡萄酒经冷冻处理，可提高质量。久藏的葡萄酒，"中有一块，虽极寒，其余皆冰，独此不冰，乃酒之精液也"。这已类似于现代葡萄酒酿造工艺中，以冷冻酒液来增加酒的稳定性的方法。

对于葡萄酒的保健与医疗作用，李时珍提出了自己的认识。他认为酿制的葡萄酒能"暖腰肾，驻颜色，耐寒"。而葡萄烧酒则可"调气益中，耐饥强志，消炎破癖"。这些见解已被后世医学所证实。

明代永乐、宣德时期的青花梅瓶的主题图案为"携酒寻芳"：一位官员骑马在前，身后一个仆人肩挑一担，一头为一只竹编的三层食蕈，另一头则是装满美酒的梅瓶。这只瓶上画的图案为说明梅瓶的用途提供了非常有价值的形象资料。

桂林靖江温裕王墓中出土了装有酒的梅瓶，这只梅瓶的瓶盖被拌有糯米浆的石灰膏严严实实地封住，当将瓶盖打开后，一股浓醇的酒香充溢房间。将酒倒出，看到酒色晶莹红艳。更令人称奇的是，酒中泡有3只未长毛的小乳鼠和一些中药材。

据记载，温裕王死于1590年，然而这瓶酒竟能保存完好，要使乳鼠这样的幼小动物在酒中不腐烂，所用的酒必然有较高度数。据推测，用的可能是当时桂林的三花酒。因为三花酒在明代已经是名酒，其酒度超过50度，是浸泡药酒的理想用酒。

阅读链接

明太祖朱元璋相信酒后吐真言，曾经以酒试大学士宋濂。宋濂是明开国初期跟刘基一起受朱元璋重用的，后来当过太子的老师。宋濂为人一向谨慎小心，但朱元璋对他并不放心。有一次，宋濂在家里请几个朋友喝酒。第二天上朝，朱元璋问他昨天喝过酒没有，请了哪些客人，备了哪些菜。宋濂如实回答。朱元璋笑着说："你没欺骗我！"原来，朱元璋已暗暗派人去监视了。

朱元璋曾在朝廷上称赞宋濂说："宋濂伺候我19年，从没说过一句谎言，也没说过别人一句坏话，真是个贤人啊！"

清代各类酒的发扬光大

清代，不论是社会生产还是科技发展都远远超出先前的各个朝代，在酿酒和药酒的使用方面都有了一定的发展。

清代出现了许多闻名遐迩的名酒。清乾隆年间，大臣张照献松苓酒方，乾隆皇帝便命人照方酿酒：寻采深山古松，挖至树根，将酒瓮开盖，埋在树根下，使松根的液体被酒吸入，一年后挖出，酒色一如琥珀，味道极美。乾隆皇帝常有节制地饮用松苓酒，有益长寿。有人说乾隆寿跻九旬、身体强健，与常饮松苓酒有关。

在清代，蒸馏酒的技术已经和后世酿酒技术十分接近。在水井坊一共发现了4处灶坑遗址，其中两个是清代灶坑。水井坊遗址让人们第一次清晰

清代酒馆场景复原

■ 古酿酒作坊

地看到了古代酿酒的全过程：

蒸煮粮食，是酿酒的第一道程序，粮食拌入酒曲，经过蒸煮后，更有利于发酵。在传统工艺中，半熟的粮食出锅后，要铺撒在地面上，这是酿酒的第二道程序，也就是搅拌、配料、堆积和前期发酵的过程。晾晒粮食的地面有一个专门的名字，叫"晾堂"。水井坊遗址一共发现3座晾堂。

晾堂旁边的土坑是酒窖遗址，就像一个个陷在地里的巨大酒缸。水井坊有8口酒窖，内壁和底部都用纯净的黄泥土涂抹，窖泥厚度8～25厘米不等。

酒窖里进行的是酿酒的第三道程序，对原料进行后期发酵。经过窖池发酵的酒母，酒精浓度还很低，需要经进一步的蒸馏和冷凝，才能得到较高酒精浓度的白酒，传统工艺采用俗称天锅的蒸馏器来完成。

北京酿制白酒的历史十分悠久。早在金代将北京

张照（1691—1745），初名默，字得天、长卿，号天瓶居士。清乾隆时大书法家，常为乾隆皇帝代笔，擅长行楷书；聪明颖悟，深通释典，诗多禅语。书法天骨开张，气魄浑厚。兼能画兰，间写墨梅，疏花细蕊，极其秀雅。通法律，工书法，尤精音律。

定为"中都"时就传来了蒸酒器酿制烧酒。到了清代中期，京师烧酒作坊为了提高烧酒质量，进行了工艺改革。在蒸酒时用作冷却器的称为"锡锅"，也称"天锅"。蒸酒时，需将蒸馏而得的水，经过放入天锅内的凉水冷却流出的成酒，及经第三次放入天锅里的凉水冷却流出的"酒尾"提出做其他处理。

因为第一锅和第三锅冷却的成酒含有多种低沸点和高沸点的物质成分，所以一般只提取经第二次放入"天锅"里的凉水冷却而流出的酒，这就是所谓的"二锅头"，是一种很纯净的好酒，也是质量最好的酒。

清代末期，二锅头的工艺传遍北京各地，颇受文人墨客赞誉。清代诗人吴延祁曾云：

自古才人千载恨，至今甘醴二锅头。

据说，清代小说家曹雪芹与敦诚相聚次数较多，二人的"佩刀质酒"故事广为流传。

在当时，曹雪芹在专供皇族子孙及宗室子弟入学

> **二锅头** 北京酒酿制技艺，源于元代的烧酒，是北京历代重要技艺传人以师徒相教、口传身授、代代相传的形式为载体的民间手工艺。这一古老的酿造技艺自清康熙赵氏以来传承九代，历经300余年。

> **墨客** 指诗人、作家等风雅的文人。汉时扬雄《长杨赋》："言未卒，墨客降席，再拜稽首。"按，《长杨赋序》谓："聊因笔墨之成文章，故籍翰林以为主人，子墨为客卿以风。"赋中称客为"墨客"，后遂为文人之别称。

■ 清代二锅头酒酿制技艺卷轴

■ 曹雪芹（约1715—约1763），清代著名文学家、小说家。他素性放达，爱好研究金石、诗书、绘画、园林、中医、织补、工艺、饮食等。后以坚韧不拔之毅力，历经多年艰辛创作出极具思想性、艺术性的伟大作品《红楼梦》。

的宗学里当差，清太祖努尔哈赤兄弟阿济格的后代敦诚、敦敏两兄弟在宗学里学习，由于双方的遭遇相仿，脾气、爱好相投，逐渐成为知交。

有一年秋末，曹雪芹从山村来北京城探访敦敏。由于心事重重，一晚上都睡不好，很早就起床了。偏偏这天天气变了，从夜里就下起淅沥的冷雨来，寒气逼人。

曹雪芹衣裳单薄，肚子里又无食，冻得直发抖。嗜酒如命的曹雪芹这时什么都不想要，只想喝一斤烧酒暖暖身子。但时间尚早，主人家都还在睡觉。

正在苦闷的时候，这时有一个人披衣戴笠走来了，曹雪芹仔细一看，竟是好友敦诚！敦诚看到曹雪芹后更是惊喜不已，他们没讲几句话，就一同悄悄地到附近的小酒店买酒喝去了。

曹雪芹几杯酒落肚后精神焕发，开始高谈阔论起来。酒喝完了，两人一摸口袋，却是囊中羞涩。于是解下佩刀说："这刀虽明似秋霜，可是把它变卖了，还买不了一头牛种田。拿它去临阵杀敌，又没有咱们的份儿，不如将它做抵押，润润我们的嗓子。"

曹雪芹听了，连说"痛快"！之后敦诚作了一首《佩刀质酒歌》，记录下这段偶遇。

加饭酒 是绍兴黄酒的一种，它是在生产时改变了配料的比例，增加了糯米或糯米饭的投入量而得名的。加饭酒是一种半干酒。酒质醇厚，气郁芳香。具有和血、行气、提神、驱寒、壮筋骨等诸多保健功能。经常饮用能使人精神旺盛、体力充沛。

曹雪芹嗜酒健谈，性情高傲，他卖画挣得的钱，除了维持一家食粥以外，就是去买酒喝，或者还酒债。最终因为抑郁的情绪难以排解，一醉方休，傲世而终。

清代，各地的酿造酒的生产虽然保存，但绍兴的老酒、加饭酒风靡全国，这种行销全国的酒，质量高，颜色较深。

清代，绍兴黄酒不但花色品种繁多，而且质量上乘，从而确立了我国黄酒之冠的地位。当时绍兴生产的酒就直呼绍兴，到了不用加"酒"字的地步。特别是清代设立于绍兴城内的沈永和酿坊，以独创的"善酿酒"享誉海内外。康熙年间有"越酒行天下"之说，可见当时盛况空前。

在清康熙、雍正、乾隆时期，绍兴酒在全国就已享有盛名。上自皇宫内苑，下至村夫草民，皆以喝绍兴酒为荣。因清朝皇帝对绍兴酒有特殊的爱好，清代时已有所谓"禁烧酒而不禁黄酒"的说法。

清代，惠泉酒已是进献帝王的贡品。无锡惠山多泉水，相传有九龙十三泉。经唐代陆羽、刘伯刍品评，都以惠山寺石泉水为"天下第二泉"，从而声名大振。

早在元代时，就用二泉水酿造糯米酒，称为"惠泉酒"，其味清醇，经久不变。在明代，惠泉酒已

■ 青花瓷花雕酒

■ 酿酒工艺场景复原

名闻天下。曾任吏部尚书、华盖殿大学士的李东阳，在《秋夜与卢师邵侍御辈饮惠泉酒次联句韵二首》中，有"惠泉春酒送如泉，都下如今已盛传""旋开银瓮泻红泉，一种奇香四座传"之诗句。

到清代，惠泉酒更是名扬天下。1722年康熙帝驾崩，雍正帝继位，曹雪芹之父在江宁织造任上，一次就发运40坛惠泉酒进京，由此可见无锡惠泉酒已然成为贵族之家的饮用酒。曹雪芹对惠泉酒显然比较熟悉，因此把它写进了《红楼梦》。

绍兴黄酒鉴湖春在清代也已名扬天下。关于鉴湖春的来历，民间还有个故事与乾隆皇帝有关：

这一年，乾隆皇帝携纪晓岚、和珅等大臣下江南。一日，一行人进了浙江境内，关于当晚下榻何处，众大臣意见不一，和珅主张下榻西湖边的行宫，纪晓岚主张入住绍兴鉴湖边的沈家。

纪晓岚（1724—1805），纪昀，字晓岚，一字春帆，晚号石云，道号观弈道人，清代文学家。历雍正、乾隆、嘉庆三朝，是我国的大文豪之一，文采超过他的人屈指可数。其官至礼部尚书、协办大学士，曾任《四库全书》总纂修官。卒后谥号"文达"，乡里世称"文达公"。

> **《清稗类钞》**
> 关于清代掌故遗闻的汇编。从清人的文集、笔记、札记、报章、说部中，广搜博采，编辑而成。书中涉及内容极其广泛，举凡军国大事、典章制度、社会经济、学术文化、名臣硕儒、疾病灾害、民情风俗、古迹名胜，几乎无所不有。

沈家是绍兴数一数二的大户，所酿造的绍兴酒更是远近闻名，当地人都习惯称之为"沈家酒"。沈家虽然富有，但与西湖边的皇帝行宫比起来自然逊色不少。而纪晓岚更希望乾隆能够深入民间。最终乾隆听取了纪晓岚的意见，决定入住沈家。

沈家自是激动不已，当晚在鉴湖边设下宴席款待乾隆君臣，自然少不了"沈家酒"。

次日，乾隆走访绍兴，感触颇深，信笔提下《咏绍兴》：

鉴湖春来早，楼榭水中摇。
自古豪杰地，酒家知多少。

自此以后，沈家酒就有了御赐的新名字"鉴湖春"并被封为贡酒。

清代是我国葡萄酒发展的转折点，由于我国西部的稳定，葡萄种植的品种有所增加。据清代徐珂的

■ 古代制曲场景

《清稗类钞》记载,清代的葡萄种类不一,自康熙时哈密等地咸录版章,因悉得其种,植渚苑御。

葡萄有白色、紫色,有的长得像马乳。大葡萄中间有小葡萄的,名公领孙;琐琐葡萄,味极甘美。还有一种叫奇石密食,回语"滋葡萄",属于本布哈尔种,西域平定后,遂移植到清皇宫。

清代酒器

清帝王非常喜爱葡萄酒,特别是康熙帝,对葡萄酒更是钟爱有加。据说有一次,康熙帝得了重病疟疾之后,几位西洋传教士向皇帝建议,为了恢复健康,最好每天喝一杯红葡萄酒。康熙帝保持这个喝红葡萄酒的习惯一直到去世。康熙皇帝把"上品葡萄酒"比作"人乳",因此他有生之年经常饮用。

清代,葡萄酒不仅是王公贵族的饮品,在一般社交场合以及酒馆里也都有饮用。这些都可以从当时的文学作品中反映出来。曹雪芹的祖父曹寅所作的《赴淮舟行杂诗之六·相忘》写道:

短日千帆急,湖河簸浪高。
绿烟飞蛱蝶,金斗泛葡萄。
失薮哀鸿叫,搏空黄鹄劳。
蓬窗漫抒笔,何处写逋逃。

曹寅官至通政使、管理江宁织造、巡视两淮盐漕监察御史,生前享尽荣华富贵。从此诗中可以看出,葡萄酒在清朝是上层社会常饮的

> **《西域闻见录》**
> 成书于1777年，满洲正蓝旗人七十一著。七十一，姓尼玛查，号椿园。《西域闻见录》为七十一在"库车办事时"所撰。书中详细记录了当时西域的人文地理，风土人情，物产习俗，是难得的史料笔记，多为后人所引用。

樽中美酒。

清代后期，由于海禁的开放，葡萄酒的品种明显增多。《清稗类钞》还记载了当时北京城有三种酒肆：一种为南酒店；一种为京酒店；还有一种是药酒店，则为烧酒，以花蒸成，有玫瑰露、茵陈露、苹果露、山楂露、葡萄露、五加皮、莲花白等。当时，凡是以花果所酿的酒，皆可名为"露"。

当时的药酒店还出售白兰地酒。据《西域闻见录》载："深秋葡萄熟，酿酒极佳，饶有风味。""其酿法纳果于瓮，覆盖数日，待果烂发后，取以烧酒，一切无需面蘗。"这就是葡萄蒸馏酒。

清代酒业兴盛，随之而来便是酒具的耀眼夺目，由于清康熙、雍正、乾隆三朝对瓷器的喜好，我国制瓷业得到进一步发展，瓷器除青花、斗彩、冬青外，又新创制了粉彩、珐琅彩和古铜彩等品种，真可谓五光十色，美不胜收。

清代流传在世的精美瓷酒器有很多，最常见的器形主要有梅瓶、执壶、压手杯和小盅等，如景德镇珐琅彩带托爵杯、康熙斗彩贺知章醉酒图酒杯、青花山水人物盖杯、五彩十二月花卉杯，以及各种五彩人物压手杯等，均为清代瓷酒器精品，饮誉海内外。

■ 清代酒馆内景

清宫设有"造办处",专为皇室制造各类物品,其下所设金银作和玉作便是承做金银器和玉器、珠宝的重要作坊。北京故宫所藏的不少原清宫酒器,如雍正双耳玉杯、"金瓯永固"金杯等即为造办处所制。除此,外埠贡入的金银、玉质酒器也不在少数。

清代锡酒壶

清代的瓷、金、银和玉等质地的酒器多仿古器。如清宫御用的双耳玉杯、龙纹玉觥、珐琅彩带托爵杯、铜彩兽耳尊、各类瓷尊、双贯耳瓷壶和天蓝釉双龙耳大瓶等,皆为清代仿古酒器。清代仿古酒器盛行,与康、雍、乾3位皇帝嗜酒有关。

在清代,作为酒文化载体的酒器,也与众多名酒一样,交相辉映,共展我国酒文化的无穷魅力。

阅读链接

清乾隆金嵌宝"金瓯永固"杯,是清宫珍藏的金器。清乾隆年间,清宫造办处制造了各式酒杯,其中不乏龙耳作品,且式样颇多,这件金杯的设计及加工皆属上乘,是皇帝专用的酒杯。"金瓯永固"寓意大清的疆土、政权永固。

每当元旦凌晨子时,清帝在养心殿明窗,把"金瓯永固杯"放在紫檀长案上,把屠苏酒注入杯内,亲燃蜡烛,提起毛笔,书写祈求江山社稷平安永固的吉语。所以,"金瓯永固杯"被清代皇帝视为珍贵的祖传器物。

重视酒养生的明清时代

明清两代典籍中对酒的记载很多,由于酒在当时用量太大,酒类品种也更多,许多人往往只贪饮美酒,而忘记了酒的负面效果,于是当时的有识之士多是从重视以酒养生保健方面来论述,达到强身健体的作用。

■古代酿酒工艺雕塑

明代作家、官员谢肇淛撰有《五杂俎》。他在《五杂俎·物部三》中，对酒做了大量论述。

谢肇淛首先说明饮酒过量有失礼仪，对自身形象有很大危害。还进一步说明饮酒过量对自身寿命的危害，又对各种酒进行评论，并对酒的容量单位进行了考证。可以说，谢肇淛对世人饮酒的危害，进行了细致入微的考察和苦口婆心的劝诫。

明代伟大的药物学家李时珍，在《本草纲目》中对酒做了大量记述，从医学角度说明了酒的好处。他专门对米酒做了详细的记述：

■ 烧酒

> 酒，天地之美绿也。面麸之酒，少饮则和血行气，壮神御寒，消愁遣兴；痛饮则伤神耗血，损胃亡精，生痰动火。酒后食芥及辣物，缓人筋骨。酒后饮茶，伤肾脏，腰脚重坠，膀胱冷痛，兼患痰饮水肿、消渴挛痛之疾。一切毒药，因酒得者难治。又酒得咸而解者，水制火也，酒性上而咸润下也。又畏枳椇、葛花、赤豆花、绿石粉者，寒胜热也。

当时烧酒又称"火酒""阿剌吉酒"。李时珍对

谢肇淛（1567—1624），字在杭，号武林、小草斋主人，晚号山水劳人。曾任明朝南京刑部主事、兵部郎中、工部屯田司员外郎。历游川、陕、两湖、两广、江、浙各地所有名山大川，所至皆有吟咏，雄迈苍凉，写实抒情，为当时闽派诗人的代表。所著《五杂俎》为明代一部有影响的博物学著作。

古代酿酒场景

烧酒另立一项，专做论述。他先说明其制法和禁忌，接着说明了烧酒的保健功效。

《本草纲目》在酒的附方栏中记述了16个附方，又在该目的"附诸药酒方"中，详细记述了69种药酒方。例如：女贞皮酒、天门冬酒、地黄酒、当归酒、菖蒲酒、人参酒、菊花酒、麻仁酒、虎骨酒、鹿茸酒、蝮蛇酒、五加皮酒、白杨皮酒、愈疟酒、屠苏酒等。李时珍对各种药酒的功能、治法，记述颇详。例如：

> 愈疟酒：治诸疟疾，频频温而饮之；屠苏酒：元旦饮之，辟疫疠一切不正之气；五加皮酒：去一切风湿痿痹、壮筋骨、填精髓，用五加皮洗刮去骨煎汁，和米酿成，饮之；白杨皮酒：治风毒脚气、腹中痃癖如石，以白杨皮切片，浸酒起饮；蝮蛇酒：治恶疮诸瘘、恶风顽痹癫疾，取活蝮蛇一条、同醇酒一斗、封埋马溺之处、周年取出，蛇已消化、每服数杯，当身体习习而愈之。

由此看出，伟大的药物学家李时珍，对酒的研究是如此深透，又能看出酒在药物中的重要地位。

明代科学家宋应星在《天工开物》中，制曲酿酒部分较为宝贵的内容是关于红曲的制作方法，书中还附有红曲制作技术的插图。

清代的烹饪全集《调鼎集》较为全面地反映了黄酒酿造技术。《调鼎集》本是一本手抄本，主要内容是烹饪饮食方面的内容，关于酒的内容多达百条以上，关于绍兴酒的内容最为珍贵，其中的"酒谱"，记载了清代时期绍兴酒的酿造技术酒谱，下设40多个专题。

《调鼎集》包含与酒有关的所有内容。如酿法、用具、经济作用。在酿造技术上主要的内容有论水、论米、论麦、制曲、浸米、酒娘、发酵、发酵控制技术、榨酒、作糟烧酒、煎酒、酒糟的再次发酵、酒糟的综合利用、医酒、酒坛的泥头、酒坛的购置、酒坛修补、酒的贮藏、酒的运销、酒的蒸馏、酒的品种、酿酒用具等。

《调鼎集》中罗列与酿酒有关的全套用具共106件，大至榨酒器、蒸馏器、灶，小至扫帚、石块，可以说是包罗万象，无一遗漏。有蒸饭用具系列，有发酵、贮酒用的陶器系列，有榨具系列，有煎酒器具系列，有蒸馏器系列，等等。

清代黄周星撰《酒社刍言》，在该著的开头语中说：不要为饮酒而饮，最好是饮酒时以礼和欢乐的形式，借以研究学问。为此，他接着提出"三戒"，戒

五加皮酒 又称"五加皮药酒"，是在汉族民间广泛流传配制的传统药酒。一般以白酒或高粱酒为基，加入五加皮、人参、肉桂等中药材浸泡而成，具有行气活血、驱风祛湿、舒筋活络等功效，坚筋骨，强意志，久服轻身耐老。

《调鼎集》 全10卷。清代中期的烹饪书，是厨师实践经验的集大成。从日常小菜腌制到宫廷满汉全席，应有尽有。收集素菜肴2000种，茶点果品1000类，以及烹调、制作、摆设方法，分条一一讲析明白。实为我国古代烹饪艺术集大成的巨著。一般认为，本书作者是扬州盐商童岳荐。

苛令、戒说酒底字、戒拳闹。黄周星还强调说，以上三条，乃世俗相沿习而不察者，故特拈出为戒。

清代人们对于药酒的要求已不仅仅局限于对传统的继承，突破和创新成为挑战的重点。在这一时期，新的药酒配方接踵而至，如汪昂的《医方集解》、王孟英的《随息居饮食谱》、吴谦等人的《医宗金鉴》、孙伟的《良用汇集经验神方》和项友清的《同寿录》等，均收载了不少明清时期新创制的一些药酒配方。

与此同时，养生药酒在此时期的广泛应用也已空前兴旺，集历代酒方之精华，精益求精，甄选优质药材和炮制方式，已使其功效卓越展现。

药酒的补肾壮阳功力极尽强大，如归圆菊酒、延寿获嗣酒、参茸酒、养神酒、健步酒等为康熙、乾隆的高寿多子功不可没。

另外，用于补益作用的药酒也层出不穷。"夜合枝酒"是清官御制的药酒，组方中除了夜合枝外，还有柏枝、槐枝、桑枝、石榴枝、糯米、黑豆和细曲等，可治中风挛缩之症。

乾隆皇帝偏爱"松苓酒"，是因为其对老年人诸虚百损、关节酸

药酒制作工具

■ 复原后的清代酿酒坊

痛、纳食少味、夜寐不实诸症均有治疗作用。

松苓酒在1750年初春，由刘沧州献入宫廷，经太医刘裕铎审查，上奏"看得太平春酒药性纯良，系滋补心肾之十三方"。其后经弘历皇帝亲自品尝，增减药味，制成滋补健身酒剂。

此酒为养血活血、健脾行气安神之品，主治关节酸软、纳食少味及睡眠不足等症。方中熟地、枸杞、龙眼、松仁等，均属于传统的延年益寿药物，偏重于填补心肾阴精；红花助白酒活血通经，利于药物畅达脏腑，发挥补益作用。对于需强壮健身者，服之获益良多。

乾隆皇帝认为，松苓酒是长寿仙方，吩咐内侍照方制酒，方法是：于大深山之中选择一棵苍劲挺拔的古松，向下深挖至树根，将酒瓮打开盖，埋在树根之下，根切开一个口，让松根的液体渐渐被酒吸入接收。一年以后取出酒，酒色如琥珀，就是上乘的松苓酒。

后来改方为：熟地200克、当归50克、茯神50克、枸杞20克、红花20克、龙眼肉400克、整松仁500克等15种药物，加玉泉酒10千克、干烧酒20千克煮制而成。

据传说，乾隆皇帝还经常服用其他养生酒，如龟龄酒、健脾滋肾状元酒，晚年还常吃八珍糕。

慈禧中年后开始饮如意长生酒，此酒除风祛湿、化食止渴、疏通血脉、强筋壮骨，是保健佳品。

如意长生酒酒色淡黄如琥珀，缕缕芳香沁人心脾。从此，慈禧每日按时饮用，没过多久便觉诸病消失。后来，慈禧长期饮用如意长生酒，晚年仍然头发乌黑、面色红润、步履轻盈，很少患病。

如意长生酒由枸杞子、茯神、生地黄、熟地黄、山萸肉、牛膝、远志、五加皮、石菖蒲、地骨皮等组成，长期服用确有疗效。

清代许多笔记小说中也保存了大量的与酒有关的历史资料。如周亮工《闽小记》记载了清初福建省内的地方名酒；清代后期名臣梁章钜《浪迹丛谈续谈三谈》中关于酒的内容多达15条。

> **阅读链接**
>
> 明清两代的酒名，在现存的文献中有很多记载，据《道生八陆》《本草纲目》所载，明代约有近百种酒。《道生八陆》中的酒名有桃源酒、香言酒、碧香酒等20多种。《本草纲目》共载有69种酿制药酒的配方。
>
> 清代有多少酒名难以统计。例如《金瓶梅词话》中提到次数最多的"金华酒"，《红楼梦》中的"绍兴酒""惠泉酒"。清代小说《镜花缘》中作者借酒保之口，列举了70多种酒名，汾酒、绍兴酒等都名列其中。所列的酒应该都是当时有名的酒。

别具风采的
衣食生活

茶道风雅

茶历史茶文化的特色

茶的历史

誉为国饮

我国是世界上最早发现和利用茶树的国家,是茶的故乡,也是茶文化的发源地。茶是中华民族的举国之饮,发于神农,闻于鲁周公,兴于唐朝,盛于宋代,我国茶文化糅合了佛、儒、道诸派思想,独成一体,是我国文化中的一朵奇葩。

我国的茶被誉为"国饮",也被世界人民誉为"东方恩物"。我国茶道集宗教、哲学、美学、道德、艺术于一体,是艺术、修行、达道的结合,茶道既是饮茶的艺术,也是生活的艺术,更是人生的艺术。

神农尝百草而发现茶

上古时候，我们华夏民族的人文始祖神农氏是一位勤政爱民的部落首领，他有一个女儿叫花蕊，不知什么原因得病了。

花蕊不想吃饭，浑身难受，腹胀如鼓，怎么调治也不见好。神农很是为难，他想了想，就抓了一些草根、树皮、野果和石头，他数了数，一共有12样，就让花蕊吃下，然后就到野外干活去了。

神农尝百草

花蕊吃了后，肚子疼得像刀绞。没过一会儿，她竟然生下了一只小鸟，然而她的病却好了。这可把大家吓坏了，都说："这只鸟是个妖怪，赶紧把它弄出去扔了吧！"

神农塑像

  谁知这只小鸟很通人性，见大家都讨厌它，就飞到神农身边。神农听见小鸟对他说："叽叽，外公！叽叽，外公！"

  神农嫌它吵人心烦，就一抡胳膊"哇嗤——"地叫了一声，把小鸟撵飞了。但是，没多大一会儿，这小鸟又飞回到树上，又叫："叽叽，外公！叽叽，外公！"

  神农觉得非常奇怪，就拾起一块土坷垃，朝树上一扔，把小鸟吓飞了。但是没多大一会儿，小鸟又回到树上，又叫："外公，叽叽！外公，叽叽！"

  神农这回听懂了，就把左胳膊一抬，说："你要是我的外孙，就落到我的胳膊上来！"

  小鸟真的就扑棱棱飞下来，落在了神农的左胳膊上。神农细看这小鸟，浑身翠绿、透明，连肚里的肠肚和东西也能看得一清二楚。

  神农托着这只玲珑剔透的小鸟回到了家，大家一看，顿时吓得连连后退说："快把它扔了，妖怪，快扔了……"

  神农乐呵呵地说："这不是妖怪，是宝贝！就叫它花蕊鸟吧！"

  神农又把女儿花蕊吃过的12味药分开在锅里熬，他每熬一味，就

■ 茶树

茶 原为我国南方的嘉木，它是古代我国南方人民对饮食文化的贡献。三皇五帝时代的神农有以茶解毒的故事流传，黄帝则姓姬名荼，"荼"即古"茶"字。茶可食用，解百毒，常品有益健康长寿。经长久发展至今，茶品以顺为最佳，所以就有一句"茶乃天地之精华，顺乃人生之根本"，因此道家里有"茶顺即为茗品"之说。

喂小鸟一口，一边喂，一边看，看这味药到小鸟肚里往哪走，有啥变化。他自己再亲口尝一尝，体会这味药是啥滋味。12味药给鸟喂完了，他也尝完了，12味药一共走了手足三阴三阳十二经脉。

神农托着这只鸟上大山，钻老林，采摘各种草根、树皮、种子、果实，捕捉各种飞禽走兽、鱼鳖虾虫，挖掘各种石头矿物，他一样一样地喂小鸟，一样一样地亲口尝。

神农通过仔细观察，细心体会每味药喝了后在身子里各走哪一经、有何药性、各治什么病等。可是，不论哪味药都只在十二经脉里打圈圈，超不出这个范围。天长日久，神农就制定了人体的十二经脉，成为后来中医药的基础理论。

神农决定继续验证自然万物的功效，就手托着这只鸟走向更广阔的世界。他来到了太行山，当转到九九八十一天，来到了太行山的小北顶，捉到一个全冠虫喂小鸟，没想到这虫毒气太大，一下子把小鸟的肠子打断，小鸟死了。神农非常后悔，大哭了一场。后来，就选上好木料，照样刻了一只鸟，走到哪儿就带到哪儿。

有一次，神农把一棵草放到嘴里一尝，霎时天旋地转，一头栽倒。臣民们慌忙扶他坐起，他明白自己中了毒，可是已经不会说话了，只好用最后一点力气，指着面前一棵红亮亮的灵芝草，又指指自己的嘴巴。臣民们慌忙把那红灵芝放到嘴里嚼嚼，喂到他嘴里。神农吃了灵芝草，毒气解了，头不晕了，会说话了。从此，人们都说灵芝草能起死回生。

有一天，神农在采集奇花野草时，尝到一种草叶，使他口干舌麻、头晕目眩，于是他放下草药袋，背靠一棵大树斜躺着休息。一阵风吹过，似乎闻到有一种清鲜香气，但不知这清香从何而来。

神农抬头一看，只见树上有几片叶子冉冉落下，这叶子绿油油的，出于好奇，遂信手拾起一片放入口中慢慢咀嚼，感到味虽苦涩，但有清香回甘之味，索性嚼而食之。食后更觉气味清香，舌底生津，精神振奋，头晕目眩减轻，口干舌麻渐消。

神农再拾几片叶子细看，其叶形、叶脉、叶缘均与一般树木不同，因而又采了些芽叶、花果而归。以后，神农将这种树定名为"茶树"，这就是茶的最早发现。神农被后人誉为"茶祖"，此后茶树渐被发掘、采集和引种，被人们用作药物，供作祭品，当作养生的饮料。

阅读链接

关于神农发现茶，还有一个传说。说是有一天，神农在生火煮水，当水烧开时，神农打开锅盖，忽见有几片树叶飘落在锅中，当即又闻到一股清香从锅中发出。他用碗舀了点汁水喝，只觉味带苦涩，却清香扑鼻，喝后回味香醇甘甜，而且嘴不渴了，人不累了，头脑也更清醒了。于是神农依照"人"在"草""木"之间而为其定名为"茶"。

先秦两汉茶文化的萌芽

早在远古时期，人们从野生大茶树上砍下枝叶，采集嫩梢，生嚼鲜叶。后来发展为加水煮成羹汤饮用，这就是最早的原始粥茶法。用茶叶制成的菜肴清淡爽口，既可增进食欲，又有降火、利尿、提神、

茶树枝叶

去油腻、防疾病的功效，有益人体健康。

在我国商周时期，巴蜀地区就有以茶叶为贡品的记载。后来，东晋常璩的《华阳国志·巴志》记载："周武王伐纣，实得巴蜀之师，茶蜜皆纳贡之。"这一记载说明在武王伐纣时，巴国就已经以茶与其他珍贵产品纳贡于周武王了。《华阳国志》中还记载，那时已经有了人工栽培的茶园。

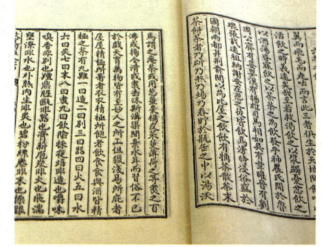
■ 陆羽著作《茶经》

后来，唐代人"茶圣"陆羽在《茶经》中说："茶之为饮，发乎神农氏，闻于鲁周公。"

春秋战国时期所编著的我国最早的词典《尔雅》中，始有记载周公饮茶养颜保健的逸事。春秋战国时期，我国学术上百家争鸣，儒家、道家都对后世茶文化产生了影响。

孔子开创的儒家，制定了茶的礼仪：站着敬茶时，双手要托住茶杯底座，两个大拇指轻轻压在杯盖上，面带微笑。用传统茶具喝茶时，要先用杯盖轻轻拨开漂浮的茶叶，象征性地用杯盖挡住嘴巴，喝茶时不发出声音，以示文雅。

道家思想则着眼于更大的宇宙空间，所谓"无为"正是为了"有为"；柔顺同样可以进取。水至柔，方能怀山襄堤；壶至空，才能含华纳水。

周公 周朝爵位，得爵者以辅佐周王治理天下。历史上的第一位周公名叫姬旦，也称叔旦，是周文王姬昌的第四子、周武王姬发的同母弟，因封地在周，故称"周公"或"周公旦"，为西周初期杰出的政治家、军事家、思想家和教育家，被尊为"儒学奠基人"。

我国茶文化接受老庄思想甚深，强调天人合一，精神与物质的统一，这又为饮茶者创造饮茶的美学意境提供了源头活水。

春秋战国后期及西汉初年，曾发生了几次大规模的战争，人口大迁徙。特别在秦统一四川后，促进了四川和其他各地的货物交换和经济交流。

在秦汉时期，四川的茶树栽培、制作技术及饮用习俗，开始向经济、政治、文化中心陕西、河南等地传播。陕西、河南成为我国最古老的北方茶区之一。其后沿长江逐渐向长江中下游推移，再次传播到南方各省。据史料载，汉王至江苏宜兴茗岭"课童艺茶"，汉朝名士葛玄在浙江天台山设"植茶之圃"，说明汉代四川的茶树已播植到江苏、浙江一带了。

在秦汉时期，四川制茶方面也有改进，茶叶具有色、香、味俱佳的特色，并被用于多种用途，如药用、丧用、祭祀用、食用，或为上层社会的奢侈品。像武阳那样的茶叶集散市已经形成了。如西汉著名辞赋家王褒《僮约》"烹茶尽具"的约定，是关于饮茶最早的记载。

王褒《僮约》中关于"武阳买茶"的故事，是说公元前59年农历正月里，资中人王褒寓居成都安志里一个叫杨惠的寡妇家里。杨氏家中有

古人品茶图

个名叫"便了"的髯奴,即多须的奴仆。王褒经常指派他去买酒,便了因王褒是外人,很不情愿。

有一天,髯奴跑到主人的墓前倾诉不满,说:"大夫您当初买便了时,只要我看守家里,并没要我为其他男人去买酒。"

王褒得知此事后,一怒之下便从杨氏的手中买下便了为奴。

便了跟了王褒以后,心里更是极不情愿,可是又无可奈何。于是他在写契约的时候便向王褒提出:"您也应该像当初在杨家买我时那样,将以后凡是要我干的事明明白白地写在契约里,要不然我可不干。"

■ 卓文君为客人上茶图

王褒擅长辞赋,精通六艺,为了使他服服帖帖的,便信笔写下了一篇长约600字的题为《僮约》的契约,列出了名目繁多的劳役项目和干活时间的安排,使便了从早到晚不得空闲。

契约上繁重的活儿使便了实在是难以负荷,于是他痛哭流涕地向王褒求情说:"照此下去,恐怕我马上就会累死进黄土了,早知如此,情愿给您天天去买酒。"

这篇《僮约》从文辞的语气上看,不过是王褒的消遣之作,文中不乏揶揄、幽默之句。王褒就在这不经意中,为我国茶史留下了非常重要的史实记录。

另据唐外史《欢婚》记载:

葛玄 东汉道教天师。字孝先,被尊称为"葛天师",为道教灵宝派祖师。1104年封"冲应真人";1246年封"冲应孚佑真君"。道教尊为"葛仙翁",又称"太极仙翁"。在道教流派中与张道陵、许逊、萨守坚共为"四大天师"。

> 相如琴乐文君，无茶礼，文君父怒不待，相如无猜中官，文君忌怀，凡书必茶，悦其水容乃如家。

司马相如没有按传统规矩向卓王孙家兴茶礼正娶。卓文君的父亲气愤之下决定不在任何场所接待司马相如，而且写信要求司马相如只要是在读书或写书都得品茶，见到茶水就好比见到卓文君一样，同时也仿佛回到了家一样。

司马相如曾经编写了一本少儿识字读物《凡将篇》，这里面刚好有个"荈"字，也就是各种茶叶史书常提出的最早的"荼"字。

还有在汉赋写作上可与司马相如并称为"扬马"的扬雄，他编写了一本叫《方言》的书，书中记述："蜀西南人谓茶曰蔎。"虽然只有短短8个字，但是它的意义却是相当深远的。

最早对茶有过记载的王褒、司马相如、扬雄均是蜀人，可见是巴蜀之人发明了饮茶。

阅读链接

我国的饮茶始于西汉，而饮茶晚于茶的食用、药用。发现茶和用茶更远在西汉以前，甚至可以追溯到商周时期。茶为贡品、为祭品，在周武王伐纣时，或者在先秦时就已出现；而茶作为商品则是在西汉时才出现的。

茶叶在西周时期被作为祭品使用，到了春秋时代茶鲜叶被人们作为菜食，而战国时期茶叶作为治病药品，到西汉时期茶叶已成为当时主要的商品之一。

三国两晋的饮茶之风

两汉时期，茶作为四川特产，通过进贡的渠道，首先传到京都长安，并逐渐向当时的政治、经济、文化中心陕西、河南等地区传播。此外，四川的饮茶风尚沿水路顺长江而传播到长江中下游地区。

汉代上茶仆人

■ 古代制茶工艺

从西汉直到三国时期,在巴蜀之外,茶是供上层社会享用的珍品,饮茶仅限于王公贵族,民间则很少饮茶。地处成都平原西部边缘的大邑县,素有"七山一水两分田"的称谓,丘陵山地茶树似海浪,棵棵青茶绿如涓滴。

江南初次饮茶的记录始于三国,据西晋史学家陈寿《三国志·吴志·韦曜传》载:吴国的第四代国君孙皓,嗜好饮酒,每次设宴,来客至少饮酒七升。但是他对博学多闻而酒量不大的朝臣韦曜甚为器重,常常破例。每当韦曜难以下台时,他便"密赐茶以代酒"。这是"以茶代酒"的最早记载。

在两晋、南北朝时期,茶量渐多,有关饮茶的记载也多见于史册。入晋后,茶叶逐渐商品化,茶叶的产量也增加,不再将茶视为珍贵的奢侈品了。茶叶成为商品后,为求得高价出售,于是对茶叶进行精工采制以提高质量。南北朝初期,以上等茶作为贡品。

西晋诗人张载《登成都白菟楼》诗云:"芳茶冠六清,溢味播九区。"说成都的香茶传遍九州。又据假托黄帝时桐君的《桐君录》记载:"酉阳、武昌、庐江、晋陵皆出好茗。巴东别有真香茗。"

晋干宝《搜神记》:"夏侯恺字万仁,因病

陈寿(233—297),字承祚。三国西晋著名史学家。少时好学,师事同郡学者谯周,在蜀汉时曾任卫将军主簿、东观秘书郎、观阁令史、散骑黄门侍郎等职。晋灭吴结束了分裂局面后,陈寿历经十年艰辛完成了纪传体史学巨著《三国志》,完整地记叙了自汉末至晋初近百年间我国由分裂走向统一的历史全貌。

死……如坐生时西壁大床，就人觅茶饮。"这虽是虚构的神异故事，但也反映普通人家的饮茶事实。

晋陶渊明《搜神后记》中也说："晋孝武世，宣城人秦精，常入武昌山中采茗。"晋王浮《神异记》："余姚人虞洪入山采茗。"说明在两晋时期，湖北、安徽、江苏、浙江这些地区已出产茶叶。

两晋时期，饮茶由上层社会逐渐向中下层传播。《广陵耆老传》："晋元帝时有老姥，每旦独提一器茗，往市鬻之，市人竞买。"老姥每天早晨到街市卖茶，市民争相购买，反映了平民的饮茶风尚。

在南朝宋山谦之所著的《吴兴记》中，载有："浙江乌程县西二十里，有温山，所产之茶，转作进贡之用。"

汉代，佛教自西域传入我国，到了南北朝时更为盛行。佛教提倡坐禅，饮茶可以镇定精神，夜里饮茶

> **陶渊明**（约365—427），字元亮，又名潜，号五柳先生，世称"靖节先生"，东晋末期南朝宋初期诗人、文学家、辞赋家、散文家。曾做过几年小官，后因厌烦官场辞官回家，从此隐居。田园生活是陶渊明诗的主要题材，相关作品有《饮酒》《归园田居》《桃花源记》等，田园诗派创始人。

■ 坐禅杯

> 慧远（334—416），俗姓贾，出生于书香世家。居庐山，与刘遗民等同修净土，为净土宗之始祖。从小资质聪颖，勤思敏学，13岁时便随舅父令狐氏游学许昌、洛阳等地。精通儒学，旁通老庄。21岁时发心舍俗出家，随从道安法师修行。

可以驱睡，茶叶又和佛教结下了不解之缘。茶之声誉逐渐驰名于世。因此，一些名山大川僧道寺院所在的山地和封建庄园都开始种植茶树。

《晋书·艺术传》记："单道开，敦煌人也。……时夏饮荼苏，一二升而已。"单道开乃佛徒，曾住后赵京城邺城的法琳寺、临漳县的昭德寺，后率弟子渡江至晋都城建业，又转去南海各地，最后殁于广东罗浮山。他在昭德寺首创禅室，坐禅其中，昼夜不卧，饮茶驱困解乏以禅定。

晋僧怀信《释门自镜录》："跣足清谈，袒胸谐谑，居不愁寒暑，食不择甘旨，使唤童仆，要水要茶。"魏晋之际，析玄辩理，清谈风甚。佛教初传，依附玄学。佛徒追慕玄风，煮茶品茗，以助玄谈。

宋代的《续名僧录》中说："宋释法瑶，姓杨氏，河东人……年垂悬车，饭所饮茶。"法瑶是东晋

■ 寺庙里的茶院

道教茶艺

名僧慧远的再传弟子,著名的涅槃师。法瑶性喜饮茶,每饭必饮茶。

"新安王子鸾,鸾弟豫章王子尚诣昙济道人于八公山,道人设荼茗,子尚味之曰:'此甘露也,何言荼茗。'"昙济13岁出家,拜鸠摩罗什弟子僧导为师。他从关中来到寿春创立了成实师说的南系"寿春系"。

昙济曾著《六家七宗论》。他在八公山东山寺住了很长时间,后移居京城的中兴寺和庄严寺。两位王子拜访昙济,昙济设茶待客。佛教徒以茶资修行,单道开、怀信、法瑶开"茶禅一味"之先河。

道教创始于汉末晋初的张角,于是茶成为道教徒的首选之药,道教徒的饮茶与服药是一致的。南朝著名道士陶弘景《杂录》载:"苦荼轻身换骨,昔丹丘子、黄山君服之。"丹丘子、黄山君是传说中的神仙人物,他们说饮茶可使人"轻身换骨"。

晋惠帝时著名道士王浮的《神异记》载:"余姚人虞洪入山采茗,遇一道士,牵三青牛,引洪至瀑布曰:'予丹丘子也,闻子善具

▪ 黄山毛峰

饮,常思见惠。山中有大茗可以相给,祈子他日有瓯牺之余,乞相遗也。'"神仙丹丘子都向虞洪乞茶喝,这大大提高了茶的地位。

我国许多名茶有相当一部分是佛教和道教圣地最初种植的,如四川蒙顶、庐山云雾、黄山毛峰,以及天台华顶、雁荡毛峰、天目云雾、径山茶、龙井茶等,都是在名山大川的寺院附近出产的。佛教和道教信徒们对茶的栽种、采制、传播起到了一定的推动作用。

南北朝以后,士大夫之流逃避现实,崇尚清淡,品茶赋诗,使得茶叶消费量增加。茶在江南成为一种"比屋皆饮""座席竞下饮"的普通饮料,敬茶在江南已然成为一种待客的礼节。

王濛是晋代人,官至司徒长史,他特别喜欢喝茶,不仅自己一日数次喝茶,而且有客人来,便一定要客人同饮。当时,士大夫中还多不习惯饮茶。因此,去王濛家时,大家总有些害怕,每次临行前就戏称"今日有水厄"。

东晋时期,茶成为建康和三吴地区的一般待客之物。据刘义庆《世说新语》载,任育长随晋室南渡以后,很是不得志。有一次,他到建康,当时一些名士便在江边迎候。谁知他刚一坐下,就有人送上茶来。

刘义庆(403—444),字季伯,南朝宋时文学家。刘义庆自幼才华出众,爱好文学。《世说新语》是一部笔记小说集,此书不仅记载了自汉魏至东晋士族阶层言谈、逸事,反映了当时士大夫们的思想、生活和清谈放诞的风气,而且其语言简练,文字生动鲜活,因此自问世以来,便受到文人的喜爱和重视。

任育长是中原人，对茶还不是很熟悉，只是听人说过。看到有茶上来，便问道："此为茶为茗？"

江东人一听此言，觉得很奇怪，心说：这人怎么连茗就是茶都不知道呢？任育长见主人一脸的疑惑，知道自己说了外行话，于是赶忙掩饰说："我刚才问，是热的还是冷的。"

在两晋时期，茶饮是清廉俭朴的标志。据《晋中兴书》载，陆纳做吴兴太守时，卫将军谢安准备去访问他，陆纳让下人只是准备了茶饮接待谢安。陆纳的侄子陆俶见叔叔没有准备丰盛的食品，心中不觉暗暗责备，但又不敢问。于是，陆俶就擅自准备了10多个人用餐的酒菜招待谢安。事后，陆纳大为恼火，认为侄子的行为玷污了自己的清名，于是下令狠狠地打了陆俶40大板。

在《晋书·桓温传》中，也记载有"桓温为扬州牧，性俭，每宴惟下七奠，茶果而已。"

两晋时期，茶饮广泛进入祭礼。在南朝宋刘敬叔撰写的志怪小说集《异苑》中记有一个传说，说剡县陈务妻，年轻的时候和两个儿子寡居。陈家的院子里有一座古坟，每次饮茶时，陈务妻都要先在坟前浇祭茶水。两个儿子对此很讨厌，想把古坟平掉，母亲苦苦劝说才止住。

> **谢安**（320—385），字安石，东晋著名政治家、宰相，多才多艺，善行书，通音乐，对儒、佛、玄学均有较高的素养。他性情娴雅温和，处事公允明断，不专权树私，不居功自傲，有宰相气度、儒将风范，这些都是谢安为人称道的品格。

■ 品茶雕塑

■ 古代茶具

有一天在梦中,陈务妻见到一个人,这个人对她说:"我埋在此地已经有三百多年了,蒙你竭力保护,又赐我好茶,我虽然是地下朽骨,但不会忘记报答你的。"

陈务妻从梦中醒来,就再也睡不着了。

终于等到天亮,陈务妻起来后,来到院子里,突然发现在院子中有十万钱!陈务妻惊呆了,一时间不知如何是好。她赶忙把这事告诉了两个儿子,两个人感到很惭愧。从此以后,一家人祭祷得更勤了。

南北朝时期,以茶作祭已进入上层社会。《南齐书·武帝本纪》载:493年7月,齐武帝下了一封诏书,诏曰:"我灵上慎勿以牲为祭,唯设饼、茶饮、干饭、酒脯而已,天下贵贱,咸同此制。"

齐武帝萧颐,是南朝比较节俭的少数统治者之一。他立遗嘱时,把茶饮等物作为祭祀标准,把民间的礼俗用于统治阶级的丧礼之中,此举无疑推广和鼓励了这种制度。

杨衒之 北魏散文家。曾任抚军府司马、秘书监、期城郡太守等职。博学能文,精通佛教经典。547年,杨衒之行经洛阳,正值兵乱之后,目睹贵族王公耗费巨资所建之佛寺已多成废墟,深有所感,乃著《洛阳伽蓝记》一书,成为北朝文坛的旷世杰作。

北魏杨衒之的《洛阳伽蓝记》卷三记载了王肃善饮茶的故事："肃初入国，不食羊肉及酪浆，常饭鲫鱼羹，渴饮茗汁。……时给事中刘镐，慕肃之风，专习茗饮。"北朝人原本渴饮酪浆，但受南朝人的影响，如刘镐等也开始喜欢上饮茶了。

王肃，字恭懿，琅琊人。曾在南朝齐任秘书丞。因父亲王奂被齐国所杀，便从建康投奔魏国。魏孝帝随即授他为大将军长史。后来，王肃为魏立下战功，得"镇南将军"之号。魏宣武帝时，官居宰辅，累封昌国县侯，官终扬州刺史。

王肃在南朝时喜欢饮茶，到了北魏后，仍然没有改变原来的嗜好，但同时也很会吃羊肉、奶酪之类的北方食品。当人问"茗饮何如酪浆"时，王肃认为茶是不能给酪浆做奴隶的。意思是茶的品位并不在奶酪之下。

三国吴和东晋均定都金陵，即现在的南京，由于达官贵人，特别是东晋北方士族的集结、移居，今苏南和浙江的所谓江东一带，在这一政治和经济背景下，作为茶业发展新区，其茶业和茶文化在这一阶段中，较之全国其他地区有了更快的发展。

阅读链接

三国两晋时期，我国形成饮茶之风，而文人关于茶的著述颇丰。如《搜神记》《神异记》《搜神后记》《异苑》等志怪小说集中便有一些关于茶的故事。

左思的《娇女诗》、张载的《登成都白菟楼》诗、王微的《杂诗》是最早的茶诗。南北朝时女文学家鲍令晖撰有《香茗赋》，惜散佚。

西晋杜育的《荈赋》是文学史上第一篇以茶为题材的散文，才辞丰美，对后世的茶文学创作颇有影响。宋代吴俶《茶赋》称："清文既传于杜育，精思亦闻于陆羽。"可见杜育《荈赋》在茶文化史上的影响。

趋于成熟的唐代茶文化

唐人刘禹锡易茶图

唐朝一统天下,修文息武,重视农作,促进了茶叶生产的发展。由于国内太平、社会安定,百姓能够安居乐业。

随着农业、手工业生产的发展,茶叶的生产和贸易也迅速兴盛起来,成为我国茶史上第一个高峰。

当时,茶叶产地分布在长江、珠江流域和陕西、河南等10多个区域的诸多州郡,当时,以武夷山茶采制而成的蒸青团茶极负盛名。

中唐以后,全国有70多个州产茶,辖340多个县。唐代是我国种茶、饮茶以及茶文化发展的鼎盛时期。茶叶逐渐从皇宫内院走入了寻常百姓家,饮茶之风遍及全国。有的地方户户饮茶,已成民间习俗。

同时,无论是宫廷茶艺、宗教茶艺、文士茶艺和民间茶艺,不论在茶艺内涵的理解上还是在操作程序上,都已趋于成熟,形成了各具特色的饮茶之道。

■ 唐代女子制茶图

唐朝饮茶之风的兴起,促使了"茶圣"陆羽的横空出世。陆羽在其著名的《茶经》中,对茶的提法不下10余种,其中用得最多、最普遍的是"茶"。

在我国古代,茶的名称很多。在公元前2世纪,西汉司马相如的《凡将篇》中提到的"荈诧"就是茶。西汉末年,扬雄的《方言》中,称茶为"蔎";在《神农本草经》中,称之为"荼草"或"选";南朝宋谦之的《吴兴记》中称为"荈";东晋裴渊的《广州记》中称之为"皋芦"。此外,还有"诧""茗""荼"等称谓,均认为是茶的异名同义字。由于茶事的发展,指茶的"荼"字使用越来越多。

陆羽在写《茶经》时,将"荼"字减少一画,改写为"茶",并归纳说:"……其名,一曰茶,二曰槚,三曰蔎,四曰茗,五曰荈。"从此,在古今茶学书中,茶字的形、音、义也就固定下来了。

关于陆羽善茶道还有一个有趣的故事:

唐朝代宗皇帝李豫喜欢品茶,宫中也常常有一些

郡 古代行政区域,始见于战国时期。秦代以前比县小,从秦代起比县大,叫郡县。秦统一天下设三十六郡,后汉起,郡成为州的下级行政单位,介于州刺史部、县之间。隋朝废郡制,以县直隶于州。唐武则天时曾改州为郡,很快又恢复了。明清时代称府。

■ 古籍《茶经》

善于品茶的人供职。

有一次，陆羽的师父竟陵龙盖寺的智积禅师（积公）被召到宫中。宫中煎茶的能手用上等的茶叶煎出一碗茶，请积公品尝。积公只饮了一小口，便再也不尝第二口了。

皇帝问他为何不饮，积公回答说："我所饮之茶，都是弟子陆羽为我煎的。饮过他煎的茶后，旁人煎的就感觉淡而无味了。"

随后，李豫便派人四处寻找陆羽，终于在吴兴县苕溪的山上找到了他，并把他召到了宫中。

陆羽将带来的清明前采制的紫笋茶精心煎后，献给皇帝李豫。皇帝闻之，果然茶香扑鼻，茶味鲜醇，清汤绿叶，果然与众不同。

李豫连忙命陆羽再煎一碗，让宫女送到书房给积公和尚去品尝。积公接过茶碗，刚喝了一口，便连叫

李豫（726—779），唐肃宗长子。初名俶，原封广平王，后改封楚王、成王。唐朝第八位皇帝，在位17年。763年平定了安史之乱。安史之乱结束，大唐开始走向衰落。779年去世，庙号代宗，谥号睿文孝武皇帝，葬于元陵。

"好茶",于是一饮而尽。

积公走出书房,连声喊道:"渐儿何在?"

皇帝忙问:"你怎么知道陆羽来了?"

积公答道:"我刚才饮的茶,只有他才能煎得出来,当然是到宫中来了。"

由此可见陆羽精通茶艺非同一般。

在唐代,喜茶之人甚多。唐武宗时,宰相李德裕善于鉴水别泉。据北宋诗人唐庚《斗茶记》载:"唐相李卫公,好饮惠山泉,置驿传送不远数千里。"这种送水的驿站称为"水递"。

时隔不久,有一位老僧拜见李德裕,说相公要饮惠泉水,不必到无锡去专递,只要取京城的昊天观后的水就行。

李德裕大笑其荒唐,于是暗地里让人取一罐惠泉水和昊天观水各一罐,做好记号,并与其他各种泉水一起送到了老僧住处,请他品鉴,让他从中找出惠泉水来。

老僧一一品尝之后,从中取出两罐。李德裕揭开记号一看,正是惠泉水和昊天观水,李德裕大为惊奇,不得不信。于是,再也不用"水递"来运输惠泉水了。

为了适应消费需求,自唐至宋,贡茶兴起,成立了贡茶院,即制茶厂,组织官员研究制茶技术,从而促

> **李德裕**(787—849),字文饶,与其父李吉甫均为晚唐名相。执政期间外平回鹘、内定昭义、裁汰冗官,功绩显赫。会昌时晋封太尉、赵国公。唐武宗与李德裕之间的君臣相知成为晚唐之绝唱。

■ 茶圣陆羽塑像

使茶叶生产不断改革。

在唐代,蒸青作饼已经逐渐完善,陆羽《茶经三之造》记述:"晴,采之。蒸之,捣之,拍之,焙之,穿之,封之,茶之干矣。"也就是说,此时完整的蒸青茶饼制作工序为:蒸茶、解块、捣茶、装模、拍压、出模、列茶晾干、穿孔、烘焙、成穿、封茶。

唐代制茶技术得到了一定程度的发展。在陆羽著《茶经》之前,人们已经把茶饼研成细末,再加上葱、姜、橘等调料倒入罐中煎煮来饮。

后陆羽提倡自然煮茶法,去掉调料,人们开始对水品、火品、饮茶技艺非常讲究。

在《茶经》中,陆羽提出了"茶德"的思想。陆羽云:"茶之为用,味至寒,为饮最宜精行俭德之人。"将茶德归之于饮茶人应具有俭朴之美德,不单

> **茶德** 指饮茶人的道德要求和茶自身所具备的美德,如理、敬、清、融、和、俭、静、洁、美、健、性、伦等,从不同角度阐述饮茶人应有的道德要求,强调通过饮茶的艺术实践过程,引导饮茶人完善个人的品德修养,实现人类共同追求和谐、健康、纯洁与安乐的崇高境界。

■ 唐人茶宴图

纯地将饮茶看成仅仅是为满足生理需要的饮品。

唐末刘贞亮在《茶十德》一文中,扩展了茶德的内容,即"以茶利礼仁,以茶表敬意,以茶可雅心,以茶可行道",提升了饮茶的精神需求,包括人的品德修养,并扩大到和敬待人的人际关系上。

当时,在唐朝的国都长安荟萃了大唐的茶界名流、文人雅士,他们办茶会、写茶诗、著茶文、品茶论道、以茶会友。

高僧皎然在《饮茶歌诮崔世使君》一诗中写道:

一饮涤昏寐,情思爽朗满天地。
再饮清我神,忽如飞雨洒轻尘。
三饮便得道,何须苦心破烦恼。
此物清高世莫知,世人饮酒多自欺。

> **皎然**(720—804),俗姓谢,字清昼,我国山水诗创始人谢灵运的后代,是唐代最有名的茶僧。他的《诗式》为当时诗格一类作品中较有价值的一部。其诗清丽闲淡,多为赠答送别、山水游赏之作。在文学、佛学、茶学等方面有深厚造诣,堪称"一代宗师"。

唐代饮茶诗中最著名的要算卢仝《走笔谢孟谏议寄新茶》诗中所论述的七碗茶了：

一碗喉吻润。二碗破孤闷。三碗搜枯肠，唯有文字五千卷。四碗发轻汗，平生不平事，尽向毛孔散。五碗肌骨清。六碗通仙灵。七碗吃不得也，唯觉两腋习习清风生。蓬莱山，在何处，玉川子，乘此清风欲归去……

喝了七碗茶，就能变成神仙了，这样的茶、这样的情思真是妙极了。历代诗人的咏茶诗有很多，但是卢仝的这首诗堪称咏茶诗中最著名的一首，其人也因此诗而名传于世。

在晚唐时期，茶还有另外一个别名，叫"苦口师"。晚唐著名诗人皮日休之子皮光业，自幼聪慧，10岁能作诗文，颇有家风。皮光业容仪俊秀，善谈论，气质倜傥，如神仙中人。吴越天福二年，即公元937年拜丞相。

有一天，皮光业的中表兄弟请他品赏新柑，并设宴款待。这一天，朝廷显贵云集，筵席殊丰。皮光业一进门，对新鲜甘美的柑子视而不见，急呼要茶喝。

于是，侍者只好捧上来一大瓯茶汤，皮光业手持茶碗，即兴吟道："未见甘心氏，先迎苦口师。"此后，茶就有了"苦口师"的雅号了。

关于唐代的饮茶之习，中唐封演《封氏闻见记》卷六"饮茶"记载了当时社会饮茶的情况。封演认为禅宗促进了北方饮茶的形成，唐代开元以后，各地"茶道"大行，饮茶之风弥漫朝野，"穷日竟夜""遂成风俗"，且"流于塞外"。

晚唐杨华《膳夫经手录》载："至开元、天宝之间，稍稍有茶；

至德、大历遂多，建中以后盛矣。"陆羽《茶经六之饮》也称："滂时浸俗，盛于国朝两都并荆俞间，以为比屋之饮。"杨华认为茶始兴于玄宗朝，肃宗、代宗时渐多，德宗以后盛行。

在五代后晋时官修的《旧唐书·李玉传》记载："茶为食物，无异米盐，于人所资，远近同俗。既祛竭乏，难舍斯须，田闾之间，嗜好尤甚。"

唐代饮茶风尚盛行，带动了茶具的发展繁荣，各地茶具也自成体系。茶具不仅是饮茶过程中不可缺少的器具，并有助于提高茶的色、香、味，具有实用性，而且，一件高雅精致的茶具，本身又富含欣赏价值，且有很高的艺术性。陆羽《茶经·四之器》中列出28种茶具，按功用可分为煮茶器、碾茶器、饮茶器、藏茶器等。

卢仝（约795—835），唐代诗人，"初唐四杰"之一卢照邻的子孙。早年隐居少室山，自号玉川子。他刻苦读书，博览经史，工诗精文，不愿仕进。后迁居洛阳。卢仝性格狷介如同孟郊，但其狷介之性中更有一种雄豪之气，又近似韩愈。是韩孟诗派重要人物之一。

■ 唐人茶宴图（局部）

当时南北瓷窑生产大量茶具,以越窑和邢窑为代表,形成"南青北白"的局面,此外长沙窑、婺州窑、寿州窑、洪州窑、岳州窑等也出产茶具。

唐代以煮茶为主,因此茶具主要有茶釜、茶瓯、茶碾、盏托和执壶。长沙窑的"茶"碗和西安王明哲墓出土的器底墨书"老得家茶社瓶"执壶是典型的茶具。除陶瓷外,唐代的金、银、漆、琉璃等其他材质的茶具也各具特色,如陕西扶风法门寺地宫的银质镏金茶具,足见皇室饮茶场面的气派。

因为茶宜"趁热连饮",茶碗很烫,所以要在碗下加托。西安唐代曹惠琳墓出土有白瓷盏托以及在当地发现的7件银质镏金茶托,刻铭中自名为"浑金涂茶拓子"字样。这些茶托上的托圈较低,与晚唐茶托制式不同。

晚唐时,茶托上的托圈已增高,有的是在托盘上加了一只小碗,湖南长沙铜官窑、浙江宁波和湖北黄石的唐墓中均曾有这类茶托。托上所承之茶碗,为圈足、玉璧足或圆饼状实足的各种弧壁或直壁之碗。长沙石渚窑的唐青釉圆口弧壁碗,有的自名为"茶"。

阅读链接

唐代饮茶之风盛行,同唐朝国力鼎盛有很大关系。陆羽《茶经》认为当时的饮茶之风扩散到民间,以东都洛阳和西都长安及湖北、山东一带最为盛行,都把茶当作家常饮料。《茶经》《封氏闻见记》《膳夫经手录》关于饮茶发展和普及的情况基本一致。开元以前,饮茶不多,开元以后,举凡王公朝士、三教九流、士农工商,无不饮茶。不仅中原广大地区饮茶,而且边疆少数民族地区也饮茶。甚至出现了茶水铺,自邹、齐、沧、隶,渐至京邑城市,多开店铺,煎茶卖之。不问道俗,投钱便可取茶饮用。

空前繁荣的宋代茶文化

宋承唐代饮茶之风,日益普及。"茶兴于唐而盛于宋"。两宋的茶叶生产,在唐朝至五代的基础上逐步发展起来,全国茶叶产区又有所扩大,各地精制的名茶繁多,茶叶产量也有了大量增加。

宋梅尧臣在其《南有嘉茗赋》中说:"华夷蛮豹,固日饮而无厌,富贵贫贱,亦时啜无厌不宁。"宋吴自牧《梦粱录》卷十六"鳌铺"载:"盖人家每日不可阙者,柴米油盐酱醋茶。"自宋代始,茶就成为"开门七件事"之一。

宋代茶业的发展,推动了茶叶文化的发展,在文人中出现了专业品茶社团,有官员组

宋代进茶图

■ 宋人喝茶蜡像

成的"汤社"、佛教徒的"千人社"等。

宋太祖赵匡胤是位嗜茶之人,在宫廷中设立茶事机关,宫廷用茶已分等级。茶仪已成礼制,赐茶已成皇帝笼络大臣、眷怀亲族的重要手段,还赐给国外使节。

宋徽宗赵佶对茶进行过深入研究,他还写成了茶叶专著《大观茶论》一书,序云:

> 缙绅之士,韦布之流,沐浴膏泽,薰陶德化,盛以雅尚相推,从事茗饮。顾近岁以来,采择之精,制作之工,品第之胜,烹点之妙,莫不盛造其极。

《大观茶论》对茶的产制、烹试及品质各方面都有详细的论述,从而也推动了饮茶之风的盛行。

在宋代,茶已成为当时民众日常生活中的必需品。宋李觏《盯江集卷十六·富国策一十》云:"茶并非古也,源于江左,流于天下,浸淫于近世,君子小人靡不嗜也,富贵贫贱靡不用也。"意思是说,无论君子小人、富贵贫贱,都喜欢饮茶。与柴米油盐酱醋一样,茶已成为当时人们的日常生活用品。

宋代文学家、政治家王安石也说:"夫茶之用,

李觏(1009—1059),字泰伯,北宋儒家学者,著名的思想家、哲学家、教育家、诗人。博学通识,尤长于礼。他不拘泥于汉、唐诸儒的旧说,敢于抒发己见,推理经义,成为"一时儒宗"。

等于米盐，不可一日以无。"

宋代饮茶之风非常盛行，特别是王公贵族们经常举行茶宴，皇帝也常在得到贡茶之后举行茶宴招待群臣，以示恩宠。

科举考试是宋朝的一件大事，皇帝或皇后都会向考官及进士赐茶。如宋哲宗赐茶饼给考官张舜民，张舜民将所赐茶分给亲友都不够，可见赐茶的珍贵。

以建茶为贡，并非始自宋代，最早在五代闽和南唐时就开始了。而其制茶技术日益成熟，品相兼优，名冠全国，还是宋代的事情。

宋代著名书法家蔡襄是福建仙游人，官至端明殿学士，精于品茗、鉴茶，也是一位嗜茶如命的茶博士。他的《茶录》以记述茶事为基础，是我国茶文化不可多得的专著。

在宋代，徽州成为重要的产茶区，其年产量约2.3万担，其制茶工序大致为：蒸茶、榨茶、研茶、造茶、过茶、烘茶六道，成品茶为"蒸青团茶"。这种制茶方法，不但工序复杂、加工量小，而且茶叶

《宋人斗茶图》

■ 宋代斗茶

进贡 我国古代藩属对宗主国或臣民对君主呈献礼品。也是我国古代王朝与周边少数民族、附属、附庸国之间的一种贸易形式，各政权或民族带来本地区的土产方物进献给皇帝，谋求政治上的依托与接助，并获得物质利益。

香气与滋味也欠佳。由此，徽州谢家就发明了一种"先用锅炒茶，再用手或木桶揉茶，最后用烘笼烘茶"的"老谢家茶"制茶技术。

采用这种工艺制茶有三大优点：其一，制茶程序简单，由原来6道改成3道；其二，加工量大，工效比原来提高了3～4倍；其三，改变茶叶形状品质，将原来的"团茶"改成了"散茶"，而且这种"散茶"香高味浓，耐冲泡。

很快，这种制茶新技术在古徽州传开，茶农纷纷效仿，从而迅速促进了徽州茶叶生产发展。到了明代，徽州府产茶量已达5万多担，比宋代翻了一番。

宋代风尚斗茶，如梅尧臣《次韵和永叔尝新茶杂言》云："兔毛紫盏自相称，清泉不必求虾蟆。"苏辙诗云："蟹眼煎成声未老，兔毛倾看色尤宜。"

徽宗时期，宫廷里的斗茶活动非常盛行。为了满足皇帝大臣们的欲望，贡茶的征收名目越来越多，制作也越来越新奇。斗茶胜负的标志为茶是否黏附碗壁，哪一方的碗上先形成茶痕，即为输家。这和茶的质量及点茶的技术都有关系。

为适应斗茶之需，宋代将白色的茶盛在深色的碗里，对比分明，易于检视。蔡襄在《茶录》中指出："茶色白，宜黑盏。""其青白盏，斗试家自不用。"所以宋代特别重视黑釉茶盏。

据南宋时期胡仔的《苕溪渔隐丛话》等所记载，宣和二年（1120），漕臣郑可简创制了一种以"银丝水芽"制成的"方寸新"。这种团茶色如白雪，故名为"龙园胜雪"。

后来，郑可简官升至福建路转运使，又命他的侄子千里到各地山谷去搜集名茶奇品，千里后来发现了一种叫作"朱草"的名茶。郑可简便将"朱草"拿来，让自己的儿子去进贡。于是，他的儿子也因贡茶有功而得到官职。

传统礼制对贡茶精益求精，进而引发出各种饮茶用茶方式。宋代贡茶自蔡襄任福建转运使后，通过精工改制，在形式和品质上有了更进一步的发展，号称"小龙团饼茶"。北宋文坛领袖欧阳修称这种茶

古代茶叶的种类

■ 宋代点茶图

"其价值金二两,然金可有,而茶不可得"。

宋仁宗最推荐这种小龙团,倍加珍惜,即使是宰相近臣,也不随便赐赠,只有每年在南郊大礼祭天地时,中枢密院各4位大臣才有幸共同分到一团,而这些大臣往往自己舍不得品尝,专门用来孝敬父母或转赠好友。这种茶在赐赠大臣前,先由宫女用金箔剪成龙凤、花草图案贴在上面,称为"绣茶"。

宋代是我国茶饮活动最活跃的时代,作为文人自娱自乐的有"分茶",作为民间的茶楼、饭馆中的饮茶方式更是丰富多彩。

吴自牧《梦粱录》卷十六"茶肆"记载,茶肆列花架,在上面安顿奇松异桧等物,用来装饰店面,敲打响盏歌卖,叫卖后用瓷盏漆托供卖。夜市在太街有东担设浮铺,点茶汤以便游玩的人观赏。

宋代沏茶时尚的是用"点"茶法,就是注茶,即用单手提执壶,使沸水由上而下,直接将沸水注入盛有茶末的茶盏内,使其形成变幻无穷的物象。因此,注水的高低、手势的不同、壶嘴造型的不一,都会使注茶时出现的汤面物象形成不同的结果。

1089年,苏东坡第二次来杭州上任,这年的农历

《梦粱录》 宋吴自牧著。共20卷。这是一本介绍南宋都城临安城市风貌的著作。该书成书年代,据自序有"时异事殊""缅怀往事,殆犹梦也"之语,当在元军攻陷临安之后。

十二月二十七日，他正游览西湖葛岭的寿星寺。南屏山麓净慈寺的谦师听到这个消息，便赶到北山，为苏东坡点茶。

苏轼品尝谦师的茶后，感到非同一般，专门为之作《送南屏谦师》记述此事，诗中对谦师的茶艺给予了很高的评价：

道人晓出南屏山，来试点茶三昧手。
忽惊午盏兔毛斑，打作春瓮鹅儿酒。
天台乳花世不见，玉川凤液今安有。
先生有意续茶经，会使老谦名不朽。

谦师治茶，有独特之处，但他自己说烹茶之事"得之于心，应之于手，非可以言传学到者"。

谦师的茶艺在宋代很有名气，不少诗人对此加以赞誉。如北宋的史学家刘攽有诗云"泻汤夺得茶三昧，觅句还窥诗一斑"，就是对其茶艺很妙的概括。后来，人们把谦师称为"点茶三昧手"。

宋代点茶法使茶瓶的流加长，口部圆峻，器身与器颈增高，把手的曲线也变得很柔和，茶托的式样更多。托圈一般均较高，有敛口的，也有侈口的，而且许多托圈内中空透底。

宋代上层人士饮茶，对茶具的质量要求比唐代更高，宋人讲究茶具的质地，制作要求更加精细。茶托除

品茶铜像

■ 众侍女向女主人供茶图

杨万里（1127—1206），字廷秀，号诚斋。南宋著名爱国诗人、文学家，与陆游、尤袤、范成大并称"南宋四大家""中兴四大诗人"。他一生作诗颇丰，被誉为"一代诗宗"。杨万里诗歌大多描写自然景物，也有反映民间疾苦、抒发爱国感情的。代表作品有《初入淮河四绝句》《舟过扬子桥远望》《过扬子江》《晓出净慈寺送林子方》等。

瓷、银制品外，还有金茶托和漆茶托。

范仲淹诗云："黄金碾畔绿尘飞，碧玉瓯中翠涛起。"陆游诗云："银瓶铜碾俱官样，恨个纤纤为捧瓯。"说明当时地方官吏、文人学士使用的是金银制的茶具。而民间百姓饮茶的茶具，就没有那么讲究，只要做到"择器"用茶就可以了。

茶文化的兴盛，也引起了茶具的变革。福建建阳水吉镇建窑烧造的茶盏釉色黝亮似漆，其上有闪现圆点形晶斑，也有闪现放射状细芒，前者称"油滴盏"，后者称"兔毫盏"。还有盏底刻"供御""进"等文字，表明这里曾有向朝廷进奉的贡品。

在普天共饮的社会背景下，宋代茶艺逐渐形成了一套规范程式，这便是"分茶"。"分茶"又称"茶百戏""汤戏"或"茶戏"。

宋人直接描写分茶的文学作品以杨万里的《澹庵坐上观显上人分茶》为代表。1163年，杨万里在临安胡铨官邸亲眼看见显上人所做的分茶表演，被这位僧人的技艺折服，即兴实录了这一精彩表演。诗中写道：

> 分茶何似煎茶好，煎茶不似分茶巧。
> 蒸水老禅弄泉手，隆兴元春新玉爪。
> ……

北宋初年人陶谷在《荈茗录》中说到一种叫"茶百戏"的游艺。"茶百戏"便是"分茶""碾茶为末，注之以汤，以笑击拂"。此时，盏面上的汤纹水脉会变幻出种种图样，若山水云雾，状花鸟虫鱼，恰如一幅幅水墨图画，故有"水丹青"之称。

宋代的斗茶和"茶百戏"是我国茶文化的传奇，宋代的茶文化，上升由"品"到"玩"的浪漫境界，可称为中国茶文化的巅峰。

阅读链接

在宋代茶叶著作中，比较著名的有叶清臣的《述煮茶小品》、蔡襄的《茶录》、宋子安的《东溪试茶录》、沈括的《本朝茶法》、赵佶的《大观茶论》等。在宋代茶学专家中，有作为一国之主的宋徽宗赵佶，有朝廷大臣和文学家丁谓、蔡襄，有著名的自然科学家沈括，更有乡儒、进士，乃至不知其真实姓名的隐士"审安老人"等。从这些作者的身份来看，宋代茶学研究的人才和研究的层次都很丰富。在研究内容上包括茶叶产地的比较、烹茶技艺、茶叶形制、原料与成茶的关系、饮茶器具、斗茶过程及欣赏、茶叶质量检评、贡茶名实等。

返璞归真的元代饮茶风

宋人拓展了茶文化的社会层面和文化形式，茶事十分兴旺，但茶艺走向繁复、琐碎、奢侈，失去了唐代茶文化深刻的思想内涵，过于精细的茶艺淹没了茶文化的实用性，失去了其高洁深邃的本质。元代以后，我国茶文化进入了曲折发展期。

元代与宋代茶艺崇尚奢华、烦琐的形式相反，北方少数民族虽嗜

■ 元代古画《陆羽烹茶图》

茶如命，但主要出于生活的需要，对品茶煮茗、烦琐的茶艺没多大兴趣。原有的汉族文化人希冀以茗事表现风流倜傥，这时则转而由茶表现其脱俗的清高气节。

这两股不同的思想潮流，在茶文化中契合后，促进了茶艺向简约、返璞归真的方向发展。因此元代制作精细、成本昂贵的团茶数量大减，而制作简易的末茶和直接饮用的青茗与毛茶大为流行。

这种饮茶风格的变化，使我国茶叶生产有了更大的创新。至元朝中期，老百姓制茶技术不断提高，讲究制茶功夫。元时在茶叶生产上的另一成就，是用机械来制茶叶。据王祯《农书》记载，当时有些地区采用了水转连磨，即利用水力带动茶磨和椎具碎茶，显然较宋朝的碾茶又前进了一步。

元代茶饮中，除了民间的散茶继续发展，贡茶仍然沿用团饼之外，在烹煮和调料方面有了新的方式产生，这是蒙古游牧民族的生活方式和汉族人民的生活方式相互影响的结果。

在茶叶饮用时，特别是在朝廷的日常饮用中，茶叶添加辅料，似乎已相当普遍。与加料茶饮相比，汉族文人们的清饮仍然占有相当大的比例。在饮茶方

■ 元代冲茶图

朝廷 在我国古代，被一些诸侯、王国统领等共同拥戴的最高统领者，从而建立起来的一种统治机构的总称。在这种政治制度下，统领者一般被称为"皇帝"。朝廷后来指帝王接见大臣和处理政务的地方，也代指帝王。

式上他们也与蒙古人有很大的差别，他们仍然钟情于茶的本色本味，钟情于古鼎清泉，钟情于幽雅的环境。

如赵孟頫虽仕官元朝，但他画的《斗茶图》中仍然是一派宋朝时的景象。

《斗茶图》中，四位斗茶手分成两组，每组二人。左边斗茶组组长，左手持茶杯，右手持茶壶，昂头望对方。助手在一旁，右手提茶壶，左手持茶杯，两手拉开距离，正在注汤冲茶。右边一组斗茶手也不示弱，准备齐全，每人各有一副茶炉和茶笼，组长右手持茶杯正在品尝茶香。

元代的饮茶方式及器具主要承袭于宋代，而建元之后，茶礼茶仪仍然在入宋入元的文人僧道之间流传。虽然忽必烈在大都建元之后，有意识地引导蒙古族人学习汉族文化，但由于国民的主流喜爱简单直接的冲泡茶叶，于是散茶大兴。

元代茶叶有草茶、末茶之分。王祯《农书》又分作茗茶、本茶与腊茶3种。腊茶也称"蜡面茶"，是建安一带对团茶、饼茶的俗称。

早在宋代时，欧阳修不但证实其时片茶、散茶已各自形成了自己的专门产区和技术中心，并且也清楚指出，早在北宋景祐前后，我国各地的散茶生产，就出现了一个互比相较、竞相发展的局面。

■ 古代斗茶图

赵孟頫（1254—1322），字子昂，号松雪，松雪道人，又号水精宫道人、鸥波，汉族，吴兴人。元代著名画家，楷书四大家之一。他博学多才，能诗善文，懂经济，工书法，精绘艺，擅金石，通律吕，解鉴赏。特别是书法和绘画成就最高，开创元代新画风，被称为"元人冠冕"。他的书法以楷、行书著称于世。

所谓"腊茶出于剑、建,草茶盛于两浙",前者是指团饼的精品,主要就紧压茶的制作技术而言的;后者是指散茶的区域,主要就散茶生产的数量而言的。茗茶显然也是指草茶、散茶。

从这种分法也可见元代散茶发展已超过末茶和腊茶,处于过渡阶段。元初马端临《文献通考》载:"茗有片,有散,片者即龙团,旧法,散者则不蒸而干之,如今之茶也。始知南渡之后,茶渐以不蒸为贵矣。"也说明了这种转变趋势。

元代的饮茶呈现出4种不同的类型:

第一是文人清饮。采茶后杀青、研磨,但不压成饼,而是直接储存,饮用方式为点茶法,与宋代点饮法区别不大。

第二种为撮泡法。采摘茶叶嫩芽,去青气后拿来煮饮,近似于茶叶原始形态的食用功能。

> 马端临(1254—1323),字贵典,号竹洲。我国宋元之际历史学家。他为谋求治国安民之术,探讨会通因仍之道,讲究变通张弛之故,以杜佑《通典》为蓝本,完成明备精神之作《文献通考》。该书是我国古代典章制度方面的集大成之作,体例别致,史料丰富,内容充实,评论精辟。

■ 古代茶馆

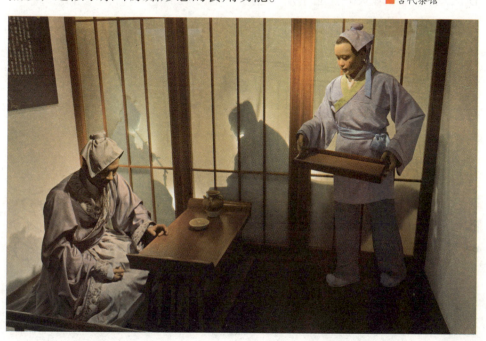

第三种是调配茶或加料茶，在晒青毛茶中加入胡桃、松实、芝麻、杏、栗等干果一起食用。这种饮茶的方法十分接近后世在闽、粤等客家地区流传的"擂茶"茶俗。

第四种是腊茶，也就是宋代的贡茶"团茶"，但当时数量已减少许多，主要供应宫廷。

元代的饮茶风尚也是饼、散并行，重散轻饼，具有过渡性的特点。腊茶饮法是先用温水微渍，去膏油，以纸裹胆碎，用茶针微炙，然后碾罗煎饮，与宋代相似，但"此品惟充贡献，民间罕见之"。

末茶饮法是"先焙芽令燥，入磨细碾，以供点试"，但"南方虽产茶，而识此法者甚少"。茗茶则是采择嫩芽，先以汤泡去熏气，以汤煎饮之，"今南方多仿此"。

忽思慧也说："清茶，先用水滚过滤净，下茶芽，少时煎成。"可见传统的碾制团饼的饮法到元代已转入宫廷和上层，而茗茶即散茶饮法则在广大民众中普遍采用。

元代由于散茶的普及流行，茶叶的加工制作开始出现炒青技术。

炒茶工艺

炒青绿茶自唐代已经有了。唐代诗人刘禹锡《西山兰若试茶歌》中言道："山僧后檐茶数丛……斯须炒成满室香"，又有"自摘至煎俄顷余"之句，说明嫩叶经过炒制而满室生香，又炒制时间不长，这是关于炒青绿茶最早的文字记载。

■ 炒制好的绿茶

在元代，花茶的加工制作也形成完整系统。汉蒙饮食文化交流，还形成具蒙古族特色的饮茶方式，开始出现泡茶方式，即用沸水直接冲泡茶叶。这些为明代炒青散茶的兴起奠定了基础，炒青制法日趋完善。

在元代饮茶简约之风的影响下，元代茶书也难得见到。连当时司农司撰的《农桑辑要》、王祯的《农书》和鲁明善的《农桑衣食撮要》等书中，有关茶叶栽培和制作的记载，也几乎全是采录之词。

不过，元代也有一些关于茶的诗词流传于世。萨都剌于1335年写有一诗，诗曰：

春到人间才十日，东风先过玉川家。
紫徽书寄斜封印，黄阁香分上赐茶。
……

洪希文的词《浣溪沙·试茶》，则另有一番情趣，词曰：

> **萨都剌**（约1272—1355），元代诗人、画家、书法家。字天锡，号直斋。回族人，一说是蒙古族。萨都剌善绘画，精书法，尤善楷书。有虎卧龙跳之才，人称"燕门才子"。他的文学创作，以诗歌为主，后人备极推崇，列为有元一代词人之冠。

独坐书斋日正中，平生三昧试茶功，起看水火自争雄。
热挟怒涛翻急雪，韵胜甘露透香风，晚凉月色照孤松。

这些诗词，展现了一种茶道古风的要义，超脱出尘的心境。

元代的文人们，特别是由宋入元的汉族文人，在茶文化的发展历程中，仍然具有突出的贡献。追求清饮，不仅是汉族文人的特色，而且不少蒙古族文人也相当热衷于此道，特别是耶律楚材，他有诗一首，明白地说出了自己的饮茶审美观：

积年不啜建溪茶，心窍黄尘塞五车。
碧玉瓯中思雪浪，黄金碾畔忆雷芽。
……

咏末茶即散茶的，还有蔡廷秀诗："仙人应爱武夷茶，旋汲新泉煮嫩芽。"李谦亨诗："汲水煮春芽，情烟半如灭。"

元代不到百年的历史使茶具艺术脱离了宋人的崇金贵银、夸豪斗富的误区，进入了一种崇尚自然、返璞归真的茶具艺术境界，这也极大地影响了明代茶具的整体风格。

阅读链接

元代不注重茶马互市，但因平民需要，利益极大，同样榷茶专卖。在建元不足百年期间，我国的疆域空前广阔，辽阔的疆域、多样的民族，促使元代茶业兴旺发达。当时经官方允许的茶叶贸易量是非常大的，而民间为利所趋，走私贸易也当不在少数。随着蒙元帝国的开疆拓土，饮茶之风随之席卷欧亚。

达于极盛的明清茶文化

明清时期，我国茶业出现了较大的变化，唐宋茶业的辉煌，主要是表现在茶学的深入及茶叶加工，特别是贡茶加工技术精深。而明清时期的茶学、茶业及至茶文化，因经过宋元时代发生了很大变化，形成了自身的特色。

1391年，明太祖朱元璋下诏："罢造龙团，惟采茶芽以进。"从此向皇室进贡的是芽叶形的蒸青散茶。

皇室提倡饮用散茶，民间自然效法，并且将煎煮法改为随冲泡随饮用的冲泡法，这是饮茶方法上的一次革新，从此改变了我国千古相沿成习的饮茶方法。

这种冲泡法，对于茶叶加工技术的进步，如改进蒸青技术、产生炒青

古代制茶工艺

方以智（1611—1671），明代著名哲学家、科学家。字密之，号曼公，又号鹿起、龙眠愚者等。学识渊博，他一生著述100余部，最出名的是《通雅》和《物理小识》。《物理小识》一书内容涉及天文、地理、物理、化学、生物、农学、工艺、哲学、艺术等方面。

技术等，少数地方采用了晒青，并开始注意到茶叶的外形美观，把茶揉成条索。所以后来一般饮茶就不再煎煮，而逐渐改为泡茶。

由于泡茶简便，茶类众多，烹点茶叶成为人们一大嗜好，饮茶之风更为普及。

明清时期在原有基础上，出现了不少新的茶叶生产加工技术。如明末清初方以智《物理小识》中记载"种以多子，稍长即移"。说明在明朝，有些地方除了直播以外，还采用了育苗移栽的方法。

到了康熙年间的《连阳八排风土记》中，已有茶树插枝繁殖技术。此外，在清代闽北一带，对一些名贵的优良茶树品种，还开始采用压条繁殖的方法。

明清两朝在散茶、叶茶发展的同时，其他茶类也得到了全面发展，包括黑茶、花茶、青茶和红茶等。

青茶，也称"乌龙茶"，是明清时首先创立于福建的一种半发酵茶类。红茶创始年代和青茶一样，其名最先见之于明代初期刘伯温的《多能鄙事》一书。

到了清代以后，随着茶叶外贸发展的需要，红茶由福建很快传到江西、浙江、安徽、湖南、湖北、

■ 明代茶几

云南和四川等省。在福建地区，还形成了工夫小种、白毫、紫毫、选芽、漳芽、兰香和清香等许多名品。

明代品茶方式的更新和发展，突出表现在对饮茶艺术的追求。明代兴起的饮茶冲瀹法，是基于散茶的兴起，散茶容易冲泡，冲饮方便，而且芽叶完整，大大增强了观赏效果。明代人在饮茶中，已经有意识地追求一种自然美和环境美。

■ 彩绘茶盏

明人饮茶艺术性，还表现在追求饮茶环境美，这种环境包括饮茶者的人数和自然环境。当时对饮茶的人数有"一人得神，二人得趣，三人得味，七八人是名施茶"之说，对于自然环境，则最好在清静的山林，俭朴的柴房，有清溪、松涛，无喧闹嘈杂之声。

在茶园管理方面，明代在耕作施肥，种植要求上更加精细，在抑制杂草生长上和茶园间种方面，都有独到之处。

此外，明代在掌握茶树生物学特性和茶叶采摘等方面有了较大的提高和发展。从制茶技术看，元人王祯《农书》所载的蒸青技术，虽已完整，但尚粗略，明代时制，茶炒青技术发展逐渐超过了蒸青方法。

明代随着制茶工艺技术的改进，各地名茶的发展也很快，品类日渐繁多。宋代时的知名散茶寥寥无几，提及的只有日注、双井、顾渚等几种。但是，到

王祯（1271—1368），字伯善，元代东平（今山东东平）人。我国古代农学、农业机械学家。1295年至1300年曾任宣州旌德及信州永丰县令。1298年造3万余木活字，排印《旌德县志》100部。1300年左右著成《王祯农书》（即《农书》）。

■ 明仇《煮茶论》图

了明代，仅黄一正的《事物绀珠》一书中辑录的"今茶名"就有97种之多，绝大多数属散茶。

明代散茶的兴起，引起冲泡法的改变，原来唐宋模式的茶具也不再适用了，茶壶被广泛应用于百姓的茶饮生活中，明代的茶盏发生了变化，厚粗的黑釉盏退出了茶具舞台，取而代之的是晶莹如玉的白釉盏。

明代戏曲家高濂在他所著的《遵生八笺》里说："茶盏惟宣窑坛盏为最，质厚白莹，样式古雅……次则嘉窑心内茶字小盏为美。欲试茶色贵白，岂容青花乱之。"

除白瓷和青瓷外，明代最为突出的茶具是宜兴的紫砂壶。紫砂茶具不仅因为瀹饮法而兴盛，其形制和材质更迎合了当时社会所追求的平淡、端庄、质朴、自然、温厚、娴雅等精神需要。

我国是最早为茶著书立说的国家，明代达到兴盛期，而且形成鲜明特色。明太祖朱元璋第十七子朱权

高濂 生卒年代不详，明代戏曲作家。字深甫，号瑞南。生活于万历年前后。能诗文，兼通医理，擅养生。高濂爱好广泛，藏书、赏画、论字、侍香、度曲等情趣多样。此外，高濂还有《牡丹花谱》与《兰谱》传世。

于1440年前后编写《茶谱》一书，对饮茶之人、饮茶之环境、饮茶之礼仪等做了详细的介绍。

神宗时礼部尚书陆树声在《茶寮记》中，提倡于小园之中设立茶室，有茶灶、茶护，窗明几净，颇有远俗雅意，强调的是自然和谐美。

明代张源所著《茶录》中说："造时精，藏时燥，泡时洁。精、燥、洁，茶道尽矣。"这句话简明扼要地阐明了茶道真谛。

明代茶书对茶文化的各个方面加以整理、阐述和开发，创造性和突出贡献在于全面展示明代茶业、茶政空前发展和我国茶文化继往开来的崭新局面，其成果一直影响至今。

明代在茶文化艺术方面的成就也较大，除了茶片、茶画外，还产生众多的茶歌、茶戏，以及反映茶农疾苦、讥讽时政的茶诗，如高启的《采茶词》等。

清朝满族祖先本是我国东北地区的游猎民族，以肉食为主，进入北京后不再游猎，而肉食需要消化功效大的茶叶饮料。于是普洱茶、女儿茶、普洱茶膏等，深受帝王、后妃等贵族们喜爱，有的用于泡

清代茶园观戏图

饮，有的用于熬煮奶茶。

嗜茶如命的乾隆皇帝，一生与茶结缘，品茶鉴水有许多独到之处，也是历代帝王中写作茶诗最多的一个，晚年退位后，在北海镜清斋内专设"焙茶坞"，悠闲品茶。

清代民间大众饮茶方法的讲究表现在很多方面，如"杭俗烹茶，用细茗置茶瓯，以沸汤点之，名为摄泡"。当时，人们泡茶时，茶壶、茶杯要用开水洗涤，并用干净布擦干，茶杯中的茶渣必须先倒掉，然后再斟。闽粤地区民间，嗜饮工夫茶者甚众，故精于此茶道之人亦多。

到了清代后期，由于市场上有六大茶类出售，人们不再单饮一种茶类，而是根据各地风俗习惯选用不同茶类。如江浙一带人，大都饮绿茶；北方人喜欢喝

> **高启**（1336—1373），字季迪，号槎轩，元末明初著名诗人，与杨基、张羽、徐贲被誉为"吴中四杰"。他的诗清新超拔、雄健豪迈，尤擅长于七言歌行。因他才思俊逸，诗歌多有佳作，为明代最优秀诗人之一。其作品有《高太史大全集》《凫藻集》等。

■ 古代制茶工艺木雕

花茶或绿茶。

清朝处于我国封建社会末期，其茶文化不仅具有继承和发扬前代的特征，也具有近代化的特征。清代茶文化较之前代，得到了长足的发展，其茶叶的栽培和制作技术不断提高，使得茶叶种类增加。清代的品饮方法也得到创新，新的饮茶器具也不断涌现，而且茶馆作为一种平民活动的场所快速发展，使得中国的传统茶文化发生了较大变化。

这种变化就是从文人茶文化占主导地位向平民饮茶文化转变，并成为最终的主流，这些都是时代赋予清朝茶文化的特征。

品饮方法虽有创新和发展，但古老的流行于文人骚客中的清饮方式还是被保留和传承着。

在我国南方广东、福建等地盛行工夫茶，工夫茶的兴盛也带动了专门的饮茶器具。

如铫，是煎水用的水壶，以粤东白泥铫为主，小口瓮腹；茶炉，由细白泥制成，截筒形，高一尺二三寸；茶壶，以紫砂陶为佳，其形圆体扁腹，努嘴曲柄大者可以受水半斤，茶盏、茶盘多为青花瓷或白瓷，茶盏小如核桃，薄如蛋壳，甚为精美。

清代的陶瓷茶罐产量也相当可观，型釉各异，美不胜收。而始见于明万历的茶食拼盆，发展到清代也是丰富多彩的，令人叹为观止。

由于茶叶的大量出口及精良的陶瓷烧制技艺，清代的外销瓷茶具数量也相当庞大，图案上带有西洋风格的精美茶具反映了中外交流的文化史。

锡茶具在清代继续使用，锡茶叶罐有防潮、避光等优点，在民间屡见不鲜。除此之外，竹木牙角各种材质的广泛应用也是清代茶具的特点：如海南椰壳雕、内宫鲍制茶具，另外福建的脱胎漆茶具、四川的竹编茶具也很有特色。

清代诗文、歌舞、戏曲等文艺形式百花齐放，其中描绘茶的内容很多。在众多小说话本中，茶文化的内容也得到充分展现。

所谓"一部《红楼梦》，满纸茶叶香"。伟大小说家曹雪芹的《红楼梦》中言及茶的多达260多处，咏茶诗词、联句有10多首，它所载形形色色的饮茶方式、丰富多彩的名茶品种、珍奇的古玩茶具、讲究非凡的沏茶用水，是我国历代文学作品中记述和描绘最全面的。它集明后期至清代200多年间各类饮茶文化之大成，形象地再现了当时上至皇室官宦、文人学士，下至平民百姓的饮茶风俗。

明清之际，特别是清代，我国的茶馆作为一种平民式的饮茶场所，如雨后春笋般发展很迅速。

清代是我国茶馆的鼎盛时期。据记载，仅北京就有知名的茶馆30多家。清末，上海更多，达到60多家。在乡镇茶馆的发达也不亚于大城市，如江苏、浙江一带，有的全镇居民只有数千家，而茶馆可以达到百余家之多。

茶馆是我国茶文化中一个很重要的内容，清代茶馆的经营和功能一是饮茶场所，点心饮食兼饮茶；二是听书场所。

再者，茶馆有时也充当"纠纷裁判场所"。"吃讲茶"指的就是邻里乡间发生了各种纠纷后，双方常常邀上主持公道的长者或中间人，至茶馆去评理以求圆满解决。

> **阅读链接**
>
> 我国茶文化在经历了唐代初兴、宋代发展、明清鼎盛这三大历史阶段之后，使得茶作为日常生活不可缺少的部分。我国古代参禅以茶，慎独以茶，书画以茶，待客以茶，诗酒以茶，清赏以茶……包罗万象，而使得明清瓷器、工艺品与我国茶文化紧密相关，明清时期的茶具，就像百花齐放、争奇斗艳的春天，让中华的茶文化锦上添花、绚烂多彩，成为不可或缺的茶文化载体，完美地呈现我国茶文化的博大精深。

中华珍茗 名茶荟萃

西湖龙井茶,因产于我国杭州西湖的龙井茶区而得名,具有1200多年的历史。明代列为上品,清顺治年间列为贡品。

绿茶碧螺春,产于江苏苏州太湖洞庭山。据记载,碧螺春茶叶早在隋唐时期即负盛名,有千余年的历史。

湖南岳阳君山银针是我国著名黄茶之一。清代,君山茶分为"尖茶""茸茶"两种。"尖茶"如茶剑,白毛茸然,纳为贡茶,素称"贡尖"。黄茶,轻微发酵。

河南信阳毛尖是我国著名毛尖茶,素来以"细、圆、光、直、多白毫、香高、味浓、汤色绿"的独特风格而饮誉中外。

西湖龙井出产绝世佳茗

传说在很久以前,王母娘娘在天庭举行盛大的蟠桃会,各地神仙应邀赴会,神童仙女吹奏弹唱,奉茶献果,往返不绝。

正当地仙捧着茶盘送茶时,忽听善财童子嚷道:"地仙嫂得了重病,在床上翻滚乱叫,快快去!"地仙听了一惊,他一不留神,茶盘

■ 西湖龙井茶

一歪，一只茶杯骨碌碌地翻落到尘世间去了。

这时，八仙之一的吕洞宾一算，明白是怎么一回事了，忙接过地仙的茶盘，把仅有的七杯茶分给七洞神仙，自己面前空着，并掏出一粒神丹对地仙说道："快拿去救了你娘子，下凡找茶杯去吧，这儿我暂时替你照应着。"

地仙非常感激，道谢后就走了。"天上一日，人间数载。"地仙一个筋斗下到凡间，落到杭州，变成了一个和尚，便到西边的山上寻茶杯。

■ 吕洞宾画像

这天，地仙看见有座山像只狮子蹲着，秀石碧壑。山间竹林旁有座茅草房，门口坐着一位80多岁的大娘。大娘家的周围有18棵野山茶树，家门口的路是南山农民去西湖的必经之路，行人走到这里总想稍事休息，于是老太太就在门口放一张桌子、几条板凳，同时就用野山茶叶沏上一壶茶，让行人歇脚。

地仙上前施礼问道："老人家，这儿是啥地方？"老大娘答道："叫晖落坞。听先辈说，有天晚上，突然从天上'轰隆隆'地落下万道金光，从此这儿就叫作晖落坞了。"

地仙听了心里又惊又喜，赶紧东张张西望望，忽然眼睛一亮，大娘房旁有口堆满灰土的旧石臼，里面长满了苍翠碧绿的青草。有根蜘蛛丝晶莹闪亮，从屋

吕洞宾 天下道教主流全真道祖师，原名吕喦，传说他53岁归宗庐山，64岁上朝元始、玉皇，赐号纯阳子。唐宋以来，他与铁拐李、汉钟离、蓝采和、张果老、何仙姑、韩湘子、曹国舅并称"八洞神仙"。在民间信仰中，他是八仙中最著名、民间传说最多的一位。

檐边直挂到石臼里。地仙心中叫道:"那不是我的茶杯吗?"

地仙明白了,这只蜘蛛精在偷吸仙茗呢,忙说:"老施主,我用一条金丝带换你这石臼行吗?"大娘说:"你要这石臼子吗?反正我留着也无用,你拿去吧!"地仙想,我得去找马鞭草织一条九丈九尺长的绳子捆住才好拎走。

地仙刚离去,大娘心想,这石臼儿脏呢,怎么沾手呀!于是找来勺子,把灰土都掏出,倒在房前长着十八棵茶树的地里,又找块抹布来擦揩干净。

不料这一下惊动了蜘蛛精,蜘蛛精还以为有人来抢他的仙茗呢!一施魔法,"咔啦啦"一声巨响,将石臼打入了地底深层。地仙带绳回转一看,石臼不在了,只好空手回天庭了。后来,被打入地下的"茶杯"成了一口井,曾有龙来吸仙茗,龙去了,留下一井水,这就是传说中的龙井,龙井旁边的18棵茶树就被称为"龙井茶"。

沧海桑田,历史变迁,原来大娘居住的茅屋改建成了老龙井寺,后又改名为龙井村胡公庙。庙前的18棵茶树经过仙露的滋润,长得越

来越茂盛，品质超群。

龙井茶历史悠久，最早可追溯到唐代，当时著名的茶圣陆羽，在所撰写的世界上第一部茶叶专著《茶经》中，就有杭州天竺、灵隐二寺产茶的记载。

北宋时期，龙井茶区已形成规模，当时灵隐寺下天竺香林洞的"香林茶"，上天竺寺白云峰产的"白云茶"和葛岭宝云山产的"宝云茶"列为贡品。西湖茶开始令人刮目相看，声名日盛。

北宋高僧辩才法师与苏东坡等文豪在龙井狮峰山脚下寿圣寺品茗吟诗，苏东坡有"白云峰下两旗新，腻绿长鲜谷雨春"之句赞美西湖龙井茶，并手书"老龙井"等匾额，一直存在寿圣寺胡公庙、18棵御茶园中狮峰山脚的悬岩上。

宋代的西湖茶屡屡见诸诗人名家的华章，被吟之诵之，广誉天下。北宋两任杭州知府赵抃，在元丰二

> 赵抃（1008—1084），字阅道，宋景祐时任殿中侍御史，弹劾时从不避权势，人称"铁面御史"。平时以一琴一鹤自随，为政简易，长厚清修，日所为事，夜必衣冠露香以告于天。年四十余，潜心宗教。及在青州，政事之余多晏坐，一日忽闻雷震，大悟。

■《茶宴图》（局部）

年（1079）仲春离杭归田之际，出游南山宿龙井，与辩才促膝长谈。

元丰甲子年（1082），赵抃再度去龙井，看望老友辩才，在龙泓亭赋《重游龙井》诗一首：

湖山深处梵王家，半纪重来两鬓华。
珍重老师迎意厚，龙泓亭山点龙茶。

小龙茶即是西湖龙井茶的前身，此诗记述了旧地重游，辩才大师款待品饮小龙茶的欣喜。辩才也有和诗，曰：

南极星临释子家，杳然十里祝春华。
公子自称增仙箓，几度龙泓咏贡茶。

到了南宋，杭州成了国都，茶叶生产有了很大的发展。元代，龙井附近所产的茶开始露面，根据产地分狮、龙、云、虎、梅，即狮峰、龙井、云栖、虎跑、梅家坞5地，都在西湖四周。

有爱茶人虞伯生始作《游龙井》饮茶诗，诗中曰：

徘徊龙井上，云气起晴画。澄公爱客至，取水挹幽窦。
坐我詹卜中，余香不闻嗅。但见瓢中清，翠影落碧岫。
烹煎黄金芽，不取谷雨后，同来二三子，三咽不忍漱。

可见当时僧人居士看中龙井一带风光幽静，又有好泉好茶，故结伴前来饮茶赏景。

到了明代，西湖龙井茶开始崭露头角，名声逐渐远播，开始走出寺院，为平常百姓所饮用。

明嘉靖年间的《浙江匾志》记载：

> 杭郡诸茶，总不及龙井之产，而雨前细芽，取其一旗一枪，尤为珍品，所产不多，宜其矜贵也。

明万历年间的《杭州府志》有："老龙井，其地产茶，为两山绝品"之说。万历年《钱塘县志》又记载：

> 茶出龙井者，作豆花香，色清味甘，与他山异。

此时的西湖龙井茶已被列为中国之名茶。到了清代，西湖龙井茶则立于众名茶的前茅了。清代学者郝壹恣行考"茶之名者，有浙之龙井，江南之芥片，闽之武夷云。"

乾隆皇帝下江南时，微服来到杭州龙井村狮峰山下。胡公庙老和尚陪着乾隆皇帝游山观景时，忽见几个村女喜洋洋地正从庙前18棵茶树上采摘新芽，乾隆不觉心中一乐，快步走入茶园中，也学着采起茶来。

乾隆帝刚采了一会儿，忽然太监来报："皇上，太后有病，请皇上急速回京。"乾隆一听太后有病，不觉心里发急，随即将手中茶芽向袋内一放，日夜兼程返京，回到宫中向太后请安。其实，太后并无大病，只是一时

古代龙井茶

肝火上升，双眼红肿，胃中不适。

太后忽见皇儿到来，心情好转，又觉一股清香扑面而至，忙问道："皇儿从杭州回来，带来了什么好东西，这样清香？"

乾隆皇帝也觉得奇怪，自己匆忙而回，未带东西，哪儿来的清香？仔细闻闻，确有一股馥郁清香，而且来自袋中。他随手一摸，原来是在杭州龙井村胡公庙前采的一把茶叶，时间一长，茶芽夹扁了，已经干燥，并发出浓郁的香气。

太后想品尝一下这种茶叶的味道，宫女将茶泡好奉上，果然清香扑鼻，饮后满口生津，回味甘醇，神清气爽。饮下三杯之后，眼肿消散，肠胃舒适。太后大喜，称："杭州龙井茶真是灵丹妙药。"

乾隆皇帝见太后这么高兴，自己也乐得哈哈大笑，忙传旨下去，将杭州龙井狮峰山下胡公庙前自己亲手采摘过茶叶的18棵茶树封为"御茶"，每年专门采制，进贡太后。从此，龙井茶的名气越来越大。从此，西湖龙井茶驰名中外，问茶者络绎不绝。

近人徐珂称："各省所产之绿茶，鲜有作深碧色者，唯吾杭之龙井，色深碧。茶之他处皆蜷曲而圆，唯杭之龙井扁且直。"

阅读链接

龙井茶之名始于宋，闻于元，扬于明，盛于清。在这1000多年的历史演变过程中，龙井从无名到有名，从老百姓饭后的家常饮品到帝王将相的贡品，从汉民族的名茶到走向世界的名品，开始了它的辉煌时期。从龙井茶的历史演变看，龙井茶之所以能成名并发扬光大，一则是龙井茶品质好，二则离不开龙井茶本身的历史文化渊源。

龙井茶不仅仅是茶的价值，也是一种文化艺术的价值，里面蕴藏着较深的文化内涵和历史渊源。

洞庭山育出珍品碧螺春

在我国美丽的太湖东南部，屹立着一座洞庭山，由洞庭东山与洞庭西山组成。东山是一个宛如巨舟伸进太湖的半岛，上面有洞山与庭山，故称"洞庭东山"，古称"胥母山"，传说因伍子胥迎母于此而名。

西山是太湖里最大的岛屿，因位于东山的西面，故称"西山"，全称"洞庭西山"。东山与西山隔水相望，相距咫尺。

话说很早以前，东洞庭莫厘峰上有一种奇异的香气，人们误认为有妖精作祟，不敢上山。

一天，有位胆大勇敢、个性倔强的姑娘去莫厘峰砍柴，刚走到半山腰，就闻到一股清香，她感到很惊奇，就朝山顶观看，看来看去

碧螺春茶

■ 碧螺春茶

没有发现什么奇异怪物。受到好奇心的驱使,她冒着危险爬上悬崖,来到了山峰顶上,只见在石缝里长着几棵绿油油的茶树,一阵阵香味好像就从树上发出来的。

她走近茶树,采摘了一些芽叶揣在怀里,就下山来,谁知一路走,怀里的茶叶一路散发出浓郁香气,而且越走这股香气越浓,这异香熏得她有些昏沉沉。

回到家里,姑娘感到又累又渴,就从怀里取出茶叶,但觉满屋芬芳,姑娘大叫:"吓煞人哉,吓煞人哉!"随后她撮些芽叶泡上一杯喝起来。

碗到嘴边,但觉香沁心脾,一口下咽,满口芳香;二口下咽,喉润头清;三口下咽,疲劳顿除。姑娘喜出望外,决心把宝贝茶树移回家来栽种。

第二天,姑娘带上工具,把小茶树挖来,移植在西洞庭的石山脚下,加以精心培育。几年以后,茶树长得枝壮叶茂,茶树散发出来的香气,吸引了远近乡邻。姑娘把采下来的芽叶泡茶招待大家,但见这芽叶满身茸毛,香浓味爽,大家赞不绝口,问这是何茶,姑娘随口答曰:"吓煞人香。"

从此,吓煞人香茶渐渐引种繁殖,遍布了整个洞庭西山和东山,采制加工技术也逐步提高,逐步形成具有"一嫩三鲜",即芽叶嫩,色、香、味鲜的特

陆羽(733—804),字鸿渐,唐代著名的茶文化家和鉴赏家。一名疾,字季疵,号"竟陵子""桑苎翁""东冈子",又号"茶山御史"。陆羽一生嗜茶,精于茶道,对我国和世界茶业发展做出了卓越贡献,被誉为"茶仙",尊为"茶圣",祀为"茶神"。

点，碧绿澄清，形似螺旋，满披茸毛，人们称之为"碧螺春"茶。

生于太湖之滨、洞庭山之巅的碧螺春，原只是山野之质，皆因天、地、人的宠爱才名满天下。东、西洞庭山，常年云蒸霞蔚，日月光华、天雨地泉浸浴着这里的茶树，也赋予其清奇秀美的气质。两山树木苍翠，泉涧漫流。花清其香，果增其味，泉孕其肉，碧螺春花香果味的天然品质正是如此孕育而成的。

唐代茶圣陆羽《茶经》中，把苏州洞庭山碧螺春列为我国重要的茶叶产地之一，载有"苏州长洲县生洞庭山，与金州、蕲州、梁州同"，此时的茶叶已经加工为蒸青团茶。

北宋乐史撰《太平环宇记》，其中记载："江南东道，苏州长洲县洞庭山。按《苏州记》云，山出美茶，岁为入贡。故《茶经》云，长洲县生洞庭山者，与金州、蕲州、梁州味同。"

在宋代，洞庭山有一座名为水月的寺院，院内的僧侣善制茶，名为水月茶，实为碧螺春，受到当时权贵的喜爱。此茶的品质比唐代陆羽写《茶经》时明显提高，已成为入贡的上品茶。

陆羽品茶雕像

> 苏舜钦（1008—1048），字子美，北宋诗人。曾任县令、大理评事、集贤殿校理、监进奏院等职。时人常将他与欧阳修并称"欧苏"；或与宋诗"开山祖师"梅尧臣合称"苏梅"。有《苏学士文集》《苏舜钦集》。

宋代诗人苏舜钦到西山水月坞，水月寺僧曾将焙制的小青茶供其饮用，苏舜钦饮茶后，写下《三访上庵》诗赞此好茶。

到了明代，洞庭山出"云雾茶""雨前茗芽"。清初有"剔目""片茶"，并逐渐形成了碧螺春。

明正德元年（1506），吴县人王鏊所著《姑苏志》，在土产条目中写道："茶。出吴县西山，谷雨前采焙极细者贩于市，争先腾价，以雨前为贵也。"王鏊在《洞庭山赋》中称为"雨前茗芽"。

明人王世懋撰《二酉委谭》，其中载："时西山云雾新茗初至，张右伯适以见遗。茶色白，大作豆子香，几与虎丘埒。"

碧螺春是非常幸运的，因为明代的文人们，几乎都视碧螺春如挚友。"吴门画派四家"的沈周、文徵明、唐寅、仇英，他们以茶入画入诗，煮茶论茗无一

■ 明代唐寅《事茗图》

不精。尤其是唐伯虎，他的画非同一般，尤其是茶画，是明代茶画一绝，留下了《琴士图》《品茶图》《事茗图》等茶画佳作。

"吴中四杰"之一的高启，也是爱茶如命，其案头常置碧螺春茶，使其诗文爽朗清逸，留下《采茶词》《陆羽石井》《石井泉》《烹茶》等茶诗数十首。明代，碧螺春因文人的佳文画作，逐渐变得声名远播。

碧螺春虽均产于洞庭山区，东西两山虽一脉相承，但中间隔着湖水，交通不便。所以，东西两山在相同的年份同时形成的碧螺春有先有后。

1595年前后，明代张源撰写的《茶录》中有许多关于茶的记录。《茶录》记称，这时洞庭西山一带，对于采茶的时间、天气、地点都有比较严格的要求。

"采茶之候，贵及其时。"太早则味不全，迟则神散。以谷雨前五日为上，后五日次之，再五日又次之。又提出彻夜无云，露采者为上；日中采者次之；阴雨中不宜采。并且对于茶树生态的环境、土质

也有不同的要求，认为产谷中者为上，竹下者次之，烂石中者又次之，黄沙中者又次之。

碧螺春茶采摘时间较早，一般在谷雨前后采摘。炒制时要做到"干而不焦，脆而不碎，青而不腥，细而不断"。因此外形卷曲如螺，昔毫毕露，细嫩紧结，叶底如雀舌，水色浅，味醇而淡，香气清高持久，回味隽永。

关于制茶，芽茶、叶茶的制法，元人王祯《农书》和《农桑撮要》中就已提及，但讲的是蒸青制作，所载也很简略。《茶录》中不再提蒸青，而是专讲炒青，并且对苏州和洞庭一带的制茶经验，总结精辟。张源认为，茶的好坏，在乎始造之精。《茶录》中记载：

《杏园夜宴图》

蒸青 利用蒸气杀青的一种制茶工艺。蒸青绿茶就是利用此工艺获得的成品绿茶。就是把采来的新鲜茶叶，经蒸青或轻煮"捞青"软化后揉捻、干燥、碾压、造形而成。这样制成的茶叶色绿汤绿叶绿，十分悦目。我国南宋时出现的佛家茶仪中使用的即是蒸青的一种"抹茶"。

> 优劣定乎始锅，清浊系于末火。火烈香清，锅寒神倦；火猛生焦，柴疏失翠；久延则过熟，早起却还生。熟则犯黄，生则着黑。顺那则甘，逆那则涩。带白点者无妨，绝焦点者最胜。

这些归纳，总结了制造炒青各道工艺需要注意的要点，真切地代表和反映了明末清初苏州乃至整个太湖地区炒青传统制造技术的实际最高水平。

明代至清初，洞庭山的茶叶产品比较多。据清代王应奎《柳南随笔》记载：清圣祖康熙皇帝，于1699年春第三次南巡车驾幸太湖。巡抚宋荦从当地制茶高手朱正元处购得精制的"吓煞人香"进贡，康熙帝以其名不雅驯，取其色泽碧绿，卷曲似螺，春时采制，又得自洞庭碧螺峰等特点，钦赐其美名"碧螺春"。自康熙赐名"碧螺春"之后，声名大震，成为清宫的贡茶。

"洞庭无处不飞翠，碧螺春香万里醉。"后世根据碧螺春的特点，发展出一套茶艺，共12道程序：

一为焚香通灵。我国茶人认为"茶须静品，香能通灵"。在品茶之前，首先点燃这支香，让心平静下来，以便以空明虚静之心，去体悟这碧螺春中所蕴含的大自然的信息。

二为仙子沐浴。晶莹剔透的玻璃杯子好比是冰清

焚香 我国焚香习俗起源很早，古人为了驱逐蚊虫，去除生活环境中的浊气，便将一些带有特殊气味的植物放在火焰中烟熏火燎，这就是最初的焚香。在古代有原始崇拜与巫术等崇神信奉，认为一切都是神的恩赐，对神极度敬仰和崇拜。久而久之焚香就被神化了，随后焚香变得既庄严又神圣。

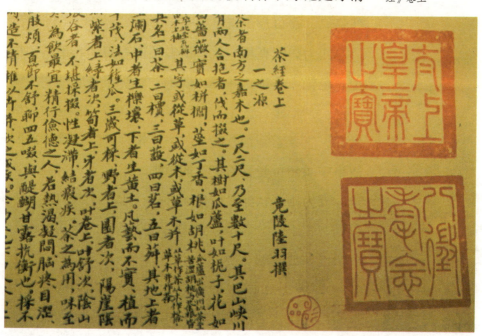

■ 陆羽撰写的《茶经》卷上

■ 清末任伯年《煮茶图》局部

李商隐（813-858），字义山，号"玉溪生"，又号"樊南生"，唐时河南荥阳人，唐朝著名诗人。擅长诗歌，骈文文学价值也很高，是晚唐最出色的诗人之一，与杜牧合称"小李杜"，与温庭筠合称"温李"，其诗构思新奇，风格秾丽，尤其爱情诗和无题诗写得优美动人，广为传诵。

玉洁的仙子，"仙子沐浴"也就是再清洗一次茶杯，以表示对饮茶人的崇敬之心。

三为玉壶含烟。在烫洗了茶杯之后，不用盖上壶盖，而是敞着壶，让壶中的开水随着水汽的蒸发而自然降温。壶口蒸汽氤氲。

四为碧螺亮相。就是请客人传看碧螺春干茶的形美、色艳、香浓、味醇"四绝"，赏茶是欣赏它的第一绝："形美"。生产1斤特级碧螺春约需采摘7万个嫩芽，它条索纤细、满身披毫、银白隐翠，就像民间故事中娇巧可爱且羞答答的田螺姑娘。

五为雨涨秋池。向玻璃杯中注水，水只宜注到七分满，留下三分装情。正如唐代李商隐的名句"巴山夜雨涨秋池"的意境。

六为飞雪沉江。即用茶导将茶荷里的碧螺春依次拨到已冲了水的玻璃杯中去。满身披毫、银白隐翠的碧螺春如雪花纷纷扬扬飘落到杯中，吸收水分后即向下沉，瞬时间白云翻滚，雪花翻飞，煞是好看。

七为春染碧水。碧螺春沉入水中后，杯中的热水溶解了茶，逐渐变为绿色，整个茶杯好像盛满了春天的气息。

八为绿云飘香。这道程序是闻香，碧绿的茶芽，碧绿的茶水，在杯中如绿云翻滚，氤氲的蒸汽使得茶香四溢，清香袭人。

九为初尝玉液。品饮碧螺春应趁热连续细品。头一口如尝玄玉之膏、云华之液，感到色淡、香幽、汤味鲜雅。

十为再啜琼浆。这是品第二口茶。二啜感到茶汤更绿、茶香更浓、滋味更醇，并开始感到了舌本回甘，满口生津。

十一为三品醍醐。在佛教典籍中用醍醐来形容最玄妙的"法味"。品第三口茶时，所品到的是太湖春天的气息，再品洞庭山盎然的生机，三品人生百味。

十二为神游三山。古人讲茶要静品、慢品、细品，唐代诗人卢仝在品了七道茶之后写下了传诵千古的《茶歌》，在品了三口茶之后，继续慢慢地自斟细品，静心去体会七碗茶之后"清风生两腋，飘然几欲仙。神游三山去，何似在人间"的绝妙感受。

阅读链接

民间还有一个碧螺春茶传说，说是王母娘娘派仙鹤传的茶种。当时，太湖东山有一个叫朱元正的果农正在东山灵源寺畔的半山腰采摘野果，但见一只洁白的仙鹤过头顶，张开嘴落下来3颗青褐色枇杷核大小的种子后，就朝着远方飞走了。

朱元正捡起来一看，才知道这是茶籽，于是他将这茶籽种在了山腰下。因为这茶树是仙鹤所赐，再加上朱元正独特的焙制法，所以这茶叶的味道醇美清香，茶农于是惊呼"吓煞人香""吓煞人香"于是便成为碧螺春的俗名。

金镶玉质的君山银针茶

唐代初年,有一位名叫白鹤真人的云游道士从海外仙山归来,随身带了8株神仙赐予的茶苗,将它种在湖南岳阳洞庭湖中的君山岛上。后来,他修起了巍峨壮观的白鹤寺,又挖了一口白鹤井。

白鹤真人取白鹤井水冲泡仙茶,只见杯中一股白气袅袅上升,水气中一只白鹤冲天而去,此茶由此得名"白鹤茶"。又因为此茶颜色金黄,形似黄雀的翎毛,所以别名"黄翎毛"。

铁观音

后来,此茶传到长安,深得天子宠爱,遂将白鹤茶与白鹤井水定为贡品。

有一年进贡时,船过长江,由于风浪颠簸把随船带来的白鹤井水给泼掉了。押船的州官吓得面如土色,急中生智,只好取江水鱼目混珠。运到长安后,皇帝泡茶,只见茶叶上下浮沉却不见白鹤冲天,心中纳闷,随口说道:"白鹤居然死了!"

岂料金口一开,即为玉言,从此白鹤井的井水就枯竭了,白鹤真人也不知所踪。但是白鹤茶却流传下来,即是后世的君山银针茶。

■ 白毫银针茶

君山又名"洞庭山",岛上的土壤肥沃,多为沙质土壤,年平均温度适宜,年降雨量充沛,相对湿度较大,气候非常湿润。春夏季湖水蒸发,云雾弥漫,岛上的树木丛生,自然环境非常适宜茶树生长,因而山地遍布茶园。

君山茶历史悠久,据说君山茶的第一颗种子还是4000多年前娥皇、女英播下的。唐代就已大量生产、出名。据说文成公主出嫁时就选带了君山银针茶入西藏。

后唐的第二位皇帝明宗李嗣源第一回上朝的时候,侍臣为他捧杯沏茶时,开水向杯里一倒,马上看到一团白雾腾空而起,慢慢地出现了一只白鹤。这只白鹤对明宗点了三下头,便朝蓝天翩翩飞去了。

明宗再往杯子里看,杯中的茶叶都齐崭崭地悬空竖了起来,就像一群破土而出的春笋。过了一会儿,又慢慢下沉,就像雪花飘落一般。

洞庭湖 我国第二大淡水湖,位于湖南省北部,洞庭湖南纳湘、资、沅、澧四水汇入,北由东面的岳阳城陵矶注入长江,号称"八百里洞庭""鱼米之乡"。洞庭湖据传为"神仙洞府"的意思。湖北和湖南之称,也就是来源于洞庭湖。

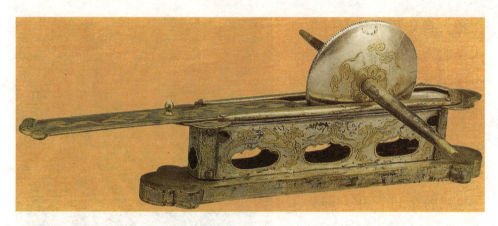

■ 唐鎏金鸿雁流云纹茶碾子

明宗感到很奇怪，就问侍臣是什么原因。侍臣回答说："这是君山的白鹤泉水，泡黄翎毛缘故。"明宗心里十分高兴，立即下旨把君山银针定为贡茶。

白鹤泉即流淌着爱情传说的柳毅井，明代文学家谭元春有《汲君山柳毅水试茶于岳阳楼下（三首）》：

湖中山一点，山上复清泉。
泉熟湖光定，瓯香明月天。

临湖不饮湖，爱汲柳家井。
茶照上楼人，君山破湖影。
不风亦不云，静瓷擎月色。
巴丘夜望深，终古涵消息。

到了清朝时，君山银针被列为"贡茶"。据《巴陵县志》记载："君山产茶嫩绿似莲心。""君山贡茶自清始，每岁贡十八斤。""谷雨前，知县邀山僧采制一旗一枪，白毛茸然，俗称白毛茶。"

李嗣源（866—933），沙陀部人，原名邈吉烈，李克用养子，五代时期后唐第二位皇帝，926年至933年在位。即位后改名亶，改元天成。杀酷吏孔谦，褒廉吏，罢宫人、伶官，废内库，注意民间疾苦。后因从荣举兵反，饮恨而死。谥号圣德和武皇帝，庙号明宗，葬于徽陵。

又据《湖南省新通志》记载："君山茶色味似龙井,叶微宽而绿过之。"古人形容此茶如"白银盘里一青螺"。

清代君山茶分为"尖茶""茸茶"两种。"尖茶"如茶剑,白毛茸然,纳为贡茶,素称"贡尖"。君山银针茶不仅香气清高,味醇甘爽,汤黄澄高,芽壮多毫,条真匀齐,白毫如羽,而且冲泡后,芽竖悬汤中冲升水面,徐徐下沉,再升再沉,三起三落,蔚成趣观。

君山银针的采摘和制作都有严格要求,每年只能在清明前后7天到10天采摘,采摘标准为春茶的首轮嫩芽。而且还规定:"雨天不采""风伤不采""开口不采""发紫不采""空心不采""弯曲不采""虫伤不采"等九不采。

君山银针叶片的长短、宽窄、厚薄均是以毫米计算,1斤银针茶约需10.5万个茶芽。因此,就是采摘能手,一个人一天也只能采摘鲜茶1两。

君山银针是一种较为特殊的茶,它有幽香,有醇味,具有茶的所有特性。而且从品茗的角度而言,又是一种重在观赏的特种茶,因此,特别强调茶的冲泡技术和程序。

清代民间茶坊

君山银针的制作工艺非常精湛，需经过杀青、摊凉、复包、足火等8道工序，历时三四天之久。优质的君山银针茶在制作时特别注意杀青、包黄与烘焙的过程。

芽头茁壮，紧实而挺直，白毫显露，茶芽大小长短均匀，形如银针，内呈金黄色。饮用时，将君山银针放入玻璃杯内，以沸水冲泡，这时茶叶在杯中一根根垂直立起，踊跃上冲，悬空竖立，继而上下游动，然后徐下沉，簇立杯底。文人赞叹如"雨后春笋"，艺人说是"金菊怒放"。君山银针茶汁杏黄，香气清鲜，叶底明亮，又被人称作"琼浆玉液"。

阅读链接

君山银针成品茶按芽头肥瘦、曲直，色泽亮暗进行分级。以壮实挺直亮黄为上。优质茶芽头肥壮，紧实挺直，芽身金黄，满披银毫；汤色橙黄明净，香气清纯，叶底嫩黄匀亮，实为黄茶之珍品。君山银针在冲泡技术上也与其他茶叶不同。茶杯要选用耐高温的透明玻璃杯，杯盖要严实不漏气；冲泡用水必须是瓦壶中刚刚沸腾的开水；冲泡的速度要快，冲水时壶嘴从杯口迅速提至六七十厘米的高度；水冲满后，要敏捷地将杯盖盖好，隔3分钟后再将杯盖揭开。待茶芽大部立于杯底时即可欣赏、闻香、品饮。

春姑仙女传下信阳毛尖

相传在很久很久以前,信阳本没有茶,乡亲们吃不饱,穿不暖,许多人得了一种叫"疲劳痧"的怪病,不少地方都死绝了村户。

一个叫春姑的姑娘看在眼里,急在心上,为了能给乡亲们治病,

采茶姑娘

▶ 茶园风光

她四处奔走寻找能人。

一天,一位采药老人告诉姑娘:"往西南方向翻过九十九座大山,蹚过九十九条大江,便能找到一种消除疾病的宝树。"

春姑按照老人的要求爬过九十九座大山,蹚过九十九条大江,在路上走了九九八十一天,累得筋疲力尽,并且染上了可怕的瘟病,倒在一条小溪边。

这时,泉水中漂来一片树叶,春姑含在嘴里,马上神清目爽,浑身是劲,她顺着泉水向上寻找,果然找到了生长救命树叶的大树,摘下一颗种子。

看管茶树的神农氏老人告诉姑娘:"摘下的种子必须在10天之内种进泥土,否则会前功尽弃。"

春姑想到10天之内赶不回去,也就不能抢救乡亲们,她难过得哭了。神农氏老人见此情景,拿出神鞭抽了两下,春姑变成了一只画眉鸟。小画眉飞回家乡后,将树籽种下,见到树苗从泥土中探出头来,画眉高兴地笑了。这时,她的力气耗尽,在茶树旁化成了一块石头。

过了不久,茶树长大了,鸡公山上也飞出了一群群的小画眉,她们用尖尖的嘴巴啄下一片片茶叶，放进病人的嘴里，病人便马上好了，从此以后，种植茶树的人越来越多，也就有了茶园和茶山。

我国茶叶生产早在3000多年前的周朝就已开始。茶树原产于我国西南高原，随着气候、交通等方面的发展变迁，而传到祖国各地。因气候条件限制，茶树只能沿汉水传入河南，又在气候温和的信阳生根。信阳地区固始县的古墓中发掘有茶叶，考证已有2300多年，可见信阳种茶历史之悠久。

唐代我国茶叶生产发展开始进入兴盛时期，茶圣陆羽《茶经》把全国盛产茶叶的13个省42个州郡，划分为八大茶区，信阳归淮南茶区，并指出："淮南茶光州上……"旧《信阳县志》记载："本山产茶甚古，唐地理志载，义阳土贡品有茶。"

唐代时，茶树开始种在鸡公山上，叫"口唇茶"。这种茶沏上开水后，品尝起来，满口清香，浑

> **鸡公山** 传说天庭里有个司晨宫，里边住的是司晨仙官和司晨神鸡，专管天明报晓。有只司晨神鸡脾气倔，听到不平的事好说，遇到不平的事好管。有一次得罪了玉皇大帝，被贬到了凡间，人们称为"鸡公"，把它所站立报晓的山称为"鸡公山"。

■ 毛尖茶

画眉鸟 相传春秋时期,范蠡和西施隐居民间。每天清晨和傍晚,爱美的西施都要到一座石桥上以水当镜,照镜画眉,格外好看。一天,有一群黄褐色的小鸟来到她身边欢唱着,并互相用尖喙画对方的眉毛。西施称呼这种小鸟为"画眉",自此世代相传。

身舒畅,能够医治疾病。于是都说这口唇茶原是九天仙女种下的,并且还有一个美丽的传说。

相传,天宫瑶池的仙女们听说人间的鸡公山胜过仙宫的百花园,都想一饱眼福,便向王母娘娘提出请求。王母娘娘答应分批让她们下凡,一批限定3日。但有一条,不得与人婚配。

仙女们都想下去看看,生怕轮不到头上,她们向王母娘娘保证严守法规。王母娘娘爱喝茶,对司管仙茶园的9个仙女另眼看待,让她们首批离开了瑶池。

9个仙女来到鸡公山,拜见鸡公后便住下了。天上一日,人间一年,王母娘娘限定3日就是人间3年。众仙女把鸡公山的怪石奇峰、山泉瀑布、名花异草的春夏秋冬四时景色都看遍了,离回去的时限还有二年呢。她们商量要办件好事,给鸡公山留下纪念。

为首的大姐说:"鸡公山应有的都有,有的都

■ 我国清代茶叶贸易

品茶塑像

好,唯有一点不足,就是没有好茶。我倒有个想法,咱九姐妹化作九只画眉鸟,回到咱那仙茶园里衔来茶籽,不就补上了这个不足嘛!"

众仙女一听无不叫好。她们又问:"衔来茶籽不难,交给谁种呢?"大姐手往山脚下一指,大家看见一片竹林里有几间茅屋,心里都明白了。

那间茅屋里住着一个书生叫吴大贵,只因爹妈先后去世,剩他独自一人。他白天种地砍柴,晚上还要温习功课,准备科场应试。屋里墙上贴张白纸,上边写着"寂寞独有,清贫无双"。

这天夜里,他做了个梦,梦见一个仙女从鸡公山上下来对他说:"鸡公山水足土肥,气候适宜种茶。从明天开始,有9只画眉鸟从仙茶园里给你衔来茶籽。你在门口的一棵大竹子上系个篮子,把茶籽收下,开春种到坡上。到采茶炒茶的时候,我和姐妹们来给你帮忙。"

吴大贵醒来心里好喜:"哎呀,是我吴大贵勤奋读书感动了神仙啊!天机不可泄露,内中定有一番用意,叫种就种吧。"

第二天一大早,吴大贵起床,半信半疑地拿个篮子,系到门口那棵大竹上。系好,他扭头要回屋,只见一只只画眉鸟穿梭一般飞来,把嘴里衔的东西往篮子里一放,又飞走了。

吴大贵很惊奇,取下篮子一看,果然是9颗种子,虽没见过,他相信就是梦中所说的茶籽。

9只画眉鸟各衔来一颗种子后,稍停一会儿,又是一轮。如此衔了三天三夜,共衔来茶籽九千九百九十九颗。吴大贵很高兴,小心地把茶籽收藏起来。

第二年开春,吴大贵把茶籽种到山上。清明过后茶籽发芽,见风就长,几天就长成了茶林。

这时,仙女又给吴大贵托梦,让他准备炒茶的大锅。吴大贵准备停当,来到茶林一看,又惊又喜。只见9个仙女正在采茶,个个面如桃花,不胖不瘦,不高不矮。她们采茶不用手,而是用口唇,看那红艳艳的小口唇一张一合,又轻又快,采下了一个个油嫩的茶尖。

这时,为首的大姐走到吴大贵跟前说:"这位大哥,俺姐妹采得不少啦。我给你烧火,咱去炒吧!"吴大贵笑着去了,但他不知道咋炒。大姐到竹林砍一把竹子扎成扫帚,让他在锅里不停地搅动。吴大

采茶姑娘

贵只觉得茶香扑鼻，快把他熏醉了。

就这样，她们采着炒着，一直忙到谷雨。仙女们走后，吴大贵沏上一杯品尝。开水一倒，只见慢慢升起的雾气里现出9个仙女，一个接一个飘飘飞去。

吴大贵端起茶杯一尝，满口清香，浑身舒畅，精神焕发。他心想：这样好的茶，起个啥名呢？既然茶籽是画眉鸟用嘴衔来的，茶是仙女用口唇采的，就叫"口唇茶"吧。

消息一传开，义阳知州听说了，马上派人来要茶，拿回去泡上一看，搭口一尝，拍案叫绝。当即定为贡品，要孝敬大唐皇帝唐玄宗。

知州把口唇茶亲自送到朝里，又禀明了它的来历，玄宗大喜。朝中第二个喝到口唇茶的是皇上最宠爱的妃子杨贵妃。她当时精神不爽，一杯口唇茶喝下去，病体痊愈。

唐玄宗高兴极了，对口唇茶大加赞赏，传下圣旨：一要在鸡公山上修千佛塔一座，感谢神灵；二规定口唇茶年年进贡到朝廷，民间不得饮用；三是赐吴大贵黄金千两，要他用心护理茶林……

信阳气候适宜，湿润多雨，土质疏松肥沃，对茶树生长来说是得天独厚的自然条件。唐代陆羽《茶

■ 毛尖茶

杨贵妃（719—756），即杨玉环，字太真，唐玄宗的贵妃。杨贵妃天生丽质，"回眸一笑百媚生，六宫粉黛无颜色"，堪称"大唐第一女"，此后千余年，无出其右者。杨贵妃与西施、王昭君、貂蝉并称为我国古代"四大美女"。四大美女享有"闭月羞花之貌，沉鱼落雁之容"。其中"羞花"，说的就是杨贵妃。

■ 古茶社

经》和唐代李肇《国史补》中把义阳茶列为当时的名茶。

宋朝，在《宋史·食货志》和宋徽宗赵佶《大观茶论》中把信阳茶列为名茶。大词人苏东坡谓"淮南茶信阳第一"。西南山农家种茶者多本山茶，色味香俱美，品不在浙闽以下。

元朝，据元代马端临《文献通考》载："光州产东首、浅山、薄侧"等名茶。

到了清代，茶叶生产得到恢复。清朝中期是河南茶叶生产又一个迅速发展时期，制茶技术逐渐精湛，制茶质量越来越讲究。

清光绪时期，原是清政府住信阳缉私拿统领、旧茶业公所成员的蔡祖贤，提出开山种茶的倡议。当时曾任信阳劝业所所长、有雄厚资金来源的甘周源积极响应，他同王子谟、地主彭清阁等在信阳震雷山北

义阳 信阳古称，位于河南省南部，东与安徽为邻，南与湖北接壤，左扼两淮，右控江汉，承东启西，屏蔽中原，素有"三省通衢"之称，自古以来，是江淮河汉之间的战略要地，又是南北经济文化交流的重要通道。

麓恢复种茶，成立元贞茶社，从安徽请来一名余姓茶师，指导茶树栽培与制作。

后来，甘周源又邀请陈玉轩、王选青等人在信阳骆驼店商议种茶，组织成立宏济茶社，派吴少渠到安徽六安、麻埠一带买茶籽，还请来六安茶师吴记顺、吴少堂帮助指导种茶制茶。

这时的制茶法，基本上是炒制方法，用小平锅分生锅和熟锅两锅进行炒制。炒茶工具采用帚把，生锅用两个帚把，双手各持一把，挑着炒。熟锅用大帚把代替揉捻。这就制成了细茶信阳毛尖。

1911年，甘周源又在甘家冲、小孙家成立裕申茶社，在此带动下，毗邻各山头茶园发展具有一定规模。茶商唐慧清到杭州西湖购买茶籽并学习炒制技术。回来后，在炒制法的基础上，又把抓条、理条手法融入信阳毛尖的炒制中去，改生锅用小帚把炒制为生熟锅均用大帚把炒制，用这种炒制法制造的信阳毛尖质量更加上乘。

在新的工艺制作下，信阳毛尖也被分成了几个等级：

特级：一芽一叶初展，外形紧细圆匀称，细嫩多毫，色泽嫩绿油润，叶底嫩匀，芽叶成朵，叶底柔软，叶底嫩绿，香气高爽，鲜嫩持久，滋味鲜爽，汤色鲜明。

宋徽宗赵佶（1082—1135），宋朝第八位皇帝。宋徽宗在位时广收古物和书画，扩充翰林图画院，并使文臣编辑《宣和书谱》《宣和画谱》《宣和博古图》等书，对绘画艺术有很大的推动和倡导作用。他还自创一种书法字体被后人称为"瘦金书"。

■ 清代青釉暗花茶叶末座描金盖碗

一级：一芽一叶或一芽二叶初展为主，外形条索紧秀、圆、直、匀称多白毫，色泽翠绿，叶底匀称，芽叶成朵，叶色嫩绿而明亮，香气鲜浓，板栗香，甘甜，汤色明亮。

二级：一芽一二叶为多，条索紧结，圆直欠匀，白毫显露，色泽翠绿，稍有嫩茎，叶底嫩，芽叶成朵，叶底柔软，叶色绿亮，香气鲜嫩，有板栗香，滋味浓强，甘甜，汤色绿亮。

三级：一芽二三叶为多，条索紧实光圆直芽头显露，色泽翠绿，有少量粗条，叶底嫩欠匀，稍有嫩单张和对夹叶，叶底较柔软，色嫩绿较明亮，香气清香，滋味醇厚，汤色明净。

四级：外形条索较粗实，圆，有少量朴青，色泽青黄，叶底嫩欠匀，香气纯正，醇和，汤色泛黄清亮。

五级：条索粗松，有少量朴片，色泽黄绿，叶底粗老，有弹性，香气纯正，滋味平和，汤色黄尚亮。

阅读链接

1914年，为了迎接1915年巴拿马运河通航而举行的万国博览会，信阳县茶区积极筹备参赛茶样，有贡针茶、白毫茶、已熏龙井茶、未熏龙井茶、毛尖茶、珠三茶、雀舌茶。1915年2月，在博览会上，经评判，信阳毛尖茶以外形美观、香气清高、滋味浓醇的独特品质，被授予世界茶叶金质奖状和奖章。信阳毛尖从此成为河南省优质绿茶的代表。1958年，信阳毛尖在全国评茶会上被评为全国十大名茶。